设计心理学

刘峰　张晓波◎编著

清华大学出版社
北京

内 容 简 介

设计心理学与消费心理学和工业设计有着千丝万缕的联系，作为一门交叉学科，其主要研究的是产品设计如何匹配消费者心理的问题。本书编写由浅入深，层层递进，分九个章节分别介绍了设计心理学的对象和内容、设计心理学的研究方法、设计与消费者的需求、设计与消费者的动机、设计与消费者的态度、设计心理的微观分析、设计心理的宏观分析、产品设计和消费者心理以及商品设计与消费者心理。

本书理论联系实际，例证丰富，涉及面广，可读性强，具有理论性和实践性，适合非设计专业人士或艺术爱好者阅读，也适合高校师生阅读。

图书在版编目(CIP)数据

设计心理学/刘峰，张晓波编著. —北京：清华大学出版社，2022.9(2025.1重印)
高等院校艺术设计类系列教材
ISBN 978-7-302-61696-2

Ⅰ. ①设… Ⅱ.①刘… ②张… Ⅲ. ①工业设计—应用心理学—高等学校—教材 Ⅳ. ①TB47-05

中国版本图书馆 CIP 数据核字(2022)第 155853 号

责任编辑：魏 莹
封面设计：李 坤
责任校对：么丽娟
责任印制：杨 艳
出版发行：清华大学出版社
网 址：https://www.tup.com.cn，https://www.wqxuetang.com
地 址：北京清华大学学研大厦 A 座 **邮 编：**100084
社 总 机：010-83470000 **邮 购：**010-62786544
投稿与读者服务：010-62776969, c-service@tup.tsinghua.edu.cn
质量反馈：010-62772015, zhiliang@tup.tsinghua.edu.cn
课件下载：https://www.tup.com.cn, 010-62791865
印 装 者：北京嘉实印刷有限公司
经 销：全国新华书店
开 本：190mm×260mm **印 张：**12.75 **字 数：**310 千字
版 次：2022 年 10 月第 1 版 **印 次：**2025 年 1 月第 5 次印刷
定 价：49.00 元

产品编号：095030-01

前言 Preface

设计心理学与消费心理学和工业设计有着千丝万缕的联系，作为一门交叉学科，其研究的是产品设计如何匹配消费者心理的问题。设计心理学是专门研究在工业设计活动中，如何把握消费者心理，遵循消费者行为规律，设计适销对路的产品，以提升消费者满意度(CSI)为最终目标的一门学科。

本书从另一个切入点，研究工业设计的诸领域(产品设计—商品设计—企业设计)，提出把消费者满意度作为工业设计的目标和手段，即设计就是提升消费者满意度的新观点。这一观点是有理论研究和实务验证背景的，并得到了国内一些设计界、心理学界和管理学界专家及教授的肯定和认同。

本书共分为 9 章，具体内容如下。

第 1 章为设计心理学概念，分别阐述了设计心理学是什么，以及设计心理学的内容。

第 2 章为设计心理学的研究方法，对该学科的研究方法进行了具体解析，介绍了怎样对其测量指标进行测量。

第 3 章为消费者需求，从多角度介绍了消费者的需求，并介绍了怎样使设计满足消费者的欲望。

第 4 章为设计与消费者的动机，主要分析消费者在作出购买决定前的心理活动及影响购买动机的因素。

第 5 章为设计与消费者的态度，主要介绍了消费者态度是什么，态度的形成、转变的过程，以及消费者满意度的影响因素。

第 6 章为设计心理的微观分析，主要分析影响消费者行为的内环境，即消费者的个体要素。

第 7 章为设计心理的宏观分析，主要分析影响消费者行为的外环境，即消费者的社会要素。

第 8 章为产品设计与消费者心理，主要介绍产品各种特性对消费者心理造成的影响。

第 9 章为商品设计与消费者心理，主要介绍商品的广告与商标的设计对消费者购买行为造成的影响。

本书理论联系实际，内容深入浅出，例证丰富，涉及面广，可读性强，具有学术性、理论性和实践性，适合高等艺术院校教师、研究生、本科生及爱好设计的非专业人士与艺术爱好者阅读。

本书由山东建筑大学的刘峰、张晓波两位老师编著。由于编者水平有限，书中难免存在疏漏之处，敬请广大读者批评、指正。

编　者

目录 Contents

第 1 章

设计心理学概述

本章的主要内容包括设计心理学的对象、消费者的类型、设计与消费者心理的关系、设计心理学的服务对象及其所研究的内容、研究设计心理学与其他方面的关系、学习设计心理学的内容等。

1.1 初识设计心理学

设计心理学与消费心理学和工业设计有着千丝万缕的联系，作为一门交叉学科，其主要研究的是产品设计如何匹配消费者心理的问题。“设计”是“工业设计”的简称，现代的产品和商品的设计统称工业设计(industrial design)。1964 年召开的国际工业设计教育研讨会上，“工业设计”被定义为：“工业设计是一种创造性的行为，它的目标在于决定产品的正式品质。所谓正式品质，除了产品的外形和表面特征外，更重要的是决定产品的结构和功能的关系，以获得一种使生产者和消费者都能满意的整体。”

从上述定义不难看出工业设计与消费者心理的密切关联，设计的最终目的就是生产出生产者和消费者都满意的产品。现代营销追求“产消者双赢理论”，消费者直接参与到生产者的企划、生产、经营全过程中，并成为企业生产经营的中心和组成部分，产销走向一体化，构成产销共同体，建立一种满意的心理联结。在此情况下，生产者愿意继续向消费者提供优质的产品和服务，而消费者也愿意继续消费这种产品和服务。生产者找到了市场空间，消费者对产品和服务形成了忠诚度，减少了消费者在消费过程中的无效劳动和风险。这种双满意的整体效果，就是现代工业设计目的所企盼的最佳目标。而“双满意”的关键是消费者的满意度。所以，工业设计的目的就是提升消费者满意度(CSI)。CSI 提升了，市场占有率提高了、稳定了，经济效益自然会提高；CSI 提升了，生产者口碑好、形象好，社会效益自然就会好。当今国内外专家学者对新兴学科“工业设计”的内涵和外延说法不一，但我们认为是大同小异，只是切入点不同，理解的层面不同，表征的方式不同，都是广义的工业设计观念。从消费心理学视角看，笔者认为设计就是提升消费者的满意度。这里的“设计”，主要讨论产品设计、商品设计和企业设计等内容。

1.1.1 设计心理学的概念

设计心理学是专门研究在工业设计活动中，如何把握消费者心理，遵循消费者行为规律，设计适销对路的产品，以提升消费者满意度为最终目标的一门学科。阐明这一内涵要注意以下 6 点：①工业设计活动；②消费者；③消费者心理；④消费者行为规律；⑤适销对路的产品；⑥消费者满意度。

1．工业设计活动

工业设计活动是处理人与产品、社会、环境关系的系统工程，可以称为社会工程或文化工程。它的出发点是消费者的需求，归宿是消费者需求的满足。因此，工业设计是以消费者为中心，满足消费者全方位需求的设计活动。而过去的工业技术设计活动，只满足消费者的功能性需求，重点是产品的使用价值，处理“物与物”的关系，它所涉及的仅是满足单一产品的功利性、具体的实际操作处理和创造，而现代设计是一个涉及物质、精神、社会的开放性活动。工业设计活动是多层面的，具体分析如下。

1)　工业设计活动是观念设计的活动

工业设计活动首先是本身观念的设计。虽然工业设计活动的途径和方法多种多样，但观念的树立实际上是对设计的设计，我们称之为“元设计活动”，这是非常重要的。没有系统的工业设计观念，就没有正确的目标，即使有更好的手段和方法，也是无效的设计活动。其次，是消费观念的设计。它倡导消费者采用一种崭新的生活方式，提高人们的生活质量。

2)　工业设计活动是综合创造的活动

工业设计活动是研究产品技术功能设计和美学设计的结合和统一，是在完善产品使用价值的同时，提升产品的艺术观赏价值，是锦上添花，是对产品技术设计的优化、发展和完善，目的是满足消费者日益增长的消费需求。工业设计不是技术与艺术的简单相加，而是通过一定的思维和手段把技术和艺术的潜力发挥出来，创造一种实用的艺术形式。设计是对事物和社会生活的本质的理解与把握，设计师不可能掌握所有的技术，也不可能通晓所有与设计相关的专业知识，但设计师可以通过一定的思维和方式调动或协调各种专业技术、专门人才来实现设计的综合创造。

3)　工业设计活动是包容性的活动

工业设计活动不仅包括工业设计自身的活动，如各种产品的造型、色彩、表面装饰、包装、装潢和商标等内容的设计，还包括产品在推向市场过程中的营销设计，如产品的广告设计、橱窗设计、营业场所的内外装饰、展示设计等方面，这是视觉传达设计的内容。另外，还要注意工业设计与外环境的协调，既关注产品的造型效果，又注重产品的相互关系及产品与环境的关系，由产品的自身扩大到包容产品的整个室内空间，使消费者拥有和谐、优雅的工作环境和生活环境，比如，产品的环境污染的杜绝和处理，厂房的布局，建筑物的设计，车间内部的安排，室内装饰、光线、色彩的适当运用，以及噪声的消除，等等，以减轻消费者(劳动者)体力负担与精神疲劳，达到提高工作效率的目的。

4)　工业设计活动是以资讯为基础的活动

采集实态数据，包括消费者、企业、社会等的满意度数据，是工业设计活动的难题之一。发达国家根据 CSI 数据进行新产品定位，促销设计定位的成功案例值得学习。

5)　工业设计活动是整合企划的活动

工业设计活动是有目的的活动，从调查使用要求和市场信息入手，了解资源、供应及产品销毁后对生态平衡、环境保护的影响；掌握生产方式和手段、生产和技术；制订产品开发计划；构思设计方案；制作工作模型、样机，制订设计方案；制订生产计划，落实工艺流程；试生产后投入市场；分析反馈信息；改进后再投入批量生产；最后在市场上流通。这个产品从构思到生产，从使用到销毁的全过程都受控于设计，缺一个环节都可能使设计失败。因此，工业设计就是产品开发的周密策划与审慎的实施。

6)　工业设计活动是文化活动

设计是一种文化，是人类认识自身后运用材料、技术表达理想的行为。它是人类科学、文化的集中反映。因此，设计是一种高层次的精神活动，它综合了人类科学、艺术的成果。工业设计的文化活动的具体表现是理解消费者的生活方式、把握消费者生活方式的变革，并倡导一种新的生活方式。因此，工业设计活动就是生活方式的设计。

2．消费者

消费者也就是购买商品的人。这里的“商品”不仅包括货币购买的不同实物产品，也包括有偿服务。各种产品，包括大的重工业产品，如飞机、汽车等交通工具，以及各种厂房建筑、设备仪器；小的如轻工业产品、日用百货、家用电器、家具及室内装饰品等。有偿服务包括旅游、修理、运输、咨询、文娱等行业所提供的各种服务。在实际的生产劳动和生活活动中，每个人都要消费大量的产品与有偿服务。因此，在我国，每个人既是消费者，而同时又是生产者和劳动者。现代对消费者的界定是，任何接受或可能接受产品或服务的人。消费者是相对于提供产品或服务的生产者而言的。消费者和生产者是一对共生共存的概念。没有消费者，生产者也难以存在。消费者和生产者构成交换关系，而交换关系包括直接交换和可能交换两种关系。直接交换是指一手交钱，一手交货(产品或商品)；可能交换是指潜在消费者的存在，是由CSI、预测消费者对产品需求的品种和容量等参数决定的。这里的产品和商品的概念是广义的。现代产品与过去产品的概念有很大的区别。其一，现代产品既讲硬件(如性能等)，又讲软件(如服务等)。其二，现代产品的概念突出以消费者需求为中心。其三，现代产品一般表现为三个结构层：①内部产品核心层，包括品质、功能、效用、服务、利益；②中间产品形体层，包括形状、特征、样式、包装、装潢、商标、品牌等；③外部产品附加值层，除外形附加值以外，还包括交货期、安装、送货、维修、技术服务、培训、保证、赊账、优惠条件等因素。四川大学学者李蔚认为消费者可以分为五种类型：潜在消费者、准消费者、显在消费者、惠顾消费者、种子消费者。

(1) 潜在消费者是消费者的买点与企业的卖点完全对位或部分对位，但尚未购买企业产品或服务的消费者。这类消费者数量庞大、分布面广，由于种种原因，他们当前并未购买企业的产品，如果企业针对他们进行营销设计，他们有可能成为企业的显在消费者；潜在消费者是企业的市场资源，也是企业的发展空间。

(2) 准消费者是对企业的产品或服务已产生了注意、记忆、思维和想象，并形成了部分购买欲，但未产生购买行动的消费者。对消费者而言，本企业的产品或服务已进入他们的购买选择区，成为其可行性消费方案中的一部分。但由于种种原因，他们一直未购买本企业的产品。

(3) 显在消费者是直接消费企业产品或服务的消费者。只要曾经消费过本企业的产品，就是本企业的消费者。据研究，一个不满意的消费者会直接或间接影响40个潜在消费者，使公司失去40笔可能业务。优秀设计的最高原则，就是尽量把消费者满意的产品卖给消费者，而避免让消费者买到不满意的产品。

(4) 惠顾消费者就是常客。他们经常购买本企业的产品或服务。惠顾消费者的产生有三大原因：品牌忠诚、产品情结、服务到位。惠顾消费者是企业的基本消费队伍，是一种市场开拓投入最小的消费者。根据国外的研究，留住一个常客的费用，仅是开发一个新消费者费用的1/7。因此，企业着力培养自己的常客，形成一个庞大的常客队伍，是其生存发展的根本。

(5) 种子消费者是由常客发展而来，除自己反复消费外，还为企业带来新消费者的特殊消费者。种子消费者有四个基本特征：忠诚性、排他性、重复性、传播性。种子消费者的数量，不仅决定了企业的兴旺程度，也决定了企业的前景。

我们开展设计心理学的研究，是试图沟通生产者、设计师与消费者的关系，使每一个消费者都能买到称心如意的产品，而要达到这一目的，就必须了解消费者心理和研究消费者的行为规律。

3．消费者心理

消费者心理是指人作为消费者时的所思所想。其中既包括消费者的一般心理活动过程，也包括消费者作为单独个人的心理倾向的差异性(即个性)。消费者在消费过程中的心理现象，表现为对产品的感知、注意、记忆、思维和想象，对产品的好恶态度，从而引发其肯定或否定的情感。消费者对产品不同程度的情感，会反映在产品的购买决策和购买行为上。这些消费者的心理现象中，共性的规律性的东西，组成消费者心理的一般性内容。但是，消费者心理也有差异性，他们对商品的兴趣、需要、动机、态度、价值观的不同必然产生不同的购买行为。例如，集邮市场上的邮票，对集邮消费者来说，是一种需要，有强烈的购买动机，即使价格昂贵，自己经济条件并不宽裕，也要节衣缩食，争取早日买到。这种购买行为是其他消费者所不能理解的。

从本质上说，产品是为满足消费者的需要而设计的。第二次世界大战以后，随着技术的迅猛发展，产品的更新步伐加快了，相应地，产品的生命周期也缩短了。有些企业家认为，只要制造出新产品就能打开销路。实际上，据某些专家估计，大约 80%的新产品会遭到厄运，因为他们不了解消费者的心理特点。下面考察两个案例。

案例一：在我国快餐食品产销领域，品牌繁多，然而，能够令消费者真正动心的却寥寥无几。于是许多快餐食品企业感叹“人们的口味挑剔，众口难调”。

但是，民营食品产销企业集团 W 公司，始终坚持“只要口味好，众口也能调”的独特经营宗旨，从人们的口感差异性出发，不惜花费人力、物力、财力，在食品的口味上下功夫，“投其所好”，终于改变了某城市居民的快餐饮食习惯，使 W 公司的快餐食品成为某城市居民的首选快餐食品。

W 公司果敢挑战某城市居民的饮食习惯和就餐需求，以“投其所好”为一切业务工作的出发点，不仅出奇制胜地突破了“众口难调”的产销瓶颈，而且轻而易举地打入了某城市的快餐食品市场，开创了快餐食品的新市场。

案例二：“佳佳”和“乖乖”是香脆小点心的商标，曾经相继风靡 20 世纪 70 年代的台湾市场，并掀起了一阵流行热潮，致使同类食品蜂拥而上，不胜枚举。然而时至今日，率先上市的“佳佳”轰动一时之后竟然销声匿迹了，而竞争对手“乖乖”却经久不衰。为什么会出现两种截然不同的命运呢？

经考察，“佳佳”上市前做过周密的准备，并以巨额的广告声明：销售对象是青少年，尤其是恋爱男女，还包括失恋者，广告中有一句话是“失恋的人爱吃‘佳佳’”。显然，“佳佳”把希望寄托在“情人的嘴巴上”。而且做成的是咖喱味，并采用了大盒包装。“乖乖”则是以儿童为目标，用甜味与咖喱味抗衡，用廉价的小包装上市，去吸引敏感而又冲动的孩子的嘴巴，叫他们在举手之间吃完，嘴里留下余香。这就使疼爱孩子的家长重复购买。为了刺激消费，“乖乖”在广告中直截了当地说“吃”，“吃得个个笑逐颜开!”可见，“佳佳”和“乖乖”有不同的消费对象、不同大小的包装、不同的口味风格和不同的广告宣传。正是这几个不同，也最终决定了两个竞争者的不同命运。“乖乖”征服了“佳佳”，“佳佳”昙花一现。

4．消费者行为规律

所有的消费心理现象都可以概括为以下 6 个相互联系的消费者行为过程，如图 1-1 所示。

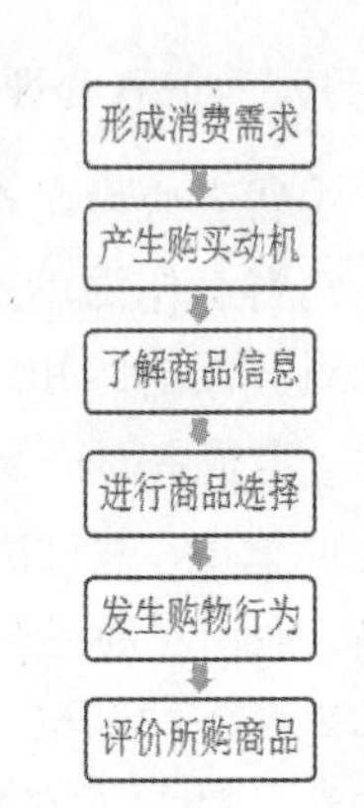

图 1-1　消费者行为过程

(1) 形成消费需求。当人们因意识到自己缺乏某种东西而产生心理紧张时，一定的消费需求就形成了。现在人们的许多需求表现为消费需求，比如，爱美的姑娘看到漂亮的时装而形成对时装的消费需求，生病的人形成对药品的消费需求，业余生活贫乏形成对电视机的消费需求，等等。

(2) 产生购买动机。消费需求一旦形成，便会推动个体去寻求相应的满足。当必须通过购买才能满足消费需求时，个体的购买动机便随之产生，但每个消费者的需求层次不同，形成的购买动机也不同。比如，处于生理需求层次的消费者，一般形成求实求惠的购买动机；处于自尊需求的消费者，一般考虑威望地位而形成求名求异的购买动机。

(3) 了解商品信息。一旦消费者对商品产生购买动机，便会主动且又全面地寻求有关的商品信息，通过现代社会的各种大众传播媒介，如广播、报纸和杂志、电视广告等，了解产品的功能、价格、外观、质量、服务等，以进一步比较挑选。有的消费者相信各种产品广告，有的消费者则相信亲友邻居介绍，有的消费者则经常出入商店获取商品信息。

(4) 进行商品选择。消费者将已了解到的关于某商品的主要信息进行整理，根据一定的选择标准，对不同的产品仔细做比较，以便最后作出选择。

(5) 发生购物行为。消费者作出购买商品的决定后，一般很快就着手购买。但何时买，在哪个商店买，买多少，如何买等问题，不同消费者有不同的反应。比如，“春备夏装秋置棉”就是对购买服装恰当时机的经验说法。

(6) 评价所购商品。购买并实际消费商品之后，消费者自然会对这种商品有所评价，当对所购商品比较满意时，消费者不仅愿意今后重复购买，而且会向其他消费者作宣传，扩大产品的影响力。倘若消费者对商品不满意，则将有相反的效果。

以上消费者的 6 个行为过程，在具体消费者身上各有不同，也未必每次消费都有这 6 个行为过程，但消费者心理过程的复杂性是存在的，探究消费者行为规律的内容也是丰富的。

5．适销对路的产品

适销对路的产品一般是消费者满意的附加值高的产品。科学技术、文化艺术、以消费者为中心的市场营销是提升附加值的手段，也是开发适销对路产品的绝佳途径。

第一，产品的使用价值和价值的实现必须靠“惊险的一跃”，只有适销对路的商品才能跃过由生产到流通，最后跃到消费者那里；反之，不适销对路的商品就不能跃过，不能实现价值。

第二，适销对路的程度将影响满意度和附加值实现的程度。尤为适销的商品能升值；相反，则可能贬值。只有特别适销的、满意度高的产品才能真正变成高附加值的商品；不适销对路的高附加值产品，只能变成样品和展品。第三，适销对路，是指符合消费者的显在和潜在的需求，既符合功能需要，又符合购买力水平，特别是符合消费者的心理需求。因此，适销对路产品必须实用，能满足消费者的物质需求；产品价值与性能价格比值要高，定价合理；同时必须能满足消费者的审美心理，具有欣赏价值。第四，同样是适销对路的产品，不同的品牌，价格不一样，这里有一个竞争力的问题，竞争分为价格竞争和非价格竞争。若靠价格竞争，就会薄利多销，不能实现高附加值，因此，要避免价格竞争，尽可能靠营销设计来提升消费者满意度，实现高附加值，实现厚利多销。第五，适销对路不是一成不变的。在商品短缺的情况下，消费者重视物质需求；而在小康条件下，消费者重视精神需求，适销就是适应市场需求的变化。高附加值产品必须高在对市场的应变力上。第六，适销对路，既有目前看到的(显在的)，还有即将出现的(潜在的)。显然，能满足潜在需求就能得到更高的附加值。这就需要认真调查市场，细分目标市场，调查消费者需求和消费者态度指数，通过消费者满意度来预测市场，确定潜在需求是设计心理学研究的重点。因此，高附加值产品常常通过消费者满意度来满足潜在需求，它能开拓潜在新市场，具有强大的市场开拓力，适销对路的产品是满意度设计的结果。

6．消费者满意度

在实际营销中，让消费者满意是企业(生产者和设计师)开展营销活动的主要目标。因为消费者一旦满意，就可能形成重复或认牌购买的消费行为。“消费者满意度”这个概念，是市场经济发展到今天以消费者为中心的产物，它集中反映了现代的营销观念，即企业的盈利是通过满足消费者的需要，让消费者满意而得到的。现代设计与现代营销观念是同步发展的，对消费者满意度进行大量研究，并用消费者的态度指数来表征消费者满意度，这种研究大致经历了以下 3 个时代。

第一个时代是理性消费时代。这一时代，物质尚不充裕，居民恩格尔系数较高，生活水平较低，消费者在进行消费行为时，非常理智，不仅重视质量，而且重视价格，追求物美价廉和经久耐用。因此，消费者的态度指数是“好”与“坏”。第二个时代是感觉消费时代。当社会物质财富开始增加，人们的生活水平大大提高，居民恩格尔系数大大降低后，消费者的价值选择已经不再是物美价廉、经久耐用了，他们开始重视品牌、形象，这时消费者的态度指数是“喜欢”与“不喜欢”。第三个时代是感情消费时代。随着社会的进步，时代的变迁，消费者越来越重视心灵上的充实，对商品的要求，已跳出了价格、质量的范围，也跳出了品牌和形象的误区，对商品是否具有激活心灵的魅力，十分感兴趣，追求商品购买与消费过程中心灵的满足感。因此，这时消费者的态度指数是“满意”与“不满意”。

消费者满意度也称消费者满意指数，是反映当代消费心理的指标。我们看到在第一个时代，旨在提高产品质量和降低产品成本的质量管理和成本管理得到超级发挥，甚至掀起了一场波及全球的全面质量管理(TQC)革命。在第二个时代，旨在塑造形象、创名牌的企业形象管理得到超级发挥，也掀起了一场波及全球的企业识别(Corporate Identity，CI)运动。而今天，消费者价值选择进入了第三个时代，旨在提升消费者满意度水平、提高企业经营绩效的 CSI 设计被推上了历史舞台。特别值得注意的是，关于服务的经营战略理念，消费者对服务的满意，是建立在运用 CSI 设计思想提高服务质量、增强消费者满意度的基础上的。经营战略的基本指导思想是：企业的整个经营活动要以消费者满意度为指针，要从消费者的角度，用消费者的观点而非生产者和设计师自身的利益和观点考虑消费者的需求，尽可能全面地尊重和维护消费者的利益。

经营战略设计思想是在服务质量理论基础上产生的。瑞典经济学家埃费特·加曼逊认为："服务质量是指服务商品的生产质量和销售质量的综合。"服务商品的生产质量是指按既定的生产程序、步骤，以及商品标准、规格和消费的要求准确地完成生产；服务商品的销售质量是指商品的适用性，即准确地对市场中的消费者的需求作出预测，并适应市场中的消费者，使需求得到满足。运用消费者满意度"能够评价、提高服务质量"，由此产生消费者满意度的设计思想。消费者满意通常包括三个方面的满意：一是买到喜欢且满意的商品；二是享受到良好且满意的待遇；三是消费者心理上得到满足，如个性、情趣、地位、生活方式等。生产者和设计师应从这三个方面通过运用 CSI 设计思想的基本方法，把消费者需求(包括潜在需求)作为企业开发产品的源头，在产品功能及价格设定、分销促销环节建立、完善售后服务系统等方面以便利消费者为原则，最大限度地使消费者满意。在销售过程中企业要及时跟踪并研究消费者购买的满意度，并以此设立改进目标，调整企业生产和经营的环节，通过不断地稳定和提高消费者满意度，保证企业在激烈的市场竞争中占据有利地位。具体来讲，需做到以下几点。

(1) 站在消费者的立场而不是厂商的立场上去研究和设计产品。尽可能地预先把消费者的"不满意"从产品本身(包括设计、制造和供应过程)去除，并顺应消费者的需求趋势，预先在商品本身创造消费者的满意。通过发现消费者的潜在需要并设法用产品满足这些需要，使消费者获得意想不到的满意。

(2) 不断完善产品服务系统，最大限度地使消费者感到安心和便利。德国大众汽车公司周到的售后服务，一度是日本汽车制造商学习的榜样，在某一型号的最后一辆汽车出厂后的 15 年内，大众都能保障所有的必要配件。国内有些名牌企业，某一型号的产品三年内就难以保障消费者能找到必要配件。同时，零配件不仅确保存货，而且确保及时供货。

(3) 十分重视消费者的意见，让用户参与决策。把处理好消费者的意见视为是创造消费者满意的准则。美国斯隆管理学院调查表明，成功的技术革新和民用新产品中，有 60%～80%的建议来自用户。美国的宝洁(P&G)公司首创了"消费者免费服务电话"，消费者可免费向公司拨打有关产品问题的电话，公司对来电一一予以答复，且进行整理分析。这家公司的许多商品改造设想，正是来源于这样的"免费电话"。

(4) 重视消费者的重复购买，设法留住老消费者。成功的设计是得到那些从产品和服务中获得满意的消费者的有效途径。美国汽车业调查表明，一个满意的消费者会引发 8 笔潜在的生意，其中至少有一笔会成交；一个不满意的消费者会影响 25 个人的购买意愿；争取一位新消费者所花费的成本是保住一位老消费者所花费成本的 6 倍。

(5) 按以消费者为中心的原则建立富有活力的企业组织。①生产者和设计师要对消费者的要求和反映有快速反应机制。②要形成鼓励创新的组织氛围。③组织内部要有通畅的双向沟通机制。④从经理、设计师、售货员分级授权处理消费者要求，增强授权人的责任意识。综上所述，消费者满意度产生和发展的历程，对工业设计在深度和广度上提出了新的要求，消费者满意度指数从“好”与“坏”，到“喜欢”与“不喜欢”，再到“满意”与“不满意”三个阶段对产品设计的要求排序是：从功能质量层到形体审美层再到服务附加层。可以看出，消费者满意度研究是工业设计进入高层次要求的依据，CSI 在工业设计的各个领域日益显现其重要性和指导性。

1.1.2　工业设计与消费者心理

以最为合理的方式连接设计师和消费者，是进行工业设计和消费者心理研究的最主要目的，使工业设计者了解消费者的心理规律，使产品的设计、生产、销售最大限度地与消费者需求匹配，满足各层次消费者的需求，达到适销对路的市场效益。

消费者的需求一般分为两大类，即物质性、自然性的需求，包括生理上和安全保健方面的需求；社会性、精神性的需求，包括社交、美化和发展类的需求。工业设计的目标，一般把物质性的需求放在第一位，把审美和精神上的需求放在第二位，这在消费者的生活水平、文化修养水平不高时，是普遍的需求序列；随着社会经济文化的发展，人们的生活质量逐步提高，我们发现消费者的需求序列发生了变化：产品一旦解决了物质功能条件，对美的属性即审美需求马上就上升到第一位。比如家具、服装、电器用品、化妆品等同一类型的产品，在质量达到同等水平的条件下，它们在市场上的销路，起关键作用的往往是审美因素，尤其是在国际市场上。日商购买中国的丝绸面料，也在中国工厂加工，但其只提供服装造型的设计图样，每件产品成本不过十几美元，而拿到巴黎的时装市场出售，每件可售 500 美元。也就是说，一张造型设计图纸赚了近 40 倍成本的利润。因此，设计者欲使产品有较高的经济价值，必须把握消费者需求序列的变化规律，重视审美需求在现代消费中的重要地位，这也是当今企业家要重视的问题。工业设计是广义的全方位的设计，不仅包括产品的定位设计、功能和外观设计，也包括作为商品的促销设计，它除了注重自身的完美以外，还需要注重产品的营销设计，注重产品的自我推销能力。比如，包装装潢的推销功能和广告的推销功能，即使是名牌畅销产品，也不能死抱着传统的观念，如“皇帝的女儿不愁嫁”“酒香不怕巷子深”，都需要重视广告宣传。现代市场经济带来的激烈的市场竞争，使工业设计离不开广告设计和传播设计。随着市场经济的发展，消费者对广告设计要求越来越高，突出表现在广告的策划和创意设计上。广告策划和广告创意，说到底就是一个研究消费者市场和消费者心理的问题。研究消费者市场的全过程就是广告策划的全过程。现代市场是以消费者为导向的，消费者的人口特征包括年龄、性别、职业、文化程度和家庭状况等，对企业的产品定位和广告定位都具有重要的影响。所以，广告策划的重点在于对消费者的市场研究，而广告创意也是如此，所不同的是广告创意重在对消费者的心理研究。目前，有些广告设计人员简单地理解广告创意，认为广告创意就是广告“构思”或广告“创异”，将创意和“构思、创异”等同起来。其实，创意可以包含“构思”和“创异”，而“构思”或“创异”绝不能替代创意的整个过程，这里是部分和整体的关系。广告创意，有其独特的内涵，它是使广告达到广告目的的创造性主意。这里的广告目的是指促进销售，提高消费者满意度，获取最大的经济利益和社会效益；创造性是指新颖性和特异性，不能模仿和雷同，最好是前所未有；而主意就是一种绝妙的办法，这种办法不是形式上的，而是一种宣传说服的能力，宣传说服消费者对某一产品形成购买行为或改变态度，这种宣传说服通过表现手段，比如，视听形式或艺术手法把它完整地表达出来，这就是广告创意。一般的广告构思或广告创意，重表现手段而轻宣传说服的能力，设计者只是站在广告创作人员的角度，去审美，去鉴定，并不清楚消费者看了广告之后，是否被说服，进而产生购买欲望，形成购买动机，最后产生购买行为，达到广告的促销目的。因此，现代广告观念以广告策划和创意为第一位，广告的表现手段服从策划和创意。

消费者心理研究的深入程度对广告策划和创意的水平有重要影响。对消费者心理研究得越为深入，广告的创意性就会越足，广告的效果也会越好。比如，在产品的广告设计中，就要运用消费者的感知规律、注意规律和记忆思维规律，使设计的广告易于感知，引人注意，便于记忆，富于联想，达到促销目的；在产品的造型设计中，就要运用工程心理学、工效学的原理，根据消费者的生理、心理活动特点来考虑工业设计，使产品结构合理、操作方便轻松、使用安全舒适。例如，国内一厂家生产的一种电子仪器，在广交会上被外商选中，但外商提出要改进外观后再考虑订货。后来，工程心理学家协助该设计人员改进了仪器的造型和仪表、旋钮的排布。一是表板设计应符合工效学要求，即旋钮的位置应从使用方便的角度加以调整，使旋钮与指针的运动方向相配合。二是指示仪表、旋钮和机箱的造型与色调要协调。经过改进设计，生产组装的这种仪器令外商满意。另外，工业设计人员应了解社会心理学，掌握消费者崇时尚、重模仿的心理规律，满足消费者的求美、求新、求异的购买动机，使产品具有时代性。各种产品的外形年年变化，只有把握它的变化规律和趋势，设计和生产出来的产品投放市场时才能符合流行趋势，获得消费者的好评，获得较大经济效益。如果设计的产品都是仿制品，缺乏新意，竞争力就不强，比如，有一些老式汽车的线条、构造等都不错，但一旦过时了，就显得很落后，人们就不愿意买它。工业产品与一般美术作品不同，一幅名画过了几十年、几百年都不会落伍；而工业产品的外形如不改变，即使其性能不断改进，也不会受到人们的欢迎。

符合消费者心理的产品设计，可以给企业带来一本万利的高效益。日本是十分重视产品设计的国家，他们在市场调查和消费者心理研究上肯花大力气和大本钱，因为他们懂得，符合消费者心理的产品设计花费 1 美元本钱，可以带来 1500 美元的利润。所以，在日本企业的收益中，设备、技术投入的回收率占 12%，而靠产品设计的成果回收率就占 51%，设计中的咨询费用、调研投入，即软件投入在全球名列前茅。日本的自然条件并不乐观，人口稠密又缺乏资源，居然能成为“产品大国”而称霸世界市场，多归功于符合消费者心理的产品设计。

只有对市场和消费者有充足的了解和良好的把握，才能在产品设计上产生一本万利的高效益。产品设计是否适销对路，是否有很好的市场效应，评定的标准是市场，是人。因此，迎合消费者心理进行产品设计，就成为当今设计界有识之士的关注点。如果一个产品设计只为某个人所欣赏，多数人不欣赏，那么这不是真正的产品设计，而仅仅是一件工艺品。因此，研究消费者的需要、动机、态度，乃至购买行为和消费规律，是中外设计师的必修课。设计心理学的研究重点在于：探讨在工业设计活动中，如何把握消费者心理，遵循消费者的行为规律，我们希望本书能为钻研工业设计的人们提供有用的信息。

现代工业设计是广义的产品设计，它不仅要求产品本身的内部功能先进、外形设计新颖美观，而且由产品的自身扩大到包容产品整个室内空间。这样，既关注产品的造型效果，又注重产品的相互关系及其与环境的关系，使消费者拥有良好的工作环境和生活环境。另外，产品设计首先是商品设计，产品必须在激烈的市场竞争中实现其价值。围绕商品设计，还必须有一套引人注目、行之有效的商标、广告、展示等促销手段，以及良好的包装装潢和安全措施，这些被称为视觉传达设计。现代产品设计师所关心的不仅包括产品的形状、颜色，实际上还包括商品的售后服务、广告、宣传等工作。因此，现代产品设计是从市场经济的角度，把产品造型、室内环境和视觉传达设计视为一个宏大的系统工程，加以统筹策划和精心设计。因此，设计心理学所谈及的产品设计是全方位的立体设计，是工业设计在企业经营中的具体体现。

20 世纪 80 年代以后，日本采用新“商”品开发代替原来的新“产”品开发，虽然只是一字之差，但含义却有很大不同，反映出当代设计更加注重消费者，更加注重市场；也反映出产品设计思想的变化，从强调技术与艺术的结合发展到技术与需要、技术与市场的结合，构筑了一个以消费者为中心的产品设计新模式。这种设计新模式，与其说是推陈出新，不如说是继承和发扬。这种产品设计与消费者心理密切结合的方式，是历代成功设计流派一脉相承的。不管是当年为满足消费者的生理性需求应运而生的“功能主义”，还是当今为满足消费者的社会性需求应运而生的“后现实主义”，它们的产品设计风格不同，流派各异，但围绕消费者心理进行设计的模式是不变的。“功能主义”的产品设计强调简洁、实用而不是新奇、时髦，为此，依据人的生理活动规律进行产品设计，从而诞生了人体工程学。其通过详尽考察消费者人体的尺度、人的能力，给产品造型提供更为合理的设计依据。人体尺度内容逐步成为设计师的基本常识，产品设计中消费者的心理活动规律也得到了重视。而“后现实主义”注意到以往产品设计过于理性化，千篇一律且不能满足消费者的精神需求，从而迫使产品设计师深入人的精神领域，导致设计“从原先功能追求形式的线性过程变为综合性的非线性过程”，使设计观念向着“创造符合人体自由发展的新生活方面深化”。对消费者的行为和心理因素的深入研究和对人的多元化理解，就是“后现实主义”设计思想的主要内容。如果从消费者心理学的角度来分析产品设计流派，那么，“功能主义”是满足消费者的低层次的生理性需求，而“后现实主义”是满足消费者的高层次的社会性需求，后者更注重消费者的心理活动规律。本书将全面介绍消费者的心理活动规律，既有共性的、一般性的规律，又有个性的、差异性的规律；既有低层次的活动规律，包括消费者的感知、注意等方面的初级信息加工，也有高级活动规律，如思维、情感、需要、动机、态度等方面的内容；既有消费者心理的宏观分析，又有消费者心理的微观分析。笔者希望本书能将工业设计所需要的主要消费者心理规律囊括其中，为工业设计提供方便。

1.1.3　设计心理学的研究范围

设计心理学是研究消费者心理活动规律在工业设计中的运用，它属于应用心理学范畴，有多学科的内容参与，是一门交叉性、边缘性的学科。它既涉及社会心理学、经济心理学、消费心理学、管理心理学、商业心理学、市场心理学、工程心理学等有关知识，也涉及工业设计中产品、商品制造与推销全过程所包含的知识和科学。比如，产品功能、材料、结构、工艺、形态、色彩、表面处理、废料回收、环境保护、装饰中的视觉传达、CI设计的有关学科，包括社会科学和自然科学中的许多知识，如材料学、物理学、数理统计学、生理学、美学、市场营销学等，组成工业设计学科群。在设计心理学研究的各个领域，都有应用心理学与工业设计学科群知识的交叉和渗透，尤其是在利用CS观念和CSI预测市场的最新研究成果中，更体现了这两门学科的交叉性和渗透性的巨大作用。

设计心理学是应用心理学的一个新分支学科，工业设计和应用心理学这两门新兴学科从诞生之日起，就具有不完善性，但笔者相信，每一本设计心理学教材的视角和切入点是不同的，它们对设计心理学的理解也是不一样的。但总目标是一致的——为工业设计更好地与消费心理匹配而努力。

1.2 设计心理学内涵

设计心理学是设计师必须掌握的一门理论课，是在心理学的基础上将人们的心理状态，尤其是对于人们心理需求的方面，通过意识作用于设计的一门学问，同时研究人们在设计创造过程中的心态，以及设计对社会及社会个体所产生的心理反应，反过来再作用于设计，使设计更能够反映和满足人们的心理作用。

1.2.1 设计如何为消费者心理服务

“好的设计”很难有一个统一标准，这是因为每个人的出身、修养、爱好等都不相同。但是，设计师和消费者还应有一个大致的认同标准。经“中国工业设计之父”柳冠中介绍，德国造型咨询委员会顾问萱旺特(Schoenwandt)教授来华讲学，他认为“好的设计”有九条标准：创造性设计、适用性设计、美观性设计、理解性设计、以人为本的设计、永恒性设计、精细化设计、简洁化设计、生态性设计。

1．创造性设计与消费者心理

创造性设计是设计最重要的前提。因为人类文明史证明人类的进步，社会的发展都是创造的结果，没有创新，社会就不会有进步。一个产品如果没有创新，那就没有设计的依据，也就不会被前进着的人类社会承认。设计心理学的教学以创设CSI问卷为主线，以创造性思维训练为技能培养目标，期望学生迅速了解、掌握消费者的心理。创造性的设计来源于外部世界多变的态势，来源于用信息化、数码化手段去客观反映消费者的需求的内容。而运用CSI去采集消费者心理数据，并根据CSI的导向设计功能实现“创造性设计”的基本支持系统。

2．适用性设计与消费者心理

“适用性”是衡量产品设计好坏的另一条重要标准，这是产品存在的依据。设计师与工程师的区别就在于设计师不光设计一个产品，在设计之前看到的不仅有材料、技术，而且看到了人，要考虑到人的使用要求和将来的发展。设计心理学提供的消费者满意度，将是适用性设计的依据。

3．美观性设计与消费者心理

“美观”是任何设计师都愿意为自己的设计赋予的形色，然而“美”是不能用一把尺子去衡量的，美的确是人们在生活中的感受，是存在的，却又与人的主观条件，如想象力、修养、爱好等息息相关，所以又是可变的，它离不开生活，离不开对象，却又因人、因时代、因地域、因环境而异，是不断发展变化着的。设计心理学提供的消费者心理的微观分析(人口特征)知识，将使学员了解消费者审美价值观的差异，导致人们对美的主观判断的不同。

4．理解性设计与消费者心理

理解性设计的标准是设计必须被人理解。设计一个产品必须让人理解产品所承载的信息，让使用者一看就知道这是什么产品、作用如何等。设计师运用材料、构造、色彩等来表达产品存在的依据。设计心理学提供的消费者认知活动规律，将使设计师掌握造型识别、图形识别、广告识别等心理学基础，力求满足消费者一目了然的求便心理。

5．以人为本的设计与消费者心理

突出人而不是突出物是好的设计的第五个标准。比如，有的灯具设计十分花哨，使人眼花缭乱，在室内空间夺去了人在室内的主体地位。好的设计作品应是含蓄的，突出的是人，以满足人的要求。设计心理学认为人与背景，首先是人，其次是背景，这不仅是在观念上的准则，也是现代设计管理的核心，CS 策划将是设计心理学研究的主题之一。

6．永恒性设计与消费者心理

“永恒性”是好的设计的第六个标准。不应片面追求流行款式，不应片面渲染、夸张其商业性或制造噱头。好的设计是经得住时间考验的。设计心理学认为支持消费者永恒性偏爱是价值观问题。

7．精细化设计与消费者心理

“精细化”标准是指必须精心处理每一个细部。从构思到设计的完成，要让人感到耐人寻味且又不烦琐，从整体到细节都充满哲理与和谐。设计师不应被材料与加工工艺束缚，以致掌控不了设计的结果，而应既把材料与工艺的特点体现得淋漓尽致、顺乎自然、合乎逻辑，又要高于这些物的因素，体现出人的力量，赋予“物”灵魂，使其成为人的对象。设计心理学提供的 CSI 市场调查的研究，为精细化设计提供“人性化”参数。

8．简洁化设计与消费者心理

“简洁化”是“好的设计”的第八个标准。烦琐是设计忌讳的，它反映了设计师的思维混乱，丝毫不是价值的体现。设计心理学在讨论广告设计和商标包装设计时，将以案例分析的方法说明简洁化设计只有依据消费者的认知规律，才能达到简洁化的效果。

9．生态性设计与消费者心理

“生态性”标准要注意生态平衡和环境保护。塑料制品终究是要被淘汰的，除非它被新技术改头换面，否则这种材料会造成永久的环境污染。在德国，已开始重新开发天然材料，目前要大量投资，从长远看是符合人类利益的。设计心理学认为，生态设计不仅是设计师观念的更新，更重要的是，如何使消费者建立生态平衡与环保意识的观念，广告宣传和教育培训是全民族环保态度指数提升的关键。只有“产消一体化”，生态设计产品才有生存空间，否则，再好的生态设计，也无市场支持。

1.2.2　设计如何为消费者满意服务

1．现代设计与名牌工程密切相关

我国经过 40 多年的改革和发展，绝大多数行业已处于买方市场环境，在消费上，已经从“短缺”“温饱”向“发展”“享受”转变。这种转变的经济基础是人民的收入有了很大的提高，生活条件得到了极大的改善，其物质基础是市场上可供商品丰富，消费者选择余地大，市场需求呈现多样化、个性化、高档化的趋势。名牌消费作为一种新趋势正叩开市场的大门，名牌对消费者的导向和认同效果也越来越强烈。正如许多生产者和设计师所说的，名牌是生产者和设计师进入市场的通行证。谁拥有名牌，谁就能在市场上处于领先地位。随着经济全球化的深入，我国的设计管理将面临众多国际名牌进入我国市场的境遇，竞争的压力也有将我国品牌大量推向国际市场的紧迫使命感。因此，在我国生产者和设计师实施名牌战略时，导入 CS 战略就显得十分必要。这种融合必将缩小我国产品与发达国家产品之间的差距，也将引起我国生产者和设计师经营观念的深刻变革。

实施名牌战略，第一，是使自己的产品能给消费者较高的满意度，站在消费者的立场去研究、开发产品，并顺应消费者的需求变化趋势不断地改善产品，尽可能消除消费者对产品的不满意感。只有那些始终使消费者满意的产品，才是名牌产品。第二，综观国际上一些著名品牌的生产者和设计师，其成功经验表明，他们不但具有使消费者满意的产品，还具有十分完善的消费者服务体系。因为任何好的产品，消费者在购买和使用过程中，都可能需要生产者(经销者)和设计师提供相应的帮助，即服务。如消费者能享受周到和满意的服务，这无疑更坚定了消费者对生产者和设计师的认可与合作。因此，实施名牌战略的设计管理要树立“服务第一，利润第二”的经营思想，重视消费者服务体系的建设，将生产系统的改善和服务体系的完善放在同等的地位来对待。而我国生产者和设计师对后者往往不够重视，大多数情况下，消费者对服务的不满意要远远大于对产品本身的不满意。

现在，在我国生产者和设计师界流行一种说法：名牌=高质量+高市场占有率。但从现在的市场竞争状况和设计管理经营的实践看，这还不完善，应该是名牌=体贴周到的服务+高质量+高市场占有率。因为，只有体贴周到的服务(如卖方信贷、分期付款、担保等)，才能将潜在需求转化为现实需求，消除消费者使用产品时的诸多不便(如咨询、安装、培训、维修等)。

这样，高质量的产品才能获得消费者高的满意度，而只有高的满意度才能取得高的市场占有率。

2．策划“产消共益体”的实现是现代设计的目标

“产消共益体”是指生产者、设计师和消费者(顾客)建立牢固的合作关系，依据双赢原则，如此生产者和设计师才有市场占有率。CS 中的消费者是一个十分广泛的概念，他不仅是生产者和设计师产品的消费对象，而且是生产者和设计师在整个经营活动中最为重要的合作伙伴。生产者和设计师与消费者的关系是否亲密，是否牢固，对生产者和设计师来说是十分重要的。因此，生产者和设计师在实施名牌战略时，要注意与消费者进行情感沟通，时刻了解消费者对产品和服务的满意程度，对消费者的诉求和意见应有快速反应机制，随时检查和校验生产者和设计师的服务体系，保障“消费者满意度”的作用。

“产消共益体”需要生产者和设计师与消费者充分地沟通才能建立，良好的沟通具有以下作用。

(1) 随时了解产品和服务的问题所在。

(2) 将可能引起消费者不满意的问题、缺陷等消灭在萌芽状态，防微杜渐。

(3) 增加情感交流，使消费者对生产者和设计师产生一种认同感，从而增强消费者对生产者、设计师和产品的忠诚度。这种超乎企业与消费者经济利益之上的情感化的血肉联系，是生产者和设计师抵御竞争风暴，走出经营困境，不断发展壮大的坚强基石。因此，培养一大批忠诚消费者，是生产者和设计师创名牌、保名牌、发展名牌的永恒主题。

(4) 生产者和设计师有机会也有渠道倾听消费者的心声，并心悦诚服地接受消费者的意见和建议，随时改正自己的不足，使消费者感觉到自己受到尊重，有一种参与感，心理需求得到了很好的满足，也提高了消费者的满意度，加深了生产者和设计师与消费者之间的合作关系。

总之，在这个服务取胜的年代里，生产者和设计师的产品能否成为名牌，主要取决于消费者对这个产品的满意度。从这个意义上讲，使消费者满意的产品是不可战胜的。因此，运用 CS 战略的思想精华来指导生产者和设计师共创“产消共益体”，从而走上名牌战略的平台，这将是现代设计理念实现的必由之路。

1.2.3 消费者满意度是现代设计的依据

现代设计的依据是 CSI 数据库，并根据 CSI 导向工业设计。CSI 采集的指标一般包括 5 个方面(见图 1-2)。

1．行为满意指标

行为满意指标(BSI)是指生产者和设计师全部的行为状况带给消费者的心理满足状态，它包括行为规则满意、行为机制满意和行为模式满意等。这是企业组织行为设计的内容。

2．理念满意指标

理念满意指标(MSI)是指生产者和设计师的理念带给消费者的心理满足状态，它包括消费者对生产者和设计者行为哲学满意、经营宗旨满意、企业精神满意和价值观念满意等。这是企业设计的中心点。

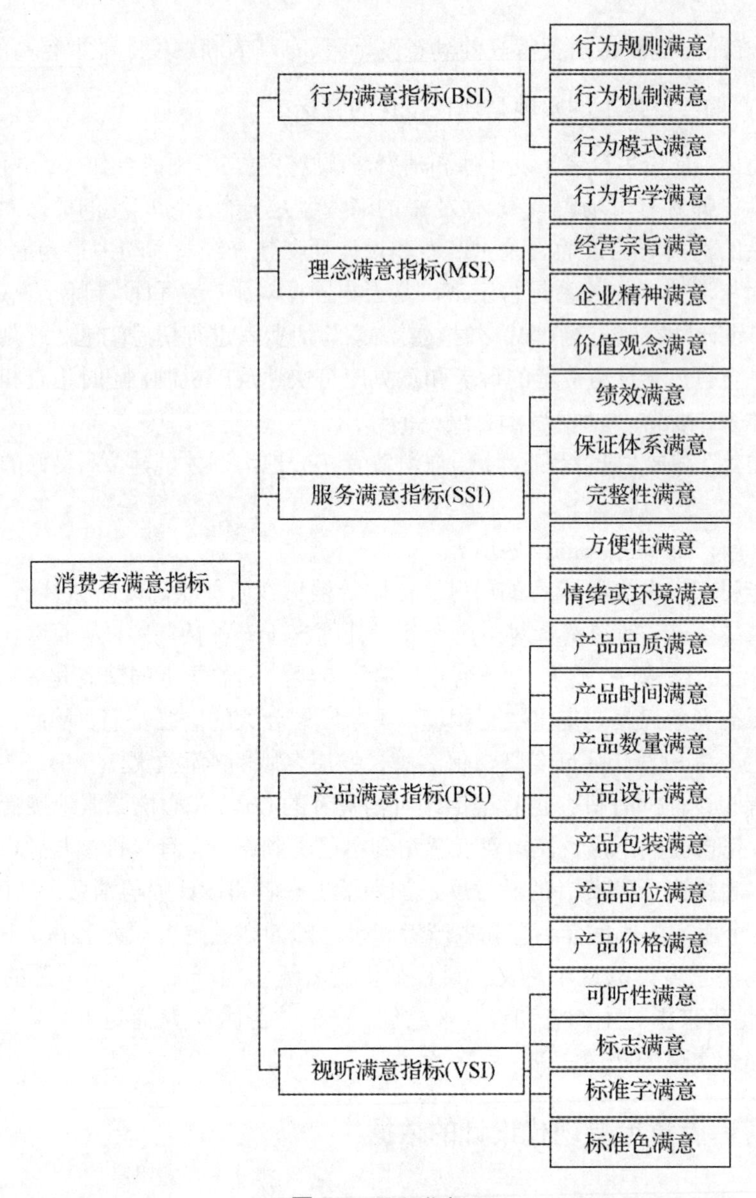

图 1-2　CSI 指标

3．服务满意指标

服务满意指标(SSI)是指生产者和设计师整体服务带给消费者的心理满足状态，它包括绩效满意、保证体系满意、完整性满意、方便性满意及情绪或环境满意等。绩效表明服务的核心功能及其所达到的程度，绩效通常是成果导向，如餐饮业的绩效就是衡量饮食是否可口、账单是否正确等。保证表明绩效提供过程的正确性及回应性，它强调服务过程的品质、态度和负责精神，如餐饮业的保证包括等候时间是否最短、是否有销售告罄的情况、对消费者的要求能否快速回应。完整性表明所提供的服务的多样性是否有周到的服务。餐饮业所提供的营养说明、菜单、菜系、菜价、专为特殊消费者提供的菜单、特色菜及促销菜及多样菜色选择，都是表明该行业服务完整性的可列项目。方便性是指有关服务的可接近性、简易性及使用的灵巧性，餐饮业在这方面所提供的服务包括：延长营业时间，全日、全年营业，好的营业场所和地理位置，很容易看到的菜单，等等。情绪或环境是指核心服务功能之外的感受，即消费者感到满意及良好的印象，以餐饮业为例，它包括客气且礼貌的服务员，服务员的仪表整洁，良好的气氛和令人心怡的环境，这些都是企业形象设计的重要内容。

4．产品满意指标

产品满意指标(PSI)是指企业产品带给消费者的心理满足状态，它包括产品品质满意、产品时间满意、产品数量满意、产品设计满意、产品包装满意、产品品位满意、产品价格满意等。产品品质包括：功能、使用寿命、用料、可靠性、安全性和经济性等。产品时间包括：及时性、随时性、省时性等。产品数量包括：容量、足量性、成套性、供求情况等。产品设计包括：色彩、造型、体积、装饰、质地、手感、美感、时代感、实用性、便利性等。产品包装包括：保护性、形象性、附加值等。产品品位包括：名牌感、风格化、个性化、多样化、新潮性、身份感等。产品价格包括：最低价位、价格质量比、心理价格、价格策略等。这些产品 CSI 变量的采集结果是产品设计的重要参数。

5．视听满意指标

视听满意指标(VSI)是指企业具有可听性和可视性的外在形象，带给消费者的心理满足状态。可听性满意包括企业的名称、产品的名称、企业的口号、广告语等给人的听觉带来的美感和满意度，可视性满意包括企业的标志满意、标准字满意、标准色满意以及这 3 个基本要素的应用系统满意等。这是企业视觉传达设计的重要内容。

1.2.4　如何研究消费者心理

市场经济的发展需要生产者和设计师更新观念，从“以生产为导向”的旧观念转变为“以消费者为导向”的新观念，生产者和设计师需要了解消费者市场和消费者心理。产品设计是与生产者和设计师管理同步的，生产者和设计师观念的更新，势必要求设计人员调整自己的设计思想，研究工业设计与消费者心理正是迎合目前生产者和设计师形象提升与新产品开发的需要，为现代产品设计提供消费者心理活动的规律，指导他们把握消费者行为规律来进行产品设计，使设计的产品符合市场需求，适销对路，获取较好的经济效益和社会效益。“以消费者为中心”的新经营观念的重点是消费者，生产者和设计师的主要精力集中在研究消费者的需求和消费动机上，而生产和销售只是作为满足消费者需求的手段。他们“按需生产，以销定产”，现代的生产者和设计师生产是以消费者为中心的，非此就不能适应市场经济的快速多变态势。

因此，研究消费者市场、研究消费者心理成为现代生产者和设计师的出发点。如果生产者和设计师还抱着“以生产为导向”的旧观念不放，还是“我能生产什么，就卖什么”，不研究消费者的需求，那么，终将为市场经济发展的大潮所吞没。同样地，如果工业设计人员不迅速更新观念，还是抱着“以我为中心”的设计思想，心中没有消费者、没有市场调查，只闭门造车，那么设计的产品再好，也只能是工艺品，多数消费者不接受，便不能产生市场效益。所以，现代工业设计必须重视消费者心理，实态调查，并以数据化表征消费心理，即用 CSI 导向设计。掌握消费者心理活动规律是现代工业设计人员的基本功之一，无论是工业产品的造型设计，还是包装装潢设计、广告设计、服装设计等，都离不开对消费者的认知规律、情感规律和意志规律的深刻了解，离不开对消费者的态度、需要、动机、个性等差异心理的研究。一个成功的设计，必然是符合消费者行为规律的。

改革开放使我们看到了国外先进的工业设计思想和成功的策划实践，他们的设计观念和“以消费者为中心”的观念，值得我们学习。比如，国外的“雀巢”和“麦氏”咖啡成功地占领中国市场的事实，就体现了现代广告的设计观念和操作。现代广告设计是一个总体规划，先有消费者市场调查和消费者心理研究，后有消费者接受你产品的理由，最后通过各种表现手段，如视听、艺术等完整地表达出来。“雀巢”和“麦氏”咖啡都仔细地研究了中国消费者心理，掌握大量中国消费者的行为规律。他们清楚地知道，中国消费者有喝茶的习惯，而且茶叶比咖啡便宜。要打开中国的咖啡市场，难度较大，必须有让中国消费者喝咖啡的理由，才能打开市场。他们通过对中国消费者心理的缜密研究，最后找到了说服中国消费者接受咖啡的理由：重人情、舍得花钱招待客人，势必也舍得花钱买咖啡招待客人或送礼。因此，“麦氏”咖啡推出精美包装的咖啡礼品盒，获得良好的市场反应。另外，“雀巢”咖啡的广告创意是通过电视片反映合家欢聚、共饮咖啡的祥和、亲密融洽气氛，用中国人喜闻乐见的形式，再加上广告语“味道好极了”的大众化口吻，使“雀巢”咖啡风靡全国，仅在上海当年的销售量就有 500 吨，把国内最大的上海咖啡厂生产的咖啡挤出了上海市场。可见，谁掌握了消费者需求，谁的市场效应就好。广告设计如此，现代工业设计的其他方面也是如此。

1.2.5 产品开发与消费心理的研究

产品设计的出发点和指导思想应从消费者心理、生理需求出发，在厂家设备能力和生产条件的许可下，根据 CSI 反映的数据，了解消费者的不同心理需要，设计出各种不同功能、不同造型、不同品种的产品，千方百计地满足消费者的不同需求，使生产者和设计师获得效益，这是现代成功产品设计的指导思想。例如，在设计儿童玩具时，不仅设计了普通玩具，还大力开发高档玩具和智力玩具，及时投放市场，这样既满足了儿童和家长的需求，厂家也获得了良好的经济效益。又如，手表的消费心理也发生了变化，过去人们购买手表，首先注重的是时间准确、经久耐用等特点。时至今日，消费者不仅要求时间精确，而且要求性能多样、外形美观，尤其是女士手表更被当作装饰品，表体小巧玲珑，装饰优雅富贵，这种一物多用的消费心理，是手表设计者设计新产品的重要依据，开发、设计新产品不仅要把握消费者心理，而且在改进现有产品时，也必须了解消费者心理，当产品营销不畅时，提示工业产品设计者，问题的症结在消费行为因素上。例如，海尔冰箱把工业设计与消费者结合起来，就获得了极好的市场效应。1990 年，海尔的设计人员由搬动、放置不方便的大冰箱，研究设计出分体、组合式冰箱，两个箱体高度按最适合的人体高度进行厨房操作的设计，分开摆放可与厨房家具配合，合起来摆放则浑然一体。这个设计引起了冰箱市场的轰动效应，在众多厂家产品削价仍然积压的情况下，海尔的组合冰箱却让消费者排起长龙在抢购。好的设计为消费者提供了更多的方便，满足了他们更多的需求，自然就赢得了市场，设计本身也具有了生命力。

又如，一种沪产的 3 磅水壶，造型、图案均很美观，在南方颇受欢迎，但到北方就滞销了。北方消费者想要 5 磅或 7 磅的水壶，因为北方气候干燥，饮水量大。从消费者行为中提示产品设计者，在水壶的众多特性中，对于北方消费者来说，容量因素比花色更重要，这样就可以改进现有产品的设计，推出不同规格、不同品种的水壶，以满足不同地区消费者的需求。设计新产品还必须有市场预测，这也少不了消费心理的知识。市场预测主要是掌握消费者需求的变化趋势，如服装设计就必须把握消费者的购买动机。人们穿衣不仅是为了御寒蔽体，更是为了美化人体，保障健康和体现个性。因此，现代服装的设计要反映人体美、舒适简洁和个性化。另外，还要注意消费者的时尚心理，了解流行色和流行时装的变化规律，及时生产时髦服装，以满足现代人求新、求美、求异的心理。当然，研究设计不一定都要涉及高技术设备，一项金奖就授予了一个由安德森设计协会研制的名为“世纪之路”的婴儿浴盆。初为父母的人都知道用一只手托住婴儿的头，用另一只手拿小毛巾给婴儿洗澡是非常困难的，设计展示用一个简易吊床放入浴盆，吊床带有一个头垫，能安全地固定住婴儿。这样，父母的双手就可以自由地给婴儿洗澡了，新浴盆大受新生儿父母的欢迎。这些案例足以说明消费者的生活方式和行为规律对设计师具有导向作用。

1.2.6　经济效益与消费者心理的研究

工业产品设计人员的具体工作直接关联着生产者和厂商的经济效益。产品在市场上的最终销售情况是生产环节、经营环节和营销环节共同努力的结果，但最重要的是生产环节的产品设计，如果第一炮打不响，就谈不上经济效益。现代生产者和设计师面临的市场竞争激烈，如对手如林、花色品种繁多、新产品层出不穷。生产者和设计师要提高经济效益，使自己的产品适销对路，就必须掌握消费者心理，抓住新产品设计这一关。例如，日本丰田公司就提出“用户第一，销售第二、制造第三”的经营方针，坚持用户—销售—生产为序的指导思想，使日本的汽车工业一跃成为世界之首。日本汽车工业的设计人员为了扩大产品市场，去了解西方人的消费心理，根据西方人身材高大的特点，设计了特别宽敞、舒适而且座位可以自动调节的汽车，适合美国人的心理需求，在美国和西方市场成为最受欢迎的汽车产品，使日本丰田公司成为世界经营效益比较好的生产者和设计者。研究广告心理是改善设计管理的有效方法。现代生产者和设计师的经营和营销对广告的依存越来越明显，广告救活一个企业的案例屡见不鲜。以消费者心理需求作为市场定位的策略，已被许多企业视为竞争制胜的法宝之一。另外，市场心理研究也有助于提升生产者和设计师的经营和营销水平。比如，当前消费者重视保健的市场心理，在日用百货的设计上，设计师如果瞄准了这一消费心理，产品就有很好的销路。消费者尤其是儿童家长和老年人，对保健食品尤为关注，所以运动系列服装和保健锻炼器械销路很好，有关保健知识的书刊也深受广大消费者的欢迎。

1.2.7 企业设计与消费者满意度的研究

企业设计包括企业外部形象 CIS 设计和企业内部流程再造设计(Business Process Reengineering，BPR)。CIS 设计和 BPR 设计中有一个重要参数是不容忽视的，即消费者满意度研究。企业外部满意度是由 MS、BS、VS、SS 组成的 CIS，企业内部满意度是由员工、管理者和股东组成的消费者满意度(CSI)。在中国 CIS 设计中，设计师往往只重视 VS 设计，而忽视 BS 设计；在 BPR 设计中，往往重视工艺流程、质量管控和成本核算等要素的优化重组，而忽视了组织行为、组织气氛与经济绩效的关系。本书借助笔者多年参与和主持的“轻工企业组织行为与经济绩效”的软科学研究，我们以实证的方式分析了企业内部组织行为设计，受到竞争机制、企业文化和管理情景等多方面的制约，组织行为与经济绩效呈复杂的关系，既有线性关系又有非线性关系。而研究的支持系统，就是用 CSI 态度指数组成的数据库。此数据库是享有国际盛誉的企业诊断量表经过本土化修订，然后作为企业实态测评的工具；用此工具采集企业实态数据，并以此作为企业发展的依据，从而形成一个符合企业实态的有效的企业设计报告书。我们建立了轻工组织行为与经济绩效关联分析数据库和国际相关企业的数据库。在此基础上，我们给企业设计的诊断报告，不仅有轻工行业的参照系统，也有国内跨行业的参照系，还有国际参照背景。这样的企业设计，既有短期变革目标，又有中长期发展建议，得到了企业的充分肯定。

1.2.8 设计师素质与消费者心理的研究

研究工业设计与消费者心理的关联分析，可以发展和提高工业设计人员的创造力，完善设计人员的人格，丰富设计人员的知识，使设计人员了解消费者的不同欣赏心理和审美情趣，使设计产品受到消费者的欢迎，收到良好的市场效益。

第一，学习设计心理学可以发展和提高设计人员的创造力。一位优秀的设计人员要有丰富的想象力。企划产品时，似天马行空、迁想妙得，创作时绝不能模仿他人、形式雷同，而是另辟蹊径、别出心裁。通过学习，可以自测想象力，可以运用急骤联想训练法，又称“头脑风暴法”，来训练和提高设计人员的想象力，这是 20 世纪 60 年代美国心理学家训练大学生创造性思维的一种方法。在进行急骤联想训练时，学生要像夏天的暴风雨一样，迅速抛出一些观念，不要迟疑，也不要考虑质量的好坏或数量的多少，评价在结束后进行。越快表示越流畅，讲得越多表示流畅性越高。这种自由联想与迅速反应的训练，对于学生的思维，无论是质量和数量，还是流畅性和变通性，都有很大的帮助。这同样可以提高设计人员的想象力水平。

第二，完善设计人员的人格(personality)。人格是指一个人全部的心理面貌，包括外在自我和内在自我。设计人员要有上乘的产品设计，必须具有健全的人格，要有广博的知识面和全面的修养，也就是要具备精湛的专业技能、浓厚的创作情趣、博大的胸怀以及坚强的工作意志和作风。鲁迅先生说过：“美术家固然需有精熟的技工，但尤需有进步的思想与高尚的人格。他的制作，表面上是一张画或一个雕像，其实是他的思想与人格的表现。”作为一个以全面提高人民生活质量为终生事业的工业设计师来说，只有具备完善的内在自我才能设计出美好的工业设计产品。

第三，研究设计心理学可以丰富设计人员的知识，设计心理学是工业设计人员知识结构的重要组成部分。工业设计是一门造型艺术与现代科学结合的边缘性综合学科，它涉及的学识范围相当广泛，如经济学、社会学、心理学、美学、人体工程学、市场学等，当代先进的科学技术都与它有密切关系，尤其是研究人的心理活动规律的心理学与工业设计关系更密切。

工业设计往往基于一组专业人员的合作开发。典型的开发小组包括管理、市场营销、消费行为学、工程学和生产方面的专家。而工业设计师的设计必须满足这个小组所有专家提出的设计要求。工业设计师的独特贡献在于强调了产品或系统与人类特征、需求及兴趣相关的方面。因此，设计心理学提供的交叉性边缘学科的知识是加强设计师理论素养和实践经验的基础性内容。

1.2.9　对外贸易与消费者心理的研究

发展外向型经济是我国经济体制改革的重要内容，随着改革开放的进一步深入，我国外向型经济企业越来越多，对外销产品的设计要求日趋严格，事实表明，由于缺乏对外国消费者心理特点的了解，我国一部分优质产品在国际市场遭受冷遇，主要原因就在于造型设计、包装设计、商标设计等工业设计存在问题，不适合当地消费者的文化习惯和审美需求，给国家和生产者造成巨大的损失。比如，外销产品的商标设计，国内市场大量回销的“白象牌”电池，从质量到装潢，都无可挑剔，但外销到美国市场三年无人问津，究其原因，是商标设计者不了解中国和美国消费者的文化差异。我们还记得，“白象牌”电池上印了两个英文单词：“White Elephant”(白象)。背景图案是棕榈树丛中站着一头鼻子朝上卷的白象，白象下面写着“中华人民共和国制造”。这种产品的包装让美国消费者不能接受。因为英语“White Elephant”是“沉重而累赘的东西”，换言之，“废物件也”。另外，美国还流传有关“White Elephant”的典故：古代国王每当要让一个臣子遭殃时，就先赏赐他一头白象。因此，“白象者，不祥之物也。”类似的产品不是在产品质量、价格、交货期、服务或信誉上出现问题，仅仅由于产品包装设计上的失策，使整个外销产品失利。例如，亚洲大部分消费者认为红色包装是喜庆吉祥之意，而瑞典和德国消费者则认为是“流血”，是不祥之兆。之前我国出口的红色包装的爆竹在瑞典和德国不受欢迎，后来改成灰色包装才增加了销量。

另外，产品包装规格上也要符合外国消费者的消费行为规律，许多西方国家的商品零售主要场所是超级市场，超级市场的最显著特点是“自助式售货”或“无人售货”。因此，外国进口商十分注意商品的包装，对商品包装的要求十分严格，包装要牢固，标志要鲜明，携带要方便。超级市场无售货员介绍商品，消费者对商品的了解只能靠商品包装所提供的“自我介绍”，因此，只有那些引起消费者注意，给消费者留下良好印象且能说明商品特性的包装，才能发挥“无声的推销员”的作用。一些外商来我国订购商品，之所以宁肯降低商品的内在质量，也要提高商品包装设计的质量，原因就在于此。

因此，工业设计人员学习消费者心理，了解国外市场心理信息，包括国外消费者的审美观念、商品的价值观、消费习惯和风土人情等，就可以在产品造型、商标设计、包装装潢的选择，包装规格的确定，以及广告宣传、销售方式等方面作出恰当的安排和调整，使我国的外销产品能占领更多的国际市场，有力地促进我国的对外贸易。

本章小结

通过本章的学习，要明确设计心理学的对象和定义以及工业设计与消费者心理的关系，了解设计心理学的研究内容和消费者的五大类型，掌握消费者满意度和学习设计心理学的内容以及对消费者心理的研究。

1. 准消费者和惠顾消费者的区别是什么？
2. 消费者有哪些类型？
3. 消费行为的过程是什么？
4. 如何根据消费者满意度导向成功设计？
5. 什么是消费者心理现象？

第2章 设计心理学的研究方法

本章导读

设计心理学作为工业设计与消费心理学交叉的一门边缘学科，是应用学的分支，是研究设计与消费者心理匹配的专题。为了对此专题进行更进一步的研究，本章着重介绍设计心理学的若干研究方法及思维方式。

2.1 研究设计心理学的方法分类

消费活动作为一种复杂的社会行为，属于心理活动的一部分。研究消费者心理活动规律的方法与整个心理学的一般研究方法是一致的，心理学的发展，为心理学应用分支的发展奠定了科学的基础。但人类的消费活动是一种特殊领域，在运用心理学的某些研究方法了解消费者行为规律时，必然有新的内容和新的问题。因此，探索设计心理学研究方法，不仅有利于设计者自身的发展，也丰富了心理学主干研究方法的积累。设计心理学一般常用的研究方法有 11 种，分别是观察法、访谈法、问卷法、投射法、实验法、总加量表法、语义分析量表法、案例研究法、心理描述法、抽样调查法、创新思维法。

2.1.1 观察法

观察法是心理学的基本研究方法。观察是科学研究中最一般的实践方法，也是最简便易行的研究方法。所谓观察法，是在自然条件下，有目的、有计划地直接观察研究对象(消费者)的言行举止，从而分析其心理活动和行为规律的方法，设计心理学借助观察法，用以研究广告、商标、包装、橱窗以及柜台设计等方面的效果。例如，为了评估商店橱窗设计的效果，可以在重新布置橱窗的前后，观察行人注意橱窗或停下来观看橱窗的人数，以及观看橱窗的人数在过路行人中所占的比例。通过重新布置前后观看橱窗的人数变化来说明橱窗设计的效果。

观察法的核心，是按观察的目的确定观察的对象、方式和时机。观察时应随时记录消费者面对广告宣传、产品造型、包装设计以及柜台设计等的行为举止，包括语言的评价、目光注视度、面部表情、走路姿态等。

观察记录的内容应包括观察的目的、对象、时间，被观察对象的有关言行、表情、动作等的数量与质量等。另外，还有观察者对观察结果的综合评价。

观察法的优点是自然、真实、可靠、简便易行、成本低廉。在确定观察的时间和地点时，要防止可能发生的取样误差。例如，在了解商店消费者的构成时，既要区分休息日和非休息日，也要区分上班时间和下班时间。有时商店消费者的构成也受周围居民的影响，如要观察少数民族消费者的特点，就应该选择少数民族特需品的供应商店。在分析观察结果时，要注意区分偶然的事件和必然的事件，使结论具有科学性。

观察法的缺点也是明显的。在观察时，观察者要被动地等待所要观察的事件出现。而且，当事件出现时，也只能观察到消费者是怎样从事活动的，并不能得到消费者为什么会这样活动以及他们的内心是怎样想的等资料。

现代科技的发展使观察法能用诸如录像、录音、闭路电视的方式进行观察，使观察效果更准确、更及时，并节省人力。但观察法只能记录消费者流露出来的言行、表情，而对流露出这种言行、表情的原因则无法通过观察法直接获取，因而必须结合其他的有关方法，才能进一步了解消费者的行为规律。当研究的心理现象不能被直接观察时，可通过搜索有关资料，间接了解消费者的心理活动，这种研究方法叫调查法。调查法有两种：一种是口头调查法，也称谈话法、访谈法；另一种是书面调查法，也称问卷法、调查表法。

2.1.2 访谈法

访谈法是指通过访谈者与受访者进行交谈，了解受访者的动机、态度、个性和价值观念等信息的一种方法。访谈法分结构式访谈和无结构式访谈两种。结构式访谈又称控制式访谈，它是通过访谈者主动询问受访者，以受访者逐一回答的方式进行的。结构式访谈，需要访谈者根据访谈的目的，事先拟好访谈的提纲或访谈的具体问题。访谈时，访谈者按照提纲或问题提问，让受访者回答，以收集所需要的资料。这种方法类似于问卷法，只是不让被试者笔答而已。运用这种方法能控制访谈的中心，比较节省时间，但这种方式容易使受访者感到拘束，进而产生顾虑，也容易让受访者处于被动的地位使访谈者只能得到“是”与“否”的回答，而不能了解到受访者内心的真实情况。因此，访谈的结果深度不够，也不够全面。

无结构式访谈是指访谈者深入受访者的生活中，以一种不拘泥于形式、不限时间且尊重受访者谈话兴趣的方式，使受访者不存戒心，在不知不觉中吐露自己内心的想法，使访谈获取的材料质量更高。但是，这种访谈要求访谈者有较高的访谈技巧和经验。访谈者要善于取得受访者的信任，使受访者愿意接受访谈。如果遇到不善于交谈者，访谈者又能给出话题，给访谈创造出活跃的气氛，不致出现冷场、尴尬的局面。同时，还能把握谈话的重点和方向。因此，即使有经验的访谈者，用这种方式访谈也比较费时、费事。而且访谈的结果也不能作数量化的处理，有些问题也难以获得准确的解释。

访谈开始时的开场白非常重要，它起着引导和营造气氛的作用。访谈过程中也应注意，既要善于打破僵局，防止沉闷局面的产生，又要把握交谈的重点，不能离题太远。对于受访者既要尊重，也要使其感到自然、不受拘束，对于健谈者，只能引导，不能挫伤其发言积极性；对于不善交谈者，也应注意多给其发言的机会。

要使访谈顺利进行，并获得满意的效果，访谈者应掌握基本的访谈策略。这主要包括如何接近受访者，取得受访者的信任，怎样处理受访者的拒绝和积极展开交谈的策略。在接近受访者的时候，访谈者要先自我介绍，出示自己身份的证明或介绍信。要说明访谈的目的，强调访谈的重要性，使受访者对访谈的问题感兴趣。要打消受访者的顾虑，说明选他做受访者不是由于个人的原因，而是研究需要各方面的人做代表，他是作为大样本中的一个小样本被选中的。对于他的回答，以及他的地址、身份信息一定保密，不会有损于他的利益，希望他能给予积极的支持和大力的合作。在开始和受访者接触时，就应采取积极的态度，不要给受访者以拒绝的机会。例如，见面后要说“我想进来跟您谈谈这件事”，而不能问“我可以进来吗？”“您现在有时间吗？”即不要让受访者顺口用“不”字回答你，而要让他难以拒绝你的要求。否则，一个“不”字把你拒之门外，就不要再说什么访谈了。万一遭到拒绝，访谈者要机敏，迅速分析遭到拒绝的原因，并设法加以克服。访谈者受到礼遇，访谈就成功了一半。要获得完全的成功，访谈者还得掌握交谈的技巧。打破僵局，营造交谈的友好和融洽的气氛非常重要。访谈者应该从题外到题内，引导受访者发言，让他畅所欲言，而不是简单地应付访谈者。交谈中，访谈者对受访者的谈话要有反应，让受访者知道你在用心听他的谈话，不能毫无反应，但这种反应不是支持或反对他的意见的表示，要防止有暗示行为。其只有将这些情况进行恰当处置，才能使访谈得以顺利进行。

2.1.3 问卷法

问卷法就是事先拟定所要提问的问题，形成问卷，让被调查者填写，调查者通过对答案的分析和统计研究，得出相应结论的方法。这是研究消费心理常用的方法之一，这种方法适宜了解影响消费行为的动机、态度、性格、价值观等问题。问卷由调查者根据调查目的制定，调查目的不同，调查问卷也不同，可设立三种不同形式的问卷。其一，开放式问卷。被调查者可按自己的意志，选择某种自己认为最佳的答案，填写调查表。其二，封闭式问卷。被调查者不能任意填写，只能按调查者设计的答案，选择其中自己最满意的一项填写在有关栏目内。其三，混合式问卷。即一份问卷中，既有开放式要求的栏目，又有封闭式要求的栏目。使用问卷法进行调查，一般有编制问卷、发放问卷、收回及分析问卷几个步骤。这种问卷法能够较快地获得丰富的资料，而且花费的精力和财力也不大，受到调查单位的普遍欢迎。问卷设计的方式大体上有以下几种。

1．是非问题的设计

被调查者在一个问题上表明其赞成还是否定，简要地选择“是”与“否”。

2．多种选择题设计

被调查者在一个问题的多项答案中选择其中一个或一个以上的答案。比如：“你为什么喜欢××牌的洗衣机？”让被调查者在下列答案中选择一个或一个以上。

(1) 商标设计美；
(2) 造型美观好看；
(3) 牢固耐用；
(4) 噪声小；
(5) 耗电量少；
(6) 保修期长；
(7) 安全；
(8) 名牌货。

3．分类问卷设计

调查者将所需调查的项目归为几类。比如，要求被调查者回答：在您的购买力范围内，下列各类商品哪一种是您需要的？最需要的选择(A)，一般需要的选择(B)，暂时不需要的选择(C)。

(1) 等离子电视机；
(2) 摄像机；

(3) 无氟电冰箱；
(4) 个人电脑；
(5) 名牌自行车；
(6) 移动电话；
(7) 摩托车；
(8) 小汽车；
(9) 空调器；
(10) 商品房。

在运用问卷法进行调查时，问卷的编制要符合调查的目的，问题要清楚、明了，不能用暗示的语句，应使被调查者易于理解和便于回答。问卷法包括一套让被调查者回答的题目，以及使用这套问卷的说明。说明包括施测的条件、指导语和计分的规则。调查者把问卷交给被调查者，让被调查者回答，通过对答案的分析研究，得出相应结论。调查者设计一份问卷要符合严格的科学要求。首先要确定研究的目的、明确所要测量的变量有哪些，这些变量的行为表现是什么，在此基础上编制出合适的问卷题目。

问卷的题目编制完以后，一般要进行预备性的测验，以收集必要的资料来考查问卷的质量，问卷的质量就是它的信度和效度。问卷的信度是指它测定结果的稳定性。稳定性越高，说明它受随机误差因素的影响越小；反之，则随机误差大。同一问卷，对同一组被调查者施测两次，前后两次测量的结果越一致，其稳定性越高，信度越好，问卷越可靠。问卷的效度是指问卷能测出待测属性或功能的程度。效度越高，说明问卷受系统误差的影响越小；反之，则受系统误差的影响越大。为了保证问卷有较高的质量，需要在预测的基础上对问卷做反复多次的修改。只有在问卷臻于完善的情况下，问卷才能成为一种有效的测量工具正式加以使用。

问卷法的优点是同一张问卷可以测试众多的被调查者，测试既可以单独进行，也可以采用集体的方式，像学生考试一样，让很多人同时填写相同的问卷。因此，问卷法是在短时间内收集大量资料的一种有效方法，其结果也容易进行统计处理。但是，因为问卷法是纸笔测验，受被调查者文化水平的限制。同时，被调查者回答问卷的认真程度各不相同，若其随意填写问卷，也会影响调查者对结果的分析。另外，复杂的问卷编制起来也相当困难，但问卷法的这些缺点比起它的优点还是次要的，而且这些缺点在一定程度上也是可以克服的。

2.1.4 投射法

访谈法和问卷法都能收集到大量的资料，但在使用一般的访谈法和问卷法时，往往会发现被调查者对问题的回答可能并不真实，他们自觉或不自觉地会把自己内心真实的想法隐藏起来，而用符合社会一般见解的说法应付测试。如何克服访谈法和问卷法的这种缺点，真正了解到被调查者的真实动机和态度呢？投射法就可以解决这一难题。投射法不让被调查者直接说出自己的动机和态度，而是通过他对别人的描述，间接地显示自己的真实动机和态度，这种方法又称角色扮演法，它是从心理测验的投射测验借鉴发展而来的。在调查消费者为什么要买或为什么不买某种产品，或者了解消费者对某种产品、某种商标、某个商店的印象时，用一般的问卷法或访谈法得到的问题的答案，往往不一定是消费者内心的真实想法。为了解决这一问题，心理学家设计了间接问卷，使被调查者说出真实想法，从而了解他的真实消费动机和态度。这种间接问卷法就是投射法。在研究消费者态度时，采用三种投射方法：角色扮演法、示意图法和造句测验法。

1．角色扮演法

角色扮演法就是将被调查者设想为自己正在购买某件商品的角色，然后表明这个角色对这种产品的态度，用直陈式态度对问卷进行表态。通过这种角色扮演，可以了解消费者的深层动机。

2．示意图法

让被调查者写出示意图中某角色的话，从中可以看出应答者本人的态度。比如，美国有一个使用漫画的测验，漫画上画的是一位药品商人正在问一位消费者："这里有名牌阿司匹林和普通阿司匹林。名牌的阿司匹林 100 片 6.7 元，普通的阿司匹林 100 片 2.7 元，你要哪一种？"测验要求被调查者必须代替这位消费者回答，填上这位消费者回答药品商人的答案。这就是一个典型的示意图测验，目的是在消费者没有顾虑的情况下，研究名牌对阿司匹林销售的影响。

3．造句测验法

调查者提出某一类型的问题，如"妇女一般挑选××牌自行车"，"假如头痛，买××"等不完整的句子，要求被调查者将看到这个不完整的句子后浮现在脑海的词语填上，这种方法能够提供很多关于消费者的信息。

2.1.5 实验法

所谓实验法，是指有目的地在严格控制的环境中或创设一定条件的环境中诱发被调查者产生某种心理现象，从而进行研究的方法。实验法一般分为两类，即实验室实验法和自然实验法。实验法在工程心理学和广告心理学研究中广泛应用。

1．实验室实验法

实验室实验法是在专门的实验室内进行，一般可借助各种仪器设备取得精确的数据。它具有控制条件严格，可以反复验证等特点。比如，在工程心理学中，为了设计操作面需要确定手臂的活动范围，可以将人群按一定的年龄分组：选取一定的样本进行实验室仪器测定，以此作为设计机器装置操作面和操作空间布置的依据。实验法是在人为设计的环境中，测试实验对象的行为或反应，人的行为或反应往往受多种因素影响，如果能控制某些主要因素，就会使我们更好地理解实验对象的行为表现。比如，仪器操作者对仪表显示值的误读率与仪表显示的亮度、对比度、仪表指针和表盘的形状、观察距离、观察者的疲劳程度和心情等有关。因此，通过考察亮度、对比度、距离、指针和表盘形状等可控因素与误读率的关系，以此作为标准，设计出可靠、高效的操作条件。又如，广告心理测定，了解消费者在广告宣传之后对产品的看法，以及由此引起的产品销售变化。为了达到这一目的，广告测定工作往往围绕着五个问题展开：一是看了广告之后，对于我们企业有所了解的，究竟增加了多少人；二是看了广告之后，对于我们产品的性能及优点有所了解的，究竟增加了多少人；三是看了广告之后，在理智或情感上对我们产品持有利态度的，究竟增加了多少人；四是看了广告之后，已采取行动去购买我们产品的，究竟增加了多少人；五是看了广告之后，你能回忆出多少内容。为了得到这些问题的答案，一般采用室内或室外两种调查方式。所谓室内方式，就是邀请消费者到室内来看或听广告，并询问反应。研究人员还可以操作各种变量，来比较各种广告的心理效应。这种实验室实验法可以很快获得结果，又可节约费用。但室内环境往往与现实生活有一定差异，有时它并不能显示真实的广告效果。

2．自然实验法

自然实验法会把情境条件的适当控制与实际生产活动的正常进行有机地结合起来，具有较大的现实意义，比如广告心理测定的选择也有以室外实验进行的。室外测定工作，一般有两类常见的测定内容：一是机械性的测定内容，其中包括广告本身的设计、广告的标题、所附图片、文稿内容、版面的安排和印刷技术等变量；二是观念性的测定内容，它是指一份广告所表达的整个意思是否切合营销策划需要。这部分内容包括广告的号召力、感染力、亲和力、记忆力、注意力等变量。如果广告是用电视做的，测定还得包含人物及配音这一变量。

2.1.6　总加量表法

总加量表法，又称“李克特法”，是李克特(Likert)于 1932 年制定的。总加量表一般由 20 句左右的陈述句组成，每一句都是一种意见，施测时，让被调查者在每条意见后标出自己对这条意见的态度是赞成、比较赞成、没意见、不太赞成、不赞成中的哪一种。根据测试的结果计算被调查者在每条意见上的得分，再把每条意见的得分加起来。得分越高表明他对这一对象越赞成；否则就是越不赞成。或者相反，得分越高表明越不赞成，这要取决于测试者计算分数的方式。

总加量表的制作方法有如下几个步骤。

(1) 搜集与研究问题有关的项目，即各种赞成的、无明确态度的、反对的意见。

(2) 选择被试者实验，让他们分别在各条意见后选择赞成(5 分)、比较赞成(4 分)、没意见(3 分)、不太赞成(2 分)、不赞成(1 分)中的一种作为自己对这条意见的态度(五分法)。也有按三分法赞成、没意见、不赞成，或二分法赞成、不赞成。还有七分法，由设计问卷者选择。

(3) 计算每一位被调查者在各条意见上的得分。赞成的 5 分，比较赞成的 4 分，没意见的 3 分，不太赞成的 2 分，不赞成的 1 分。也可以反过来，赞成的给 1 分，比较赞成、没意见、不太赞成的依次为 2 分、3 分、4 分，不赞成的为 5 分。前者是得分越高越赞成；后者则相反，得分越高越不赞成。

(4) 对每条意见进行辨别力检验，把辨别力高的意见留作量表项目，把辨别力低的意见删掉。进行辨别力检验的方法是，计算每个人评定各条意见的总得分，并按得分的高低依次列出来。分别计算得分较高的前面 25%的被调查者在每一个项目上的平均得分，以及得分较低的后面 25%的被调查者在每一个项目上的平均得分。再算出这两组被调查者在每一个项目上的平均得分之差，如果某一个项目的平均得分差别大，此项目的辨别力就强，否则，此项目的辨别力就弱。

辨别力检验的意义在于：总分高的被调查者在每一个项目上的得分也应该高；总分低的被调查者在每一个项目上的得分也应该低。两组人在各项目上的平均得分的差也应该大。某一个项目符合这一原则，说明在这一项目评判上的差异，即得分之差是由个体掌握的标准不同造成的，如果某一个项目不符合这一原则，说明各被调查者对这一个项目的理解不同，给分高的给它的分高，给分低的给它的分也高，或者相反，给它的分都低。这样的项目就不是好的项目，在选择量表项目时就应该将其删除。这样，就可制成一个总加量表了。总加量表的制作比等距量表要简单得多，这种量表是目前应用得相当普遍的一种量表。李克特说，用他的总加量表所测得的结果与瑟斯顿(Thurstone)用等距量表所测得的结果的相关系数约为 0.80，但其制作方法比瑟斯顿法要省事得多。

2.1.7 语义分析量表法

语义分析量表法是美国心理学家奥斯古德、萨奇和泰尼邦于 1957 年提出的。他们认为，对某一事物的态度包含许多方面，其中最主要的有“性质”“力量”“活动”三个方面。测量态度，应从这三个方面来测量。性质即对事物好—坏、美—丑、聪明—愚蠢、有益—无益、甜—酸等的评价，称作评价向量。力量即对事物特性的强—弱、大—小、有力—无力、重—轻、深—浅等的评价，称作潜能向量。活动即对事物动态特性如快—慢、积极—消极、敏锐—迟钝、活—死、吵闹—安静等的评价，称作活动向量。

制作一个对某一事物态度的语义分析量表，一般就是按照这三种向量确定一对一对相对应的形容词，如好—坏、大—小、快—慢等。一对形容词分别是两个极端，把一个极端(好、大、快)放在左边，另一个极端(坏、小、慢)放在右边。每对形容词之间画七个横道，如：

好— — — — — — —坏

大— — — — — — —小

快— — — — — — —慢

七个横道距两极端的距离不等，代表态度的趋向和趋向的程度。在好—坏两个极端之间，最左端的横线代表“最好”；最右端的横线代表“最坏”；第四条横线，即中间那条横线代表“不好不坏”；其他横线的意义依此类推。这很像李克特量表中赞成、比较赞成、没意见、不太赞成、不赞成的形式，不过它不是五项而是七项；它没有赞成、不赞成的项目，而是七条横线。两者的意义是相同的，其态度指数的计分法和李克特法是一样的，只是语义分析量表法态度尺度在形容词中间放置，而总加量表法态度尺度在每一项目的右边放置。

施测时，就是让被调查者按照他对这一态度对象的印象，在七条线中找一条和自己的印象相符合的横线并做记号。例如，他对这一态度对象的印象极好，就在好坏这一对形容词间选最左边一条线上做记号；印象极坏就在最右边一条线上做记号，依此类推。要求被调查者在每一组横线上都得做上一个记号，而且只能做一个记号，既不能空了，也不能重了。语义分析量表在制作时，表示各向量的形容词要选择得当，便于被调查者思考。如果不把好—坏、大—小、快—慢等和态度对象很好地结合起来，缺乏可操作的意义，被调查者就很难作出评定。因此，要把量表所包括的各种向量具体化。语义分析量表比较简单，制作的方法也较容易掌握，不必制定很多陈述句或事先测定其量表值，测试结果直接显示在量表上，比较形象化。用语义分析量表不仅可以具体评定对某厂家、某公司、某商店、某商品、某商标、某广告效果的印象，而且也能评定对产品概念的态度。其应用范围相当广泛，凡是与人的态度有关的事物，包括概念，都可用其进行评定。

2.1.8　案例研究法

案例研究法，也称“个案研究法”，较早在医学研究方面运用并获得成功，这种研究法在 20 世纪 20 年代初被哈佛学者引入企业经营管理科学的研究，它通常是以某个行为的抽样为基础，分析研究一个人或一个群体在一定时间内的许多特点，这种方法对消费心理学的研究是非常有用的，在这里，调查者“不是自己去搜集资料，而是使用公开、已通用的资料”。案例研究可分为探索性(分析性)案例研究和实证性(验证性)案例研究两大类型。前者一般是对通过采集实态和提供数据而编成案例的分析研究，从众多且又典型的消费现象中，寻求判断性的方案与答案；后者一般是对通过筛选大量实例选择出典型的案例加以分析研究，以说明和印证学科的某项原理，或对学科内容中的某些策略和方法的具体运用作出示范。前者对探测消费需求变化规律、引导消费、为消费者提供消费经验与知识，以及为设计师当前的设计提供参考背景咨询，有着显著的效果；后者对设计心理学学科的建立与研究有着重要的作用，也为设计师的未来设计提供概念框架的咨询。当然，这两种研究也是相互联系、相互影响的。

2.1.9　心理描述法

心理描述法是一种扩展了消费者个性变量测量(包括测量有关的行为概念)以鉴别消费者在心理和社会文化特点差异的一种有效技术，其测量方式有以下两个。

1．内在测量

内在测量相对而言，测量的是模糊的和难以捉摸的变量，如兴趣、态度、生活方式和特点等。

2．定量测量

定量测量虽然和动机研究在为设计师提供全面且丰富的概貌上有相同之处，但其所要研究的消费者特点是定量而不是定性的测量。它需要自我操作的问卷或“调查表”，涉及回答者的需要、知觉、态度、信念、价值、兴趣、鉴赏等方面。

心理描述法是对动机研究和纸笔法个性测验两种特点的综合。心理描述的变量常常是指 AIO 变量，因为大多数研究者着重于对活动(A)、兴趣(I)和观点(O)的测量。活动是指消费者(或其家庭)如何打发时间，兴趣是指消费者(或其家庭)的偏好和优先考虑的事情，观点是指消费者对各种各样的产品或服务是如何感知的。表 2-1 列出了 AIO 研究中各种各样的变量。在回答 AIO 调查时，要求消费者对各种陈述的“同意”“比较同意”“说不清”“不太同意”“不同意”进行程度判定。其计分法与总加量表法和语义量表法相同。

表 2-1　AIO 研究中各种各样的变量

活动(A)	兴趣(I)	观点(O)
工作	家族	对自我的看法
嗜好	家	社会问题
社会事务	职业	政治
假期	社区	商业
娱乐	消遣	经济
俱乐部成员关系	时尚	教育
社区	食物	产品
购物	通信媒介	未来
体育运动	成就	文化

2.1.10　抽样调查法

1．抽样调查法的特点

抽样调查法也是一种揭示消费者内在心理活动与行为规律的研究方法。其特点如表 2-2 所示。

表 2-2　抽样调查法的特点

序号	抽样方法	类型	特点
1	单纯随机抽样	概率性抽样	只适用于定期做，可判断误差，费用较高，周期较长，不方便
2	分层随机抽样		
3	分群随机抽样		
4	系统抽样		
5	任意抽样	非概率性抽样	可以经常做，不能判断误差，费用低，周期短，方便
6	判断抽样		
7	配额抽样		

2．抽样调查法的程序

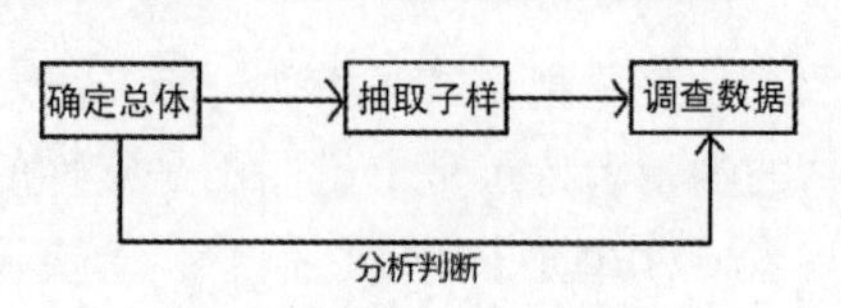

图 2-1　抽样调查法的程序

抽样调查所搜集的资料是从有限的但被认为可以代表整体的“样本”中取得的。

其原理是：①确定总体；②抽取子样；③调查取得数据信息，进行数据分析，然后再推断总体。其程序如图 2-1

所示。

3．抽样调查法的说明

抽样调查的取样问题也就是“问谁”的问题，表示你以什么人为样本，不论采用什么研究方法，都有一个样本问题。消费者的人口特征和心理活动不同，对某一产品的意见或态度也不同。因此，要根据消费者的不同情况、占消费者总体的比例，或者根据产品销售对象的特殊性进行科学取样。取样的办法主要有随机取样和分层取样两种。

随机取样是指在特定总体中每个人都有被选择的同等机会。在消费者总体中，比如某地区的全体居民，按随机数目表，在派出所的户籍卡上确定被调查者，这样可信度比较高。一般来说，为了保障研究结果的精确性，消费者调查取样的数量应大一点。统计学认为，在某地区随机入户抽样调查 100 户以上即为大样本。但与样本大小相比，样本的代表性更为重要，一定要在目标消费者群体中抽样。

分层取样得到的样本是根据各类消费者在总人口中所占比例的复制品。比如，我们要根据文化程度来确定被调查者，那么，每种教育水平的人在所取样本中所占的比例，必须与其在总人口中的比例相同。如果在已知总体中有 15%的大学毕业生，那么在所取样本中也必须有 15%的大学毕业生。分层取样可以根据不同标准，如年龄、性别、教育、收入水平和地理位置等分别进行。

2.1.11　创新思维法

创新思维法的核心是“有中生新”“无中生有”，如表 2-3 所示。

表 2-3　创新思维法

有中生新		无中生有		
老产品找错法	现有产品综合法	原型启发法	发散性思维法	触类旁通法
对比先进法	多元反复法	类比法	成果转换法	随意联想法
小改小革法	二元坐标法	拟人法	逆向思维法	随机灵感法
换位思考法	移植法	仿生法	强化超前思维法	连锁思考法
删繁就简法	复合法	再创新法	特异性思维法	强制实行法
系统设问法	组合法	专利信息法	变通性思维法	行为联想法
缺点列举法	叠加法	模仿思维法	流畅性思维法	信息联想法

2.2　创造性思维方法

创造性思维是指以新颖独创的方法解决问题的思维过程，通过这种思维能突破常规思维的界限，以超常规甚至反常规的方法、视角去思考问题，提出与众不同的解决方案，从而产生新颖的、独特的、有社会意义的思维成果。本节，我们将介绍有关创造性思维的问题。

2.2.1 创造性思维理论研究概述

研究创造性思维有很多方法，但国际上最有影响的是美国加州大学心理学家吉尔福特(Guilford)的学说。他不仅继承了前人的研究成果，而且提出了创造力三维结构模式，并指出发散性思维是创造行为的关键理论。尤其值得注意的是，运用对发散性思维的研究和成果的评价体系，使创造性思维的教学有了可操练性的程序。因此，研究创造性思维就变成了研究发散性思维的主题，所谓发散性思维，是指不按常规，寻求变异，求得多种答案的一种思维形式。它要求沿着各种不同的方面去思考，重组眼前的信息和记忆系统中的信息，寻求多面性。发散性思维由流畅性、变通性和独特性三个因素构成，发散性思维是创造行为的关键理论。

发散性思维研究的历史不长。高尔顿(Golton)从 1892 年开始研究有成就与有创造力的科学家、政治家、诗人、音乐家、画家等的心理能力，成为研究此问题的先驱。1918 年，吴伟士(Woodworth)第一次使用了发散性思维这个概念，在 20 世纪 50 年代之前，斯皮尔曼(Speaman)、卡特尔(Cattel)、瑟斯顿(Thurstone)、泰勒(Taylor)等人对词的流畅性、观念流畅性、联想流畅性做过一些研究。直到 50 年代以后，美国加州大学心理学家吉尔福特提出了创造力三维结构模式，他认为应从智力活动的内容、智力活动的过程(运算)和智力活动的成果(产品)三方面去研究创造性思维。运算方面，包括认识、记忆、发散性思维、集中性思维、评价 5 种，此后，发散性思维的研究有了较大的进展。目前，发散性思维已成为研究创造性思维的重要方面，基本上达到测量标准化、方法系统化、成果应用化的水平。

2.2.2 发散性思维的特征

发散性思维的特征主要体现在以下 3 个方面。

(1) 个别差异显著是发散性思维的重要特征。以符号测验为例，在大学生样本测验中，60 分钟内，流畅性最好的被试连续发散思维为 109 个，最差的仅为 39 个，相差 70 个。变通性最好的被试为 22 个，最差的为 7 个。独特性最好的被试为 10 个，最差的为 0。

(2) 从发散性思维的三个因素来分析，图形、符号、语义三个测验的平均得分都是流畅性最高，变通性次之，独特性最低，反映出这三个变量操作的难易程度趋势。

(3) 因为发散性思维要求不按常规，寻求变异，求得多种答案，只有以多量为基础(流畅性)，沿着不同的方面去发散(变通性)，不以常规，突破现成的、一般的东西去发散(独特性)才能完成。因此，流畅性主要是发散性思维的量的指标，只要按照问题去发散，发散越多，得分越高。而变通性则要求从不同的方面去发散，思维运算涉及信息的重组，如分类、系列化，甚至转化、蕴涵，具有较大的灵活性和可塑性，在规定时间内得到不同方面的发散量肯定是大大低于流畅性的。与此相对应，离散程度也必然相对缩小了。至于独特性因素，要求以新的观点去认识事物，反映事物，意味着思维空间的重新定式，难度是最高的。因此，得分是最低的。相应地，离散程度也最小。独特性更多地代表发散性思维的质，它在发散性思维三因素中有着特别重要的意义。

2.2.3　发散性思维案例

为了进一步说明发散性思维的三因素的趋势，即流畅性>变通性>独特性，现举一实例进行分析。图形测验中的测试题为“请你根据下面的图形，想象它和什么东西相似或近似，想出的东西越多越好”，如图 2-2 所示。

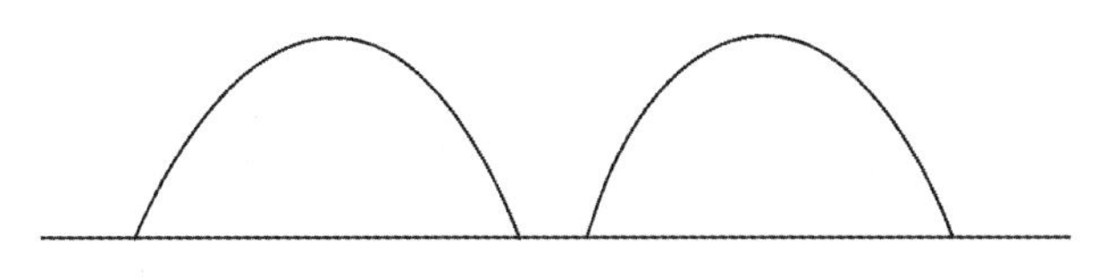

图 2-2　测试图

52 名被试大学生的测验结果报告显示：在流畅性因素方面，被试中发散量最高者为 37 个，得 37 分。具体为：窑洞、桂林山水、彩虹双架、坟墓、乌篷船、射击弹道、堡垒对峙、双座峭石、喷水池、萌芽、两只仙鹤戏水、冰山将融、橱窗、魔鬼的眼睛、问讯处、枪洞、隧道进出口、笔记本夹处、天边浮云、拖把、城门、树荫、跳水、鹭鸶入水、鲟鱼头、鲳鱼须、破蛋、窝窝头、峡谷、深山谷、木马、径赛冲线、双竿垂钓、拱桥、两个桥洞、海上日出峭石旁、双鱼跃。他与第二名、第三名的流畅性分别相差 15 分、17 分(第二名为 22 分，第三名为 20 分)，而最差的仅发散出“远处的山头、两个山洞”，得 2 分。

在变通性方面，得分最高为 4 分，即他们从 4 个不同的方面去发散。上述流畅性最好的被试变通性(流畅性得分为 37 分)也只得 4 分。

(1)　水平线上两个相同的物体，如“窑洞、桂林山水、彩虹双架”等；

(2)　水平线上两个不同的物体，如海上日出峭石旁、隧道进出口等；

(3)　侧面看的物体，如乌篷船、喷水池等；

(4)　运动的物体，如双鱼跃、鹭鸶入水、冰山将融等。

而变通性差的，一般都看成水平线上两个相同物体，得 1 分。这样，变通性分数大大地低于流畅性，离散程度也大大缩小了。

独特性方面，得分最高为 3 分。如有一被试发散出“伸在一张纸后的两个指头”“三架飞机空中留下的烟道”和“水田里的两个插秧人”，他能以新的观点去观察事物，把这一抽象的图形看成“整体的一部分”(两个指头、一张纸的边缘)，“不同方向的飞机的烟道”和“立体形象”(两个水田里的插秧人)，十分新颖、独特，在总体中也是少数。上述流畅性、变通性的最高得分者在独特性方面却只得 1 分。从测试结果看，大部分被试都具有一定的发散量和较低的变通性，而在独特性方面就全无新意。因此，从总体和个别情况分析流畅性、变通性、独特性三因素，都呈现了这种递减的趋势。这一规律可以认为是发散性思维的一个重要特征。

2.2.4　创造性思维评价体系

1．总则

本测验为创造性思维测验，评分标准共分 3 种：图形测验、语义测验和符号测验。

每类测验各举一小题为例，均以流畅性、变通性和独特性 3 个维度记分，评分的总标准如下。

(1) 流畅性是指在特定时间内所写出的关于答题的所有正确答案的个数。它是创造性思维的熟练程度的标志。

(2) 变通性是指所写出的关于答题的答案的类别变化，即被试的答案的类别的数量。它是创造性思维能力的可塑性或可变性的标志。

(3) 独特性是指发散出的关于答题的新颖、独特、稀有的答案个数。它是可塑性的更高形式，即在转换和变化意义的基础上，产生新颖、独特的思想。

2．分则

1) 图形测验评分标准

例 1：请你根据图 2-2 的测试图，想象它和什么东西相似或相近，想象出的东西越多越好。

(1) 流畅性。写出确切的物体、现象、人物均可以得 1 分。

(2) 变通性。

① 理解为水平线上两个相同的物体现象或人物，如两个馒头、两道彩虹、两个插秧人等。

② 想象为水平线上两个不同的物体，如海上日出峭石旁等。

③ 从不同方向想象的物体，比如，侧向：驼峰、乌篷船。反向：倒放的水缸。转向：B 字、两面旗子在杆上等。

④ 运动的物体或现象，如两条抛物线。

⑤ 其他。

(3) 独特性。③～⑤答案中某些新颖、独特的可以得分。

2) 语义测验评分标准

例 2：请你写出“铅笔”的各种用途，越多越好。

(1) 流畅性。写出“铅笔”用途正确答案的全部数量。

(2) 变通性。

① 书写工具，写字、绘画等。

② 测量工具，做直尺等。

③ 做实验材料，铅芯导电、试验等。

④ 做礼品、商品等。

⑤ 改变形状做其他用途，如雕刻、笔芯、做润滑剂等。

⑥ 做其他用途，如模型、玩具、道具、成捆铅笔当小凳子等。

(3) 独特性。②～⑥中的新颖、独特用途可以得分。

下面为某一大学生样本测试的结果分析。

(1) 流畅性评分。

① 写字、绘画、改稿件、木工画线、描眉、拓碑文、印图案、涂墨、做标记、彩色铅笔上色等。

② 做物理实验、做杠杆、做钟摆、做电极、抽去笔芯当吸管、两支铅笔做光的衍射实验等。

③ 做火箭模型、电动机模型、电刷木架、船模、弹子枪、跷跷板、拼字游戏，当作二胡码子、鸟笼等。

④ 支撑物(填台/凳脚)、铅芯塞孔、直尺、当滚筒(卷录音磁带、卷纸)、废铅笔头当燃料、筷子、魔术道具、教鞭、做圆规(两支)、当书签等。

⑤ 礼品、奖品、纪念品、艺术观赏品、商品、展览品、信物、刻字做纪念品。

⑥ 演员折断笔，表示愤怒至极。

⑦ 公共服务处放铅笔，方便群众提意见。

⑧ 口袋中的铅笔是工程师的标志，也是木工的标志。

(2) 变通性评分。

① 书写工具。

② 实验材料。

③ 模型、玩具。

④ 做各种各样的工具。

⑤ 做精神方面的工具。

⑥ 抒发感情的工具。

⑦ 职业标志的工具。

(3) 独特性评分。

① 描眉、拓碑文、着色。

② 当吸管等。

③ 拼字游戏等。

④ 铅笔芯塞孔等。

⑤ 做信物、纪念品等。

⑥ 抒发感情的工具。

⑦ 职业标志的工具。

3) 符号测验评分标准

例 3：请你以 1、2、3、4 四个数字进行运算，要求最后等于 8，排出的算式越多越好，可用“+、−、×、÷”“平方”“开方”运算，但每个数字在式子中只用一次，而且必须用一次。

(1) 流畅性。符合题目要求的正确算式可得分。

(2) 变通性。

① 用+、−运算。

② 用×、÷运算。

③ 用+、−、平方、开方运算。

④ 用多种符号运算。

⑤ 其他。

(3) 独特性。在④、⑤两类答案中有新颖、独特的可以得分。

本章小结

通过本章的学习，我们了解了几种关键的设计心理学的研究方法，其中包括观察法、访谈法、问卷法、投射法、实验法、总加量表法、语义分析量表法、案例研究法、心理描述法、抽样调查法、创新思维法，以及创造性思维方法的具体介绍。

1. 什么是观察法?
2. 问卷设计包括哪几种?
3. 什么是实验室实验法?
4. 抽样方法都有哪几种?
5. 发散性思维有哪些特征?

第3章

消费者需求

众所周知，人们的消费行为是千差万别的。有的消费者对时髦产品感兴趣，总是率先使用；有的消费者则忠实于某一品牌的产品，反复购买；有的消费者持币待购，表现至理智性购买行为；有的消费者则吃光用光，表现为冲动性购买行业；有的消费者存钱是为了购房或买家电、家具等耐用产品；有的消费者存钱则是为了假期旅游或为子女的教育投资。总之，消费行为的多样化使人们生活多元化，也使生产和市场变得丰富多彩。设计心理学的研究，企图从消费行为的差异性中探求某些共同的规律，其中对消费者需求的研究就是了解消费行为规律的第一步。

3.1 消费者需求分析

消费者需求(consumer demand)，是人们为了满足物质生活和文化生活的需求而对物质产品和服务具有货币支付能力的欲望和购买能力的总和。按照消费者的目的，消费者需求可以分为初级的物质需求和高级的精神需求。本节我们将对此进行详细阐述。

3.1.1 消费者需求概述

与消费者需求有关的概念有需要、诱因、动机、欲望、需求、满意等，下面重点对前 3 个概念进行介绍。

1．需要

消费者的行为，是从需要开始的。何谓需要，心理紧张的概念认为需要就是生理或心理上的缺乏会引起紧张，需要就是为了减少这种不舒适的紧张感的一种反映。当个体由于来自外部或内部的刺激而产生某种需要时，机体内部便出现不平衡现象，表现为一种紧张的心理状态，这时的心理活动便自然地指向能够满足需要的具体目标。比如，当我们饥饿时，机体内部便出现不平衡状态，这时一般的普通食品就可以解除此时的生理(心理)的紧张状态，于是对食品的需要就是这个心理活动的反映。当然也有另一种情况，有时我们并不饥饿，偶尔路过某一食品店，店中散发出诱人的香味，这也会激发人们的食欲，产生尝鲜享受的需要，以解除当时心中不平衡的现象。这里同样是对食品的需要，但前者是基本食品，满足的是人们自然的生理需要，后者是高档食品，满足的是人们自尊、审美和享受的需要。因此，消费者的需要因外界的刺激源不同而不同。

2．诱因

一般认为，一类是能够引起个体需要的物品或商品本身，另一类就是外界创设的情境，比如产品的广告、包装、装潢等。又如前文所讲的普通食品，就是具体事物本身。倘若将食品精工细做而成为美味佳肴(装潢食品)，则是属于创设情境而诱发需要的一类了。在诱因的作用下，人们会产生一种“不买就感到不平衡”的认知失调现象，像机体处于生理状态不平衡一样，它同样会引起一种不舒服的紧张状态。为了获得新的平衡感，人们便产生购买动机，直到满足需要为止。例如，青年人看到街上流行的时装，面对自己过时的服装就有落后之感，于是为了获得新的平衡感就可能弃旧换新。研究诱因是引导消费、刺激消费的重要内容。

3．动机

个体对某种缺乏的直接体验可以转化为需要，进而形成购买欲望，即动机。动机可以定义为推动有机体寻求满足需要目标的内驱力。动机一般是内隐的，因而具有复杂性。同一个动机，可以表现为不同的外显行为，消费者买冬装的动机，可以表现为买料子加工、买成品(各种材质、色彩或款式)等多种消费行为。当然，同一个外显行为隐含不同的动机。总之，动机的类型是多种多样的。作为消费者，消费需求一旦形成，便会推动个体去寻求相应的满足，当必须通过购买才能满足消费需求时，个体的购买动机便会随之产生。

3.1.2 消费者的需要、欲望、需求、满意

研究消费者，主要是研究消费者的需求；而研究需求，则必须研究需要(N)-欲望(L)-需求(D)-满意(S)的关系，简称洛迪士(NLDS)。国内学者李蔚提出可以用洛迪士(NLDS)坐标来表示购买强度与需求宽度之间的关系，如图 3-1 所示。

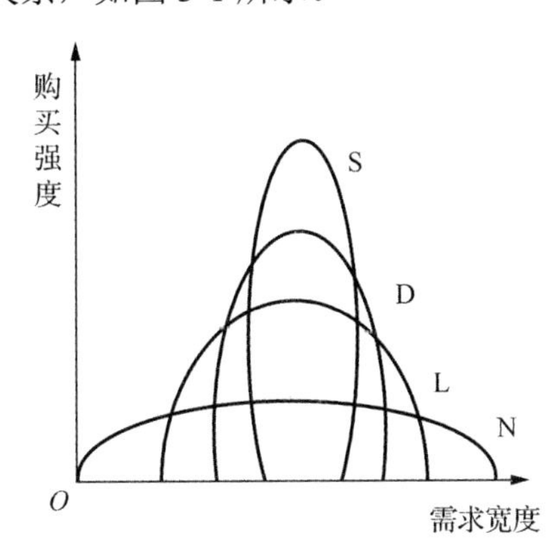

图 3-1 洛迪士(NLDS)坐标

从图 3-1 中可以看出，在横坐标宽度上，NLDS 有如下关系式：

$$N>L>D>S$$

这个关系式表明，N 的宽度远大于 L，L 的宽度远大于 D，D 的宽度大于 S。

在纵坐标强度上，NLDS 有如下关系式：

$$S>D>L>N$$

这个关系式与前一个关系式相反，这表明在强度上，S 大于 D，D 又大于 L，而 L 大于 N。

为了进一步弄清 NLDS 的含义，现分别进行以下论述。

1．需要

需要(N)是个体动力的源泉，它直接影响着个人的基本行为。需要的基本特征：需要的意向性——也就是个体只有朦胧意向，而并没有明确的目标指向。因此，对需要的调查是比较困难的。需要的广泛性——需要面很广，它是由心理来控制的，因其中包含了许多非现实的成分。需要的理想性——它常是个体的一种理想、愿望，而不是要去实现的目标，因此，它的动力性并不强。换言之，需要不直接形成购买力。需要只是一种潜在的未来市场，研究消费者需要的范围、趋向和结构，对于生产者和设计师进行前瞻预测，是十分必要的。

2．欲望

需要是一种不稳定状态，当它有明确的指向物时，称意向；当它明确指向一定目标，并产

生希望满足的要求时，称欲望(L)。因此，欲望是需要的发展。欲望具备了指向性的特征，也就是说，它已指向一定的目标物。但这并不表明个体一定会去满足它。因为欲望毕竟只是一种愿望，无论它多么强烈，仍是一种愿望。

从洛迪士坐标可以看出，欲望的宽度比需要窄得多，它仅是有明确指向的需要部分。而欲望的强度比需要高得多，因为它向现实迈进了一步。

3．需求

需求(D)，指有购买力支持的欲望。从这里我们可以看出，需求与需要、欲望有质的不同，需求构成了现实市场，具有当前获利性，而需要、欲望构成未来市场，只具有未来获利性。从洛迪士坐标可以看出，需求宽度比欲望和需要窄得多，它只是有购买力支持的欲望和需要。在需要和欲望上，个体之间难分高低，但一旦与购买力挂钩，社会就会分出层次。购买力强者，需求的宽度就宽；购买力弱者，需求的宽度就窄。在强度上，需求比欲望和需要强得多，因为它距离现实最近，它是可以满足的需要。对消费者的研究，核心是其需求：从其需求中寻找产品开发的方向；从其需求中调整产品结构，确定经营与服务策略。

4．满意

满意(S)，是对需求是否得到满足的一种界定尺度。当需求被满足时，个体便体验到一种积极的情绪反应，这是满意；否则，即体验到一种消极的情绪反应，这是不满意。消费者满意度是研究消费者需要和需求的量化指标，这一指标不仅可以量化显在需求，而且可以反映消费者的隐私需求。因此，得到全球CSI研究的高度重视。

3.1.3 消费者需求的特征

消费者的需求主要有以下八个特征。

1．需求的多样性

消费者的收入水平、文化程度、职业、年龄、民族和生活习惯不同，爱好和兴趣自然也会有所不同，对商品和服务的需要也是千差万别的。比如，在日用品消费方面，每个人在品种、质量、颜色、规格上的需求不尽相同，对食品的要求也存在着习惯上的差异，这种需求的多元化，就是消费者需求的多样性。

2．需求的发展性

随着社会经济的发展，人们的生活水平逐步提高，购买能力也相应提升。科学技术的进步使产品工艺不断更新，使消费者不断接受新产品；过去未曾见过的新品种、新款式不断面市，使消费者的潜在消费欲望变成现实的购买行为，使消费者有可能更新换代消费品，促进消费者需求的发展，这就是消费者需求的发展性。

3．需求的层次性

人们的需求是有层次的，各层次虽然难以清晰划分，但大体上有一个顺序。一般来说，首先应满足最基本的生活需要，即先满足“生活资料”的需要，然后满足社会需要、精神需要，即“享受资料”和“发展资料”。消费者的需求是逐层上升的，生理需求是社会需要、精神需要的基础，随着生产力的发展和消费水平的提高，以及社会活动范围的扩大，人们消费需要的层次必然逐渐向上移动，逐步由低层向高层发展。广大消费者已经不满足于吃饱穿暖的基本需求，他们要求吃好、吃得营养；穿好、穿得漂亮。此外，还有娱乐、旅游、学习文化的要求。对属于社交类、享乐类的商品，他们不只是感兴趣、羡慕而已，而且已经发展到购买高档商品是习以为常的事，这就是消费者需求的层次性。

4．需求的时代性

消费者的需求常常受到时代精神、风尚和环境等因素的影响。时代不同，消费者的需求和爱好也不同。社会的发展和科学的进步，给消费者的需求打上了时代的印记。比如，人们的生活和工作节奏加快后，对食品和服装的消费就呈现与时代匹配的需求。食品方面，基本食品要求半成品和成品化，因此粮食加工业兴旺发达；享受类食品的品种和档次需要提高，人们不再只满足一般享受类食品的购买，而是对美食和药膳滋补越来越感兴趣。

5．需求的伸缩性

消费者对商品的需求，随着购买力水平的变化而发生不同程度的变化。购买力强，则对商品的档次要求高，数量上按需购买，对价格则不做过多考虑。在购买力低的情况下，结果就不同了。首先考虑价格，在有限的货币持有情况下，购买数量受到限制，高档商品不敢问津。这种消费的伸缩性在不同商品类别中，有不同的表现。比如，日常生活必需品的需求伸缩性是较小的，消费者对一日三餐的需求是均衡的，是有一定限度的，不会因消费者收入提高或商品价格降低而有过多的需求。但是更多的商品，如社交类商品、享受类商品和发展类商品，消费者需求的伸缩性就大了，若品种多、档次高、款式新，消费者购买欲望就强烈；反之，则冷淡。

6．需求的可诱导性

消费者的需求是可以引导和调节的。这种引导可以通过多种方式，厂商不断推出适销对路的产品或新产品，这样可以刺激消费，这是直接引导消费；通过大众媒体的广告宣传，提出新的消费观念和消费理由，引导消费者使用新产品，这是间接引导消费。如化妆品的消费，就颇费脑筋。尤其对各类高档品牌的化妆品销售，没有引导消费，销售工作就很难开展。因为人们不用化妆品照样可以健康长寿，尤其不用高档化妆品也可以愉快地生活。对化妆品消费必须提出消费理由，而且此理由既充分又必要，使消费者感到不消费心中就不平衡。

7．需求的系列性和替代性

消费者的需求有系列性，购买商品有连带购买现象。如买皮鞋时，往往附带买鞋带、鞋刷、鞋油；买服装，也会附带考虑头巾、帽子、鞋和手拎的小包，希望自己的服饰得体。这就给我们的产品设计人员和商品服务人员以启发，消费者对系列产品还是十分欢迎的，系列产品为消费者带来方便和美的享受，也对广告及产品设计人员的创作提出了新的要求。消费者对商品的需要还有替代性。这就需要产品设计人员和销售人员及时把握市场发展趋势，适应消费者需求，努力开发新品，多准备新商品，满足消费者的更新换代的需求。

8．需求的季节性和时间性

消费者的需求往往随季节的变化而变化。比如，夏天需要冷饮，冬天需要火锅。当然，消费者的有些需要是常年均衡的，要经常购买的，像柴、米、油、盐、烟、酒、牙膏、牙刷等。还有一些商品，季节性、时间性很强，像鞭炮、节日礼品、节日服装等。产品设计人员和销售人员往往抓住节日的有利时机，推出新品，促进销售。比如，“六一”儿童节前夕，是儿童用品市场最活跃的时候，“三八”妇女节也是女性用品购买的旺季。

3.1.4 消费者需求满意度与设计的关系

当某种原因使个体不能达到他原来预期会满足需求的某个目标时，他可能会寻找替代目标。虽然这个替代目标可能不像原来的目标那样令人满意，但它在一定程度上能满足原来的需求。比如，一个需要一辆自行车的大学生，如果没有足够的钱买一辆新自行车，他可能暂时买一辆旧的自行车作为替代。当目标无法达到，需求得不到满足时，人们会体验到挫败感。无论是什么原因，个人都会对挫折情境作出某种反应。有些人会设法绕过障碍，如果还是失败了，就选择替代目标。这些人对目标没有达到而体验到的挫折感能比较好地适应。但是，有些人却可能把目标没有达到看作个人的失败和对自身能力的否定，从而感到焦虑。举一个例子：一位新婚女性很想买一套真皮的沙发，但又买不起。如果她是一个善于应变的人，她可能会花较少的钱买一套仿真皮沙发，或者购买一种完全不同类型的沙发。如果是一个不善于应变的人，则可能因此向丈夫发脾气，或者要求父母为自己买一套。当目标无法达到而体验到挫败感时，人们为了缓解焦虑，求得内心的平衡，有时候会采取一些特殊的策略。在心理学中，这些策略称为心理防御机制。常见的心理防御机制包括文饰作用、退缩、投射、我向思考、认同作用、攻击、压抑、退行等。

1．文饰作用

文饰作用是指由于目标没有达到而虚构出某些似是而非的理由，或者断定自己从来没有想达到过这样的目标。例如，一位试图戒烟但屡次失败的人可能会认为，如果他改吸过滤嘴香烟，就可以避免吸烟的危害，因而也就没有必要戒烟了。文饰作用不同于有意说谎，因为个体并没有意识到他对挫折情境的认识是歪曲的。

2．退缩

退缩是指退出挫折情境。一位不会使用缝纫机的人可能根本不会利用已购置的缝纫机去裁缝衣物。而且，在此情况下他可能断定，买现成的衣服更便宜，并且能省出很多时间从事其他活动。

3．投射

投射是指将遭受挫折的原因归咎于客观原因或其他人的无能。例如，一个发生了车祸的司机，可能会责怪道路不平、天气恶劣或其他司机犯的错误等。

4．我向思考

我向思考是指完全受需求和情绪支配地想入非非，完全脱离现实，这种幻想能使个体在想象中或满足现实中未获得满足的需求。例如，安徒生童话《卖火柴的小女孩》中描写的那个饥寒交迫的小女孩，在想象中得到了温暖的火炉、慈祥的奶奶和一只又肥又大的散发着诱人香味的烤鹅。

5．认同作用

认同作用是指下意识地向那些个体认为有关的人或情境看齐，以此来抵消挫败感。有些广告会描写一种挫折情境，例如，一男子因患口臭在与女友约会时不得不戴上口罩，但后来用广告宣传的产品克服了挫折(使用某个牌子的牙膏后，口臭的烦恼消失了)。这一类型的广告，就是利用了部分消费者的认同心理。

6．攻击

受挫折的人可能采取攻击行为以维护自尊。受挫折的消费者会联合起来抵制或控告某一产品，从而迫使厂家提高商品质量。

7．压抑

压抑是指抑制那些无法或难以满足的需求，使个体常常会“忘记”他的需求。被压抑的需求有时会以间接的方式表现出来，如果这种方式是社会接受和赞许的，称为升华。

8．退行

退行是指采用不成熟的方式对挫折情境作出反应。前文提到的那个买不起真皮沙发的女士，如果转而要求父母给她买时，就可以视为一种退行作用。这里列举的防御机制远远不是完全的。事实上，几乎每个人都会根据自己的生活经验发展出特有的应付挫折的方法。在设计心理学中，如何将消极的挫折反应引导到积极的升华行为上来，是一个非常有价值的课题。很多需要理论实际上认为，需要满足并不能促使个体行动，相反，当需要理论不满足时(或待满足)，才促使个体行动。心理学家斯特朗(Strong)曾提出一个模型(斯特朗模型)，用以说明消费者在市场上的需要过程，而生产者和设计师应当利用这一过程的规律，如图3-2所示。

根据斯特朗模型，市场策略步骤如下。

第一步，促使消费者产生不满，即激发其需求。在一个特定的时刻所激起的需求往往取决于环境的提示，如看到邻居家中新购置的柜式空调，可能会诱发消费者对柜式空调这一特定商品的需求。各种广告宣传在这里可以起很大的作用。

第二步，生产者或设计师应了解消费者的具体需求，并为此提供一个能满足这些需求的商品目录，他们必须善于利用消费者的欲望和对商品的看法，并且了解怎样才能使消费者的需求得到满足。

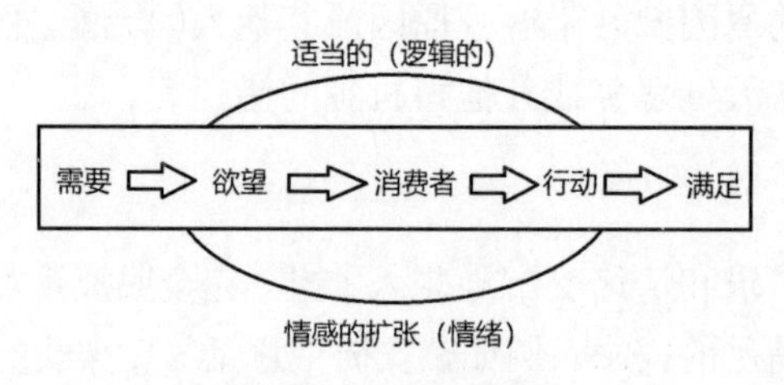

图 3-2　斯特朗模型

第三步，为商品建立一个满足者的形象，即让消费者感觉到，这种商品能够满足他的需求。这种形象必须是使人感兴趣的、有说服力的和可以信赖的。

第四步，行动。这里所说的行动是指购买行动，而不是销售行动。在市场采取强制性的销售是不适宜的，理想的做法是进行巧妙的说服。

第五步，满足，即生产者和设计师的市场策略，应保障消费者的需求确实得到满足。这一做法有利于以后的生产和销售。西方商业界广泛流行的一句话，即“消费者永远是对的”，就是这个原则的最好说明。

3.1.5　影响消费者需求的基本因素

消费者需求受消费者本身个体因素的影响，也受到各种自然条件和社会经济条件的制约。

1．政治法律因素

党和国家的方针政策，直接影响消费者需求的增长变化。改革开放解放了生产力，使生产得到极大的发展，人们的生活水平和购买水平有了极大的提高。政府的宏观调控政策，刺激消费、拉动内需，使我国的消费市场非常活跃。尤其进入 21 世纪，中国加入世界贸易组织(WTO)，生产规范和消费活跃的态势使所有消费品能按照市场经济的规律进行自由竞争、优胜劣汰，为广大消费者创设了良好的购物环境。消费者可以根据自己的不同需求和兴趣进行挑选。同时，新产品的刺激和一小部分超前消费者的示范效应，加上受到发达国家的消费影响，我国人民的消费需求增长迅速，有些方面已接近发达国家水平。另外，国家制定一系列的法律，如《消费者权益保护法》《广告法》《产品质量法》等，以保障消费者的利益，使消费者的需求得到有效的保障。

2．社会经济因素

社会经济的发展，是消费者需求得到满足的基本前提，也是消费者需求变化的重要影响因素。在商品经济条件下，实现需求是要有购买能力的，社会经济发展了，个人收入水平提高了，使消费者需求满足也就有了财力的保障。

3．消费者本身的个体因素

消费者本身的个体因素包括消费者的年龄、性别、职业、文化程度、家庭类型以及个性等人口特征内容。而消费者的年龄不同，对消费品的需求是有很大差别的，消费者有不同的年龄阶段，比如婴儿、幼儿、儿童、少年、青年人、中年人、老年人等，会形成不同的市场。消费者的性别不同也会带来需要的不同，尤其是女性用品市场，更是琳琅满目，以满足女性的需求变化。不同年龄的消费者对同一种商品的需求也不一样。比如，消费者对牙膏的需求，儿童偏好牙膏的口味，中老年人偏好牙膏的保健作用，而青年人则注重品牌。消费者教育水平不同，形成不同的消费行为和爱好。我国的人均教育水平在世界上是比较落后的，表现在对书籍的人均消费额相对较低。如今，人们已经意识到这一问题，其精神需求已逐渐提高。

3.2　消费者需求的理论研究

本节从马斯洛需求层次理论入手，结合市场心理的综合分析以及我国的现实情况、未来趋势对设计心理进行解析，并且加入了消费者心理的分类方法。

3.2.1　马斯洛需求层次理论

1943 年美国人本主义心理学家马斯洛提出研究人类需要的理论，称马斯洛需求层次理论。尽管提出人类的需求理论不乏其人，但马斯洛的需求层次理论是一个被广泛接受的需求理论。这个理论把人的需求看作一个金字塔形的多层次的组织系统，是由低级向高级逐级形成和实现的。马斯洛需求层次理论认为存在着八个基本的人类需求，这八个需求按照各自的重要性排列成从低级向高级需求发展的不同层次，如图 3-3 所示。

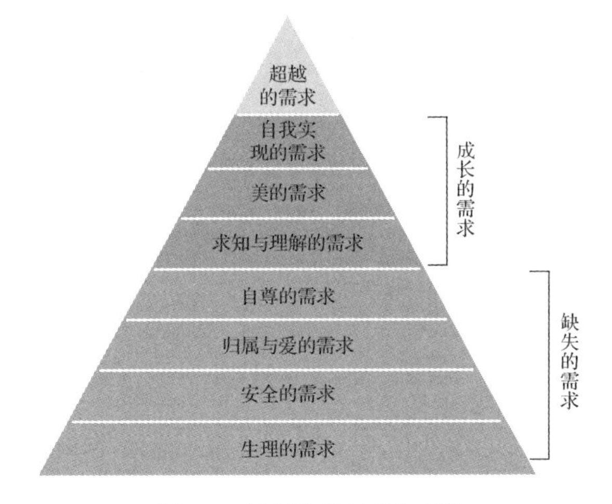

图 3-3　马斯洛需求层次理论

马斯洛认为，人在较高级的需求出现之前，首先寻求低级需求的满足，当基本需求满足之后，才会出现新的较高级的需求，并激励个体去满足它。

1．生理的需求

生理的需求是维持个体生存的最基本的需求，包括对衣、食、空气、住所等的需求。这类需求得不到满足，便危及生存，因此，生理需求是应当最先得到满足的需求。我国现阶段，人民的生活水平普遍提高，人们的温饱问题已得到解决，人们对较高层次的需求已明显增加。

2．安全的需求

安全的需求表现为人们总希望有一个安全、有秩序的环境，有稳定的职业保障和生活保障。我国的劳动人事制度、医疗保健制度、银行存款管理制度，以及各种福利制度都是满足人们安全需求的不同保障。

3．归属与爱的需求

归属与爱的需求即社交性需要，表现为人们总希望与同伴及亲友保持融洽和友谊，希望得到爱情，归属于一个集团或群体，希望成为其中一员，相互关心、相互照应，等等。在我国，随着改革开放的进一步深化，人们的社交活动日趋频繁，即使是离退休的老年人，其社交活动圈子也日趋扩大，像老年大学、老年活动室遍及全国。

4．自尊的需求

人都有自尊心和荣誉感，希望有一定的社会地位，获得荣誉感，受到别人的尊重，享有较高的威望。消费者有自尊心，希望在社会上获得一定的地位，包括独立、自由、自信、名誉、认同和被尊重等，这也是关系个人荣誉感的需要。

5．求知与理解的需求

求知与理解的需求是消费者为了适应周围的社会环境和自然环境而对学习、认知、增长科学文化知识、发展智力和体力、提高思想修养和道德情操等方面的需求。这种需求在很大程度上能够使消费者自我更新，对提高科学技术水平和人类文明程度有着积极的效用。

6．美的需求

美的需求是消费者对审美理想和艺术境界的需求，包括装饰、点缀、旅游观光，讲究住所、时装和美味食品，以及文化鉴赏和天伦之乐，等等。消费者对产品的需求在达到功能和质量的标准之后，产品的美观等因素将成为主要内容。

7．自我实现的需求

在前 6 种需求都获得一定的满足后，人们就会追求更高层次的自我实现的需求。自我实现就是指人们对发挥和满足自己潜在能力的一种需求，即一种个性化的需求，在不同的人身上，其自我实现的需求会以不同的方式表现出来，一般总是希望自己能充分发挥潜能，干一番事业，获得成就，实现理想，成为自己所期望成为的人。

按马斯洛的八个需求层次，分析我国目前的消费心理需求状况，可以认为消费欲望大致处于第五、第六层次之间，而消费能力处于第四、第五层次之间。也就是说，中国消费者已普遍追求产品的美观漂亮，提高个人的形象等属于精神性需求的内容。

3.2.2　市场细分对市场心理的影响

市场细分是市场心理的重要内容，就是按不同的消费者特征把潜在市场分成若干部分，使其成为目标市场。消费者的特征有许多种类。比如，有地理特征，就形成地理细分；有人口特征，就形成人口细分；有社会文化特征，就形成社会文化细分。而分析消费者的需要特征，就形成心理细分。产品的心理细分，就是根据消费者的年龄、性别、收入、社会地位、动机、态度和个性等因素将其细分出不同的目标市场，设计针对性极强的产品，即使在常人认为已饱和的市场上，也可以另辟蹊径。通过周密的市场心理调查，了解不断涌现的新的消费需求，并根据需求层次进行分类，从而提出一些满足特定消费者的新构思，这种新构思可能仅利用现成的技术或设备，就有可能创造出一个新的市场来。

1987 年，荷兰飞利浦电器公司工业设计研究所的一个设计小组，在充分研究青少年消费特点后，发现市场上的收录机几乎没有几件是以青少年为对象设计生产的，多为功能多、价格昂贵、外形呆板的产品。于是，他们以高中生为目标市场，根据其没有收入、喜欢集体郊游、热衷流行音乐和在露天场合跳舞、不注重音响的音质却对新潮外观敏感等消费特点，设计了一款仅有放音卡座和两波段收音功能的收录机，价格十分便宜，意在让每个学生不用花很多钱就能买得起。值得一提的是，该产品的两个喇叭音箱都做成别致的车轮形，用强烈的色彩搭配，并用摇滚音乐“Rock”的名字命名，动感强，充满青春活力，代表青少年的形象，产品宣传又是青少年喜闻乐见的少男少女舞蹈。这一系列产品设计是建立在市场心理细分的基础之上，从而获得极好的市场效应。这件产品原计划生产 5 万台，但一个销售年度就卖掉超过 100 万台，成为当时飞利浦公司最畅销的商品。

马斯洛的需求层次理论可以简化为五大层次：生理的需求、安全的需求、社交的需求、自尊的需求、自我实现的需求。这一需求层次理论可以作为产品心理细分的基础。对消费者而言，其消费需求也可分成五大类，相对应的潜在市场就形成五大目标市场，即满足人们生理需求的生活必需品市场，满足人们安全需求的保健用品市场，满足人们社交需求的社交产品市场，满足人的自尊需求的享受类产品市场和满足人的自我实现需求的发展类产品市场。分析我国消费者需求的变化趋势和产品市场状况是市场心理研究的前提，对设计工作者设计新产品具有十分重要的指导意义。

1．生活必需品市场心理

生活必需品市场是维持人的生存需要的基本生活条件，这个市场包括基本食品、普通衣着、普通家具等一般日用产品。当前我国这个市场的变化，是随着人们物质生活水平的提高，人们的生活方式、生活节奏发生改变而产生的。比如，基本食品的粮食消费，由数量型向质量型转变，由原料型向半成品、成品型转变。这种转变的标志之一，就是粮食的消费比重下降，而用于肉、蛋、禽、鱼等副食品的消费明显上升，人们的食品消费正逐步向多样化、营养化转变。另外，改革开放使人们的生活方式和生活节奏加快，人们希望减少做饭和吃饭的时间，希望将买食品、切菜、洗菜以及煮饭的时间适当压缩，用节省出来的时间去提升生活质量和更好地工作。于是，人们对粮食的半成品更欢迎。例如，对面条、面包、馒头、糕点之类的需求量大增。为适应这一需求的第三产业生意兴隆，另外，副食品蔬菜的小包装的市场销售情况也看好。因此，我们的广告和包装设计，应当注重满足人们对食品的营养和颜色品种需求的宣传。同时，也要注重人们简化用膳、方便用膳的心理，发展这方面的新产品设计和开发。比如，方便食品、快餐文化，以及炊事用具现代化，都会有较好的市场前景。

2．保健用品市场心理

保健用品市场是指为满足消费者的安全保健需求而形成的目标市场。这个市场的产品主要有药品、卫生用品、保健食品、保健器械、购买保险等。从国内外市场心理分析材料来看，消费者注重安全性的意向，已成为当前消费行为的一种趋势。日本心理学家马场房子，在一次关于消费者行为趋势的调查中发现，被试购买食品动机居第一位的是注重“食品的安全性”。以往被多数消费者视作首位的“节约”意向，已退居第七位，而过量饮用会有损身心健康的“酒类”则居最末一位，即第17位。我国消费者对食品的安全性保障要求呼声也最高。人们乐意购买保质期内的食品，加工时不用漂白剂或其他色素的天然食品、低糖低盐的保健食品和绿色食品等，都有很好的销售市场。科学研究发现，低盐食品可以减少脑出血、冠心病以及癌症。日本有关方面要求人们每天的食盐量低于10g。因此，厂家就大力开发低盐的咸味食品，结果在日本一举成功，并获得很好的经济效益。我国也有食盐过量问题，预测未来食品市场，此类低盐咸味食品会有很好的销路。

另外一份国内研究报告也反映，我国的家长在为儿童购买玩具时，首先考虑的是玩具的安全性，研究材料罗列了17个影响家长为儿童选择玩具的因素，并按照调查的重要性序列进行排列，发现消费者把“玩具安全性”列为17个因素的第一要素，把以往许多资料中都提及的儿童性别因素排在第九位；过去家长往往注重的“价格低廉”和“经久耐用”，现在则已降到第八位和第十位。由此可见，产品的安全性在消费需求中占有重要的位置。这为我们产品的设计、广告的宣传指明了方向。

3．社交产品市场心理

社交产品市场是指为满足人们社交需求而产生的目标市场，主要包括礼服类服装、首饰、烟酒、茶叶、咖啡、礼品糕点等产品。随着经济体制改革的进一步深入，人们的社交活动日益频繁，男女老幼均表现出社交活动的积极性，反映在社交商品市场上，就是出现异常活跃的局面。每逢过年过节、结婚喜庆、生日祝贺，商店里的礼品蛋糕、盒装点心、高档烟酒、名茶咖啡等便会出现一股热销浪潮，这主要是满足走亲访友和在家招待客人的需求。

目前，我国城市居民用于烟酒茶等社交商品的人均支出，正以平均每年10%以上的速度递增；产品的结构要求是包装精美、质量上乘，有利于健康的将大受消费者的欢迎。比如，在酒类消费中，人们对装饰精美、包装别致又配有良好商标的低度酒、高档酒、礼品酒的需求量在不断上升，销路一直很好。现代的衣服其保温蔽体功能并不十分受关注，更主要的是具有自我介绍和吸引对方的社交功能。我国城市居民用于衣服的消费额，以每年15%左右的递增速度冲击服装市场。人们都希望购买样式好，流行又较便宜的服装，耐穿不耐穿不太重要，因为不等穿破便要“更新换代”了。这就提示我们的服装设计师，服装设计的要点是款式新颖、面料漂亮，富有时代感和流行性，至于质地和做工可以放到其次去考虑。当然，这是一部分人的服装消费心理。服装设计师还要善于瞄准服装市场的缺口进行设计，同样会产生较好的经济效益。中老年人的服装市场就有缺口。爱美之心，人皆有之，中老年人的社交活动也是十分频繁的。即使是离退休的老年人，其社交活动也是十分活跃的，现代社会已逐步进入老龄化，老年人的生活圈子日益扩大，所以开发中老年用品市场，尤其是老年用品市场，是产品设计的一个目标市场。

4．享受类产品市场心理

享受类产品市场，是指这类产品的功能是满足人们的自尊心、荣誉感等的需求而产生的目标市场，不仅包括工艺品、古玩、美食、时装以及高档耐用日用品，还包括旅游、娱乐等享受性消费。人们对产品的要求不仅仅考虑物质性指标，诸如使用价值即结构功能、质量标准等实用功能，以满足人们基本的生理需求，同时考虑在此基础上与之相结合的更高、更重要的精神需求。这包括了社会的、心理的还有审美的内容。有的消费者宁愿多付出一定的代价去购买同样是用来喝水的比较美观的杯子，而不愿意去买那些价格低廉却难看过时的杯子。这说明，在社会日益进步、经济日益发展的今天，在物质需要基本满足之后，就产生了强烈的精神需求，而享受类产品的设计和生产就是满足人们这类需求的。

设计享受类产品的侧重点，应当是美的，符合消费者的求美心理；同时是时尚的，满足消费者的社会心理。一些消费者对耐用消费品也不断更新，比如，他们对于电视机、电冰箱和自行车之类，并不是等到实在不能用时才换，而是在一段时间之后，就想再换一个新产品，以保障家庭生活的时髦，即使做不到这一点，至少也不希望落后于时代，希望和时代保持同一步调，以免落后太多。因此，设计新产品，不仅要注意经济的和技术的问题，也要注意心理的和社会的问题。

5．发展类产品市场心理

发展类产品市场，是指这类产品的功能是满足人们的所谓“自我实现”的需求，即用以满足人们的个性发展和完善的需求。这类产品包括学习用品、各类书籍、用于智力开发和终身教育的用品以及具有个性的产品。众所周知，追求完美是人的需求的最高目标，而对于人的发展、完善最有利的影响是教育。因此，各种有利于教育的配套产品会受到消费者的普遍欢迎。产品设计者应当把握消费者的心理，融教育于产品设计中。比如，我国非常重视儿童的全面发展，像培养能力、发展智力的各式玩具，尤其是智力玩具；扩大儿童知识面的书刊、报纸、读物；训练儿童特殊能力的各种乐器，其中消费者家中的中高档乐器，如钢琴、小提琴、吉他、手风琴、电子琴等，有相当数量是为儿童购买的。孩子的父母乃至祖父母一辈，愿意为孩子教育投资，这为发展儿童用品市场的开发和设计儿童用品指明了方向。另外，成人的自我表现的观念也很强，尤其是外销产品的设计更应注重自我实现的需求。

在美国，人们的服饰、发型、享受方式等差异很大，极少雷同，反映在消费行为上则是希望他们使用的产品或服务能体现个体的独一无二的特征。因此，国外超级市场上琳琅满目的产品是为消费者提供众多的自由选择和表现自我的方式，广告商便充分利用人们的这种心理，采取各种针对性极强的广告、包装、装潢等促销手段。

随着商品经济的发展，人们的消费水平日益提高，消费差异也日益明显，要求消费品的个性化已在服装、日用品和家具、室内装饰品等产品的选择上有充分体现。因此，我国的产品设计人员，不仅对外销产品要注重个性化，对国内产品也要体现个性化。在产品造型、包装、装潢，以及产品广告设计方面要力求独特性、竞争性，注意从心理上进行市场细分，努力开创新潮流。

3.2.3 消费需要的具体分类

消费需要是指消费者为了实现自己生存、享受和发展的要求所产生的获得各种消费资料(包括服务)的欲望和意愿。消费者对以商品或劳务形式存在的消费品的需求和欲望，受外界环境及消费者个性的制约，并直接或间接地激发消费者的购买动机，影响消费者的购买行为。消费需要可从不同角度加以分类。

1．两分法

两分法的代表：传统观念。

(1) 生理需要，物质需要。

(2) 社会需要，精神需要。

2．三分法

三分法的代表：恩格斯(德)。

(1) 生存需要。

(2) 享受需要。

(3) 发展需要。

3．五分法

五分法的代表：陈沛霖(中)。

(1) 生存需要。

(2) 享受需要。

(3) 发展需要。

(4) 自主和尊重需要。

(5) 贡献需要。

4．七分法

七分法的代表：马斯洛(美)。

(1) 生理需要。

(2) 安全需要。

(3) 社交需要。

(4) 尊重需要。

(5) 审美需要。

(6) 求知与理解的需要。

(7) 创造自由的需要。

5．十八分法

十八分法的代表：亨利·默里(美)。

(1) 贬抑需要。

(2) 成就需要。

(3) 交往需要。

(4) 攻击需要。

(5) 防御需要。

(6) 恭敬需要。

(7) 支配需要。

(8) 表现需要。

(9) 躲避伤害需要。

(10) 躲避羞辱需要。

(11) 培育需要。

(12) 秩序需要。

(13) 游戏需要。

(14) 抵制需要。

(15) 感觉需要。

(16) 性需要。

(17) 求援需要。

(18) 了解需要。

3.2.4　中国消费者需求的发展趋势

消费在国民经济生活中具有极其重要的地位。消费是人们生活的保险，同时是刺激、引导生产的原动力。为此，我们有必要对中国消费群体未来的发展趋势作深入的研究，这一研究势必对未来设计有重要的参考价值。

1．消费观由传统到现代的转变

发展观的转变，带来了消费观念的变化。它表现在诸多方面，可概括为传统消费观主要是围绕着改善传统的衣、食、住、行的物质条件而努力，考虑的是“物”，而现代消费观着眼点是围绕着人的全面发展的需要，通过人类可持续发展道路满足需要，主要考虑的是“人”。这个转变有深刻意义，它是其他转变的基础，由实用、模仿式消费转向个性化消费成为一种趋势。这一点将在今后的服装及住房消费中突出表现出来。如住房的消费也将注重居住环境设计及内部装修，希望通过居室布置显示个人生活品位及爱好将成为一大趋势。

观念的转变也反映在社会进步指标上。把衡量人的需要和范围由个人消费领域(主要是物质消费)发展到营养、医疗保健、文化教育、环境保护、休闲享受等领域。这对于设计师的设计重点转移有十分重要的指导意义。

2．对生活的要求由低到高的转变

由原本的只重视生活水平的提高转变到重视生活质量。生活质量，就是用来反映居民生活需要满足程度的一个概念。它既反映人们的物质生活状况，又反映社会和心理的特征，是一个内容广泛的概念，包括居民生活需要的多个方面，如衣、食、住、卫生与健康、就业、社会秩序与安全、公平、自由、满意感等。生活质量从宏观角度而言，是指居民总体的全面发展程度；从微观角度看，主要指居民个人及家庭生活需要的满足状况。

生活水平在很大程度上标志着居民物质生活需要的满足程度，主要用人均收入和人均消费水平等指标来衡量。在生活水平比较低的情况下，生活质量也能得到提高；相反，在生活水平比较高的情况下，生活质量也可能不变，甚至下降。例如，以人均收入来衡量，人们的生活水平提高了，如果环境污染严重加剧，作为综合反映人们生活条件变化的生活质量就有可能降低。

在世界上许多国家里，人们已开始从重视生活水平的提高向重视生活质量的提高转变。

3．从满足需求向创造需求、开拓市场转变

改革开放后，逐步向社会主义市场经济过渡，生产力大发展使满足需要成为可能。从发展趋势看，市场经济体制加上科学技术能创造出新需求，向人们展示新的消费领域。

高科技大大加快了创造需求的速度，科学技术的应用使新产品不断涌现，为居民开拓出新的不断扩大的消费领域，不仅是满足消费需求，而且是创造需求。

4．从国内市场向国际市场的转变

随着我国对外开放的扩大和贸易依存度(即进口占国民生产总值的比重)的提高，中国国内市场与国际市场的联系更加紧密。经济全球化，主要表现为国际贸易和国际资本周转的发展，导致若干国家包括中国的市场日益国际化，企业即使在国内也直接面对国际市场竞争。加之现代化大生产不仅需要不断投入新技术和新工艺，而且要求分工更加精细、专业，协作的范围更加广泛，因此，传统意义上的国与国之间的比较优势就转变为企业与企业之间的竞争优势。这样，给消费者首先带来的好处是商品质量的提高和价格的下降，同时也给设计师带来许多机遇。

经济全球化、国内市场的国际化，使消费者面临更多的选择机会，消费者不用走出国门，在当地就可以买到很多国际名牌商品，人们的生活将更加方便、更加舒适，有人称之为新一轮的消费景象。比如，人们喝意大利牛奶、咖啡；购买瑞典埃克雅商业集团公司的家具布置房间；吃日本的寿司；穿贝尼顿联合公司的时装；驾驶德国的奔驰牌卧车；去麦当劳快餐店听英美摇滚乐。这些都体现了多样化消费的可能性。

在今后的几年中，消费者的特点将表现为由“从无到有”向“升级换代”发展。尤其是城镇居民，将进入耐用消费品的更新换代阶段。住房商品化的推进，给消费市场注入巨大活力。电脑的普及及小汽车进入部分家庭，都是消费市场发展的机遇。抓住这些机遇，能大大促进经济的发展。

5．信息消费领域向广度转变

信息作为直接消费品，将成为人类消费品的重要组成部分，信息业也将产生各个领域不可或缺的资源，成为人们生活重要的精神消费品。人们已越来越意识到信息的重要性。随着个人电脑、国际互联网络等信息技术在发达国家的广泛使用，给人们生活、经济生产所带来的益处越来越多，其示范效应也将推动我国信息产业的发展，信息产品将迅猛地走向市场，并进入千家万户。

6．居民从排浪式消费向多层次消费的转变

当前，我国居民生活总体上已实现全面小康，加之收入分配的改革，不同地区、不同产业、不同企业和不同个人之间的收入拉开差距，加之小康阶段具有的多层次的特点，消费市场要满足不同层次居民消费的要求，为不同层次的居民创造新需求，这是设计师要特别关注的出发点，由此创造许多目标市场。

7．从追求物质产品同时向追求服务消费转变

过去人们的消费主要是在物质方面，从中国消费群体的演变情况发展趋势看，对服务消费的需求上升更快，服务消费占总消费的比重呈上升趋势。服务消费包括旅游、通信、计算机查询、金融、保险、卫生保健等。信息化提供给人们的不仅有商品还有服务。因此，随着信息技术的发展，服务的范围还会扩大。工业设计应当加大对服务消费的设计的深度和广度。

8．从满足基本生存需求到追求人的发展的转变

在生产力水平和居民收入水平都很低的情况下，人们首先追求的是满足基本生存需要，即温饱。进入小康社会之后，人们更多的是重视人的发展，重视儿童教育和成人终身教育，文化消费也会增加，因此用在发展方面的支出就会增加，休闲活动和服装、健康食品和用品需求也会上升。

9．信用消费将为人们带来生活方式的改变

将信用消费从服务消费者的领域中单独提出，是由于这种对于我国人民还比较新鲜的消费方式在未来5～10年将起到非同寻常的作用。在英美等西方国家，信用消费已经十分普遍。尽管这些国家的人们生活比较富裕，但购买住房时，具有一次性支付能力的购房者尚不到10%，大部分人都是通过分期付款及贷款等方式拥有了自己的住房。因此，信用消费在今后将逐渐为我国人民所用。我国人民的观念，也将发生深刻的变化。信用消费能帮助我们达到现实购买力以上的消费水平，也就是超前消费。这也要求金融体制改革的配套措施应进一步完善。

10．消费市场从固定型向动态发展型转变

消费市场趋势的变化是我们社会发生深刻变化的缩影。研究、了解这些趋势，对于引导市场主体——消费者的消费行为以及为市场供方——生产者制定生产策略将大有益处。我们应努力探索并适应这种变化，推进经济发展和社会不断进步。

设计师应当把消费心理的动态研究提到议事日程上来，建立CSI数据库，并进行动态纵贯式追踪分析，以CSI导向设计，否则将不能适应动态发展型的消费市场。

3.3 消 费 欲 望

消费欲望是指消费者从消费品中求得满足的愿望。从满足生理需要到满足自我实现需要，消费欲望分五个层次。在社会学看来，人的消费欲望和消费需求，不仅受可支配收入的影响，而且受社会因素的影响。其中，人与人之间的相互攀比，是促成欲望形成的一个重要的社会动因。欲望是推动社会前进的动力。

3.3.1 消费欲望的特征

对设计师来说，要发现和捕捉消费欲望并使其指向目标实现，应当先了解和研究欲望的基本特征。

1．欲望具有起动性

欲望可以发动行为，使个体由静止状态转向活动状态。当欲望能量积聚到一定程度，机体自我防护系统会本能地调动一切生理、心理的体能、智能发动行为，促使能量释放，获得满足平衡。

2．欲望具有方向性

在欲望产生和发展之始即明确指向某一特定事物。

3．欲望具有趋强性

欲望一旦形成，能量积聚到一定程度，就会随实现时间的延长和实现满足的难度变得越来越强烈，机体寻求满足平衡、释放能量的本能促进了欲望的趋强特性。

4．欲望具有持久性

一经形成的欲望暂时无法实现满足便会存入记忆，记忆中的欲望会保留很长时间，甚至永生不忘。欲望越强，持久性越长，长期能量积聚得不到释放，一旦突然释放，机体会从不平衡适应变为平衡不适应，发生类似范进中举的悲剧。

5．欲望的复合性(多元性)

形成的欲望都有一个明确的目标，但这个目标常常不是单一的，而是一个欲望目标的复合体。在朝向目标的行动中常常掺杂着多元的欲望因素。

6．欲望具有重复性

欲望的重复性是指许多欲望即使满足后仍会留下深刻的记忆，并会因各种影响而多次重复产生。欲望的重复性在设计中具有非常重要的意义，因为人们对许多日用消费品，甚至包括原材料、设备都会有重复购买、使用的需求，如何使产品或广告留给消费者最佳印象，使其产生品牌重复选购的消费行为，不仅会增加产品的销量，而且会延长销售期。

7．欲望具有选择性

虽然在欲望形成之初就会有明确的指向目标，但由于欲望具有复合性，消费者可能在欲望主次的权衡利弊中，改变原指向目标的品牌而选择其他。另外，人们在生活中常会同时产生两个以上的不同欲望，或在一个欲望尚未满足时，另一个欲望已产生，这时多数人会根据欲望与利益、需求主次去选择先满足哪个欲望，也会根据欲望被满足的难易度，选择较易达到的目标，这一点对设计师也十分重要。

8．欲望的关联性

欲望的出现不是孤立的，常常前一个欲望与后一个欲望、这类欲望与那类欲望都有某种内在的关系。可以利用这种关联性预测产品市场、产品周期及某些产品购买欲望的形成时机和高潮期。这对产品开发、改良生产计划、做广告的最佳时机、媒体选择、广告创意、产品形态、包装设计形式等都具有极重要的参考价值。

3.3.2　影响欲望的因素分析

了解和研究影响欲望的因素有利于设计师知道如何去捕捉、激发消费者的欲望，使自己的设计更好地为消费者所理解和接受。著名的心理学家勒温借用拓扑学和物理学的概念，认为人的行为是由“心理动力场”(心理场)决定的，心理场主要由个体的需求(欲望)及其有关的环境相互作用组成，用公式表示为：

$$B=f(P \cdot E)$$

其中，B(行为)等于 P(人)和 E(环境)的函数，即行为是随人生理、心理(主观)和环境(客观)认知的变化而变化的。

归纳起来，影响欲望的发生发展主要有以下几种因素。

1．欲望的发生发展受客观环境的影响

人们所生存的客观环境随时在作用和影响不同个体对事物的态度，甚至直接影响欲望的发生和发展。客观环境包括：自然生存环境、社会物质环境、个体物质环境、个体经济环境、社会政治环境、社会经济环境、社会文化环境、社会历史环境、家庭环境、工作环境、人际环境、风格环境、地理地域环境等，这些环境有物质性的、意识形态性的、自然性的和社会性的，它们无时无刻不影响着各种各样的人。处于相同环境的不同个体，对环境会有不同的反应；处于不同环境的相同个体和处于不同环境的不同个体，都会产生不同的反应。

2．欲望发生发展受客观刺激源强度的影响

在人们所生存的自然环境、社会环境、物质环境、人际环境等许多环境中随时都产生各种类型和强弱的刺激源，刺激着人的感官，刺激源越强，人在生理和心理上的反应越大，欲望的产生发展也越快。往往一块色彩迷人的花布、一套精美漂亮的服装、一块诱人的蛋糕、一件吸引儿童的玩具、一句诱惑人心的广告语、一幅诱人的电视广告画面都会成为一个强有力的刺激源，直接起到激发欲望的关键作用。

3．欲望受实现满足难度、条件的影响

欲望同时存在持久性、选择性、复合性，因此，当欲望实现因环境条件或个体素质严重不足、难度很大、感到毫无希望时，一部分人会通过自我调节缓解、转移或暂时存入记忆等待机会。人们常说的“知难而退”便是一种将欲望自我缓解、消除的调节。也有一些是根据欲望实现的可能性现实，降低标准，达到暂时或局部的满足，心理学称为自我防御机制。

4．欲望受个体素质差异的影响

个体素质差异的影响是影响欲望的人的因素，人和人不仅在生理条件上存在差异，在心理上也存在差异，而这些差异有先天遗传的，更有许多是后天环境造就的，人和人个体之间的差异还包括性别、年龄、性格、经历、生活习惯、情感、文化、职业、职务、地位、兴趣、审美、信仰等。这些差异会对相同刺激源、相同的环境作出不同的反应，直接或间接影响欲望的产生和发展。

3.3.3 欲望与设计的关系

不管在设计中需要解决多少问题，设计的最终还是看其激发消费者的欲望情况，并使这种欲望朝向设计的指向目标，完成对产品的购买行为，这种行为持续时间越长，面越广，设计就越成功。可以说，所有企业的产品策划、设计方向、创意、营销策略都必须建立在研究分析消费者需求欲望的基础上。“市场调研”“开发价值”“可行性分析”，究其实质，就是围绕消费者的需求欲望所展开的各项工作。对一则广告进行效应反馈分析，也就是研究广告作为欲望刺激源的强弱程度和作用，其是否较理想地使消费者按广告目的导向产生购买行为。拿广告策划、广告设计来说，为什么有些企业花了大量的广告费却事倍功半，受益的却是同类其他产品？原因是这种广告大多闭门造车，根本没有很好地去研究消费市场同类产品的特点，没有研究什么样的形式、创意、发布时间、发布媒体、广告语，能更适合产品销售地区的对象特点，能更激发需求欲望。如果设计策划定位点偏误，广告无明显个性特点，定位在同类产品的共性上，广告发布地区对象模糊，则广告的失败是必然的。

20世纪40年代美国“速溶咖啡”推销策划失败就是犯了以上错误，因其创意定位没有进行充分的消费心理研究分析，没有重视消费欲望的复合性，忽视消费传统习惯和文化观念对欲望产生和发展的影响，仅将广告定位放在宣传速溶咖啡的一般品质和速溶上。吸取教训后的广告不仅强调了速溶咖啡原材料的正宗性，而且强调了速溶节省时间给消费者带来的真正利益，从而打动了消费者，激发了消费欲望，产品销售量直线上升。产品设计的典型例子是20世纪30—40年代的流线型设计，为什么会从受消费者广泛欢迎到很快在设计领域和产品市场消失？原因是流线型设计滥用在各种产品中，甚至发展到凌驾于产品功能之上，设计师忽视了人类求新的本能欲望，“流行”的东西即使很美也不可能永远流行下去。

流行产品具有周期性的规律，因此，近几年流线型设计又被设计师重新利用了起来。原因是年青一代没见过20世纪50年代之前的东西，年老的一代则有怀旧情结，人们对长期以来产品各种各样的直线棱角造型已厌烦，更重要的是，设计师吸取了教训，新的流线型设计已不再滥用，也不再是老流线型设计的重复，更注重时代感、个性化，在功能和形式美关系上进行了较正确的处理。如今，西方许多企业家在产品策划开发设计中，常常将新产品的生产周期设定在较短的时间内，即使该产品的市场销售势头尚未跌落，仍不惜重金投资设计开发新的产品，关键是他们悟出了需求欲望的规律，摸到了消费者的脉搏，懂得了没有消费欲望就没有市场，设计依赖消费而存在，但设计又引导和推动了消费的道理。

所谓“市场”和“竞争”，说到底是吸引和争夺消费者的竞争，其根本就是能否满足、刺激消费欲望，体现在能否创造新的理想的环境，创造能吸引消费者的新的形式，如色彩、形态、功能、质量、价格等，了解消费者心理、爱好、兴趣、习惯等。如果从欲望规律去评价设计水准，若只能引起知觉或一般性注意的设计，仅仅是低级水平的设计；能引起一定注意或一般性兴趣的设计，是初级水平的设计；能引起兴趣，并有较强的说服力，能激发需求欲望的设计，属中级水平的设计；只有不仅能迅速引起注意和兴趣，而且具有很强的说服力、持久力，使激发的需求欲望能导向设计指向行为目标的设计才称得上高级水平的设计。

若要达到高级水平的设计，设计师除了完善个人的知识结构、专业技能外，在设计中必须重视以下几点。

(1) 随时注意观察和捕捉消费者的需求欲望，通过调研CSI，分析消费者和环境的变量关系。

(2) 对需求欲望的特点进行全面定位分析，找出主欲望和次欲望，并分析它们的相互作用关系。我们通过CSI问卷即可达到目的。

(3) 挖掘能激发需求欲望的各种因素、方法和形式，环境和人的关联分析可以提供启示。

(4) 重视寻找或创造各种欲望激励方式，并比较、选择最佳的方法、媒体和途径。

(5) 欲望持续效应可行性分析。能使设计激发的欲望持续产生记忆度、联想度和购买欲望的，便是激励性设计。

(6) 欲望产生的行为导向分析。包括对市场同类产品占有率、饱和度、价格、包装、广告、产品特性及消费对象心理的综合分析研究，比较产品环境和消费者的影响，能否使消费者欲望产生行为导向产品目标。

(7) 设计创意构思定位。在上述各点基础上明确设计目标要求，确定方法、手段、形式、设计定位和实施。

(8) 完成设计制作。运用专业表现、表示技能，达到消费者满意效果。

(9) 重视收集并分析欲望行为市场效应反馈信息，信息反馈评估工作要建立数据库(CSI数据库)，进行纵贯式追踪研究，是十分重要和有效的工作。

(10) 评估后的修正设计。根据纵贯式追踪，CSI各变量会因环境和消费者的变化而发生改变，数据库的建立会产生快速应变系统，其进行修正设计，达到产销对路，最终实现“产消共益体”的目标。

本章小结

通过本章的学习，我们了解了消费者的需求分析、消费者需求的理论研究以及消费者欲望与设计。与此同时，我们还学习了马斯洛需求层次理论、消费需要的具体分类等理论和方法，为理解设计与消费者需求的关系提供了帮助。

1. 什么是消费者的需求？
2. 影响消费者需求的基本因素有哪些？
3. 什么是马斯洛需求层次理论？
4. 消费欲望的特征有哪些？
5. 欲望与设计的关系是什么？

第 4 章

设计与消费者的动机

消费动机是指消费者从事购买或消费的原因和动力，是指引购买活动去满足某种需要的内部驱动力。消费者的消费行为是受动机支配的。动机来源于需要，需要就是客观刺激物通过人体感官作用于人脑所引起的某种缺乏状态，需要的多样化决定了动机的多样性。本章我们着重讲解消费者的动机，以及其与设计之间的关系。

4.1 消费者的购买动机分析

在不同的情景之下，消费者的购买动机会有所不同，并且影响消费者购买动机的因素也多种多样。对不同情景中消费者的购买动机进行正确的解读和分析，是我们做好相关设计的前提条件，只有真正满足消费者的购买需求，才能达成销售的目的。

4.1.1 消费者动机的界定

1．动机

动机的英文“motivation”一词，来自拉丁文“movere”，即推动的意思。如果说需要(need)作为某种活动的原动力，需要缺乏给行为指出方向，那么，动机则是在心理强化之下给需要的方向以定位，并推动有机体朝着预期的目标行动。它不仅起到激发行为的作用，还影响着行为的持续时间。动机由三个要素构成：需要驱使；刺激强化；目标诱导。

由此可见，动机作为一种能量，其强度的大小，取决于三个变量：①需要的强度，即有机体内的生物与本能的空缺状况；②刺激物的激活效能，即外界环境所提供的条件对有机体的激活效能；③目标诱发力的大小，即在众多刺激中能够构成行为目标对人的诱发力(拉力)。这三个要素相互作用，共同构成了动机的合力。如果其中某个变量发生变化，将会影响动机的强度。基于这种认识，我们把动机定义为：它是由需要驱使、刺激强化和目标诱导三个要素相互作用的一种合力。这种合力反映了动机的以下三个特质。

第一，动机与实践活动有着密切关系，人的一切活动、行为都是由某种动机支配的；

第二，动机不但激起行为，而且能使行为朝着特定的方向、预期的目标行进；

第三，动机是内在的心理倾向，其变化过程是看不见的，通常只能从动机表现出来的行为来逆向分析动机本身的内涵和特征。

动机是一个很复杂的系统。一种行为往往包含着若干个动机。不同的动机有可能表现出同样的行为，相同动机有可能表现出不同的行为。如图 4-1 所示，一个复杂而多样的动机往往以其特定的相互联系构成动机系统。在动机系统中，各种不同的动机所占的地位和所起的作用是不同的。有些动机比较强烈而稳定，称为主导动机(优势动机)；其余的则为劣势动机。主导动机具有较大的激励作用，在其他因素相同的情况下，个体行为是和主导动机相符合的，劣势动机往往是由动机冲突引起的。

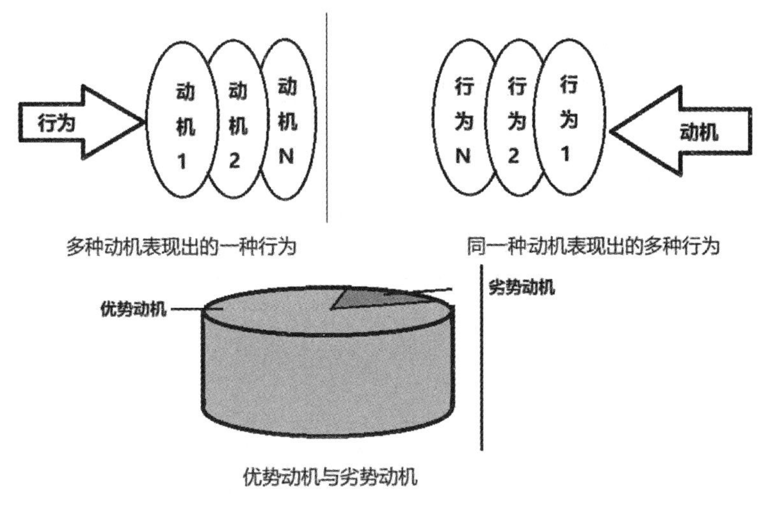

图 4-1　动机与行为的关系

2．**消费动机**

研究消费者的动机，以消费者的购买动机为主要内容。所谓购买动机，是指能够引导人们购买某一商品或选择某商标的内在心理动力。消费者的购买行为大多是多种动机共同作用的结果，消费者的最强烈、最稳定的动机是购买的主导动机；有些动机比较微弱且不稳定，是非主导动机。主导动机具有更大的激励作用，在其他因素相同的情况下，购买行为是和主导动机相辅相成的。

由于每个消费者的价值观念不同，主导动机会以不同方式表现出来。比如，在同等经济条件下，有些消费者注重体面、讲究排场与摆设，以满足自己的优越欲和荣誉感，他们宁可缩食，也要满足衣着漂亮，家庭布置堂皇时髦；而另一些消费者的主导动机是讲究营养与保健，他们宁可穿着简朴、家庭摆设简单，也要把大部分收入用于购买食品和保健用品；等等。这种情况，在同一消费者身上也会出现。比如，消费者持币待购，是买照相机、全自动洗衣机还是摄像机？到底应该购买哪一种产品，主要取决于在个人购买动机中哪一种产品购买欲望最强。消费者购买商品的动机是复杂的、多变的、多层次的，为了叙述方便，我们将消费者的购买动机分为一般购买动机和具体购买动机。

消费者具体购买某一商品时，对自己的动机并非总是有完全清醒的认识。一位少女购买一件服装，可能是因为这件服装能显示出她的婀娜身姿，也可能是为了显示自己善于选购，甚至可能是为了引起朋友的羡慕，但她自己对此却毫无察觉。除了实际购买商品的行动外，一部分消费者喜欢经常性地到商店“看看”，这种行为并没有特定的目的，如果遇上了合意的商品，就可能购买；另一种情况是，有些消费者表现出反复地光顾同一家商店购买。促成消费者这类行为的动机，可以称为惠顾。消费需要和消费动机是推动消费者行动(购买和使用商品)的原动力。从消费者方面来说，了解这些心理过程，有助于减少消费中的盲目性，区分需要的轻重缓急，以便使有限的财力以最佳的方式满足自己的需要。从生产者和设计师方面来说，了解消费者的需求和动机特点，是做好生产和设计工作的重要基础。

4.1.2 消费者的一般购买动机

1．本能分析模式

人们有饥、渴、寒、暖、行止、作息、性等生理本能，由这些生理本能引起的动机和行为，称为本能分析模式。具体表现为以下几种动机。

(1) 维持生命的动机。当消费者在饥思食、渴思饮、乏思息的动机驱使下，产生购买食品、饮料、家具、卧具等购买行为，就属维持生命的动机。

(2) 保护生命的动机。消费者为御寒而购买衣服鞋袜，为居住而购买建房材料，为治病而购买药品等行为的动机。

(3) 延续生命的动机。消费者为结婚、组织家庭，生儿育女而购买儿童用品的动机。

(4) 发展生命的动机。消费者为了使生活过得更加方便、舒适和愉快而购买享受类商品的动机，以及为了掌握和提高劳动技能和丰富知识去购买书、电脑等发展类商品的动机。一般而言，在本能动机驱动下的购买行为，具有经常性、反复性和习惯性的特点，多数是日常生活的必需品。

2．心理分析模式

由人们的认识过程、感情过程和意志过程引起的行为动机，叫作心理分析模式，这一模式包括以下三种类型的动机。

1) 感情动机

感情动机包括情绪动机和情感动机两个方面，情绪动机是由人的喜、怒、哀、乐、爱、憎等情绪引起的动机。凡是由于满意、快乐、好奇、嫉妒、好胜等情绪而引起的购买行为，都属此类。这一类购买动机，一般具有冲动性、即景性和不稳定性。情感动机是由人们的道德感、理智感、美感等高级情感引起的动机。比如，人们为了友谊而购买礼品，为了显示自己的修养和地位去买高档服装和字画，为了美而购买化妆品，等等，这类购买动机，具有较大的稳定性，往往可以从购买行为中反映出人的精神面貌。感情动机的主要特点如下。

(1) 炫耀地位，如购买名牌手表、金银首饰、贵重衣料等，有时并非为了实用，而是炫耀自己的地位和财力。

(2) 竞争或好胜。表现出一种不愿落后于人的心理，即在消费和购买活动上向周围人看齐，别人有的我也要有，即使暂时并不需要。

(3) 求新。力求跟上社会新潮流，这种动机在经济条件较好的青年男女中较为多见。

(4) 舒适。在尽可能的范围内求得个人和家庭的舒适。

(5) 娱乐。购买乐器、家庭音响、体育用品等，作为娱乐活动的消费。

(6) 安全。如购买保险，或者购买滋补品等，以求延年益寿。

(7) 社交。购买美丽的服装、化妆用品，以求在交往中给人留下良好的印象。

(8) 好奇、求名。出于好奇心或求名而购买，如在名胜地购买当地最有特色的工艺品、纪念品等。

(9) 特殊爱好。如为满足集邮爱好而购买邮票，或者收藏其他纪念品等。

(10) 发展。即为了自身今后的发展而购买，如书籍、计算机、求学培训等。

2) 理智动机

理智动机是人们建立在对产品的客观认识的基础之上，经过分析比较、判断决策之后产生的购买动机，人们对所购买产品的特点、性能和使用方法早已了然于胸，所以这种动机具有客观性、周密性和控制性。在理智动机驱使下的购买行为，比较注重产品的性能、质量、讲究实用、可靠、价格适宜、使用方便、设计科学、经久耐用等，比如，消费者购买高档耐用的电器时，均是经过深思熟虑、权衡利弊，决定购买的。理智动机有以下特点。

(1) 容易使用。比如，工具设计精巧、容易使用，罐头便于开启，包装易于拆封，等等。

(2) 提高效率。特别是工具类商品，或某些家用电器，如电饭煲、洗衣机、空调、电脑等。

(3) 使用可靠。比如，钢笔不漏水，书写流利；电视机图像清晰，性能稳定；等等。

(4) 耐久性。商品，尤其是大件商品，消费者一般要求性能可靠、经久耐用。

(5) 便利。如各种快餐食品及经处理过的半成品、蔬菜、大米等，这类商品因能节约大量时间，所以在我国特别受生活节奏快的人和家庭的欢迎。

(6) 经济。相对于商品的效用来说，价格比较适中，即使购买时价格较贵，但其寿命长久、耐用，因而仍比较经济。

(7) 良好服务。对一些大件商品，如电冰箱、电视机、电脑等，发生故障时，生产企业能否提供良好的维修服务，也是消费者决定是否购买需要考虑的一个重要因素。

3) 惠顾动机

惠顾动机是基于情感和理智的经验，对特定的产品、商标、厂牌、商店等产生特殊的信任和偏好，使消费者重复地习惯性购买的一种消费动机。这一购买动机的产生，或是由于产品质量好，有较高的声誉；或是生产厂家具有相当的权威和知名度；或是因为商店地点方便，服务周到，秩序良好，陈设美观。商品丰富，价格合理，会在消费者中树立起美好的产品形象与获得信任。这些消费者往往是企业的忠实支持者，他们不但自己经常购买，而且对潜在的消费者有很大的宣传影响作用，甚至生产者的产品和服务出现某些过失时，也能给予充分的理解，即第一章中提到的惠顾消费者和种子消费者。

一般来说，惠顾动机的特点包括以下内容。

(1) 时间、地点便利。比如，商店位置离居住地点不远，营业时间长，等等。

(2) 品种齐全。商品种类齐全，消费者有较大的选择余地。

(3) 价廉物美。商品质量良好，价格适中。

(4) 良好服务。营业人员服务态度好，服务周到，能为消费者提供便利的服务，维修和送货上门等，会使商品具有良好的声誉。

(5) 炫耀特殊身份。某些高档商品的专卖店，会经常吸引顾客光顾，可显示出顾客拥有与众不同的身份。

4.1.3 消费者的具体购买动机

分析消费者的具体购买动机是指常见的、一般的类型，这里列举求实、求新、求美、求名、求利、好胜、爱好、平等、隐蔽九个方面的购买动机。

1．求实购买动机

求实购买动机是以追求产品的实际使用价值为主要目的的购买动机。这种动机的核心是“实用”和“实惠”。在选择商品时，他们特别重视产品的效用、质量，讲究朴实大方、经济实惠、经久耐用、使用方便等，而不过分强调外形的新颖、美观、线条、色彩、个性等特征。具有这种求实购买动机的人，一般是经济收入不太高的工薪阶层，消费要细水长流的人：在年龄层次上，中老年人比较多，他们比较求安全，注重传统和经验，不爱幻想，不富想象力；在区域分布上，一般经济欠发达地区的人求实心理偏多。具有求实购买动机的消费者，一般不易受产品的包装、商标和广告宣传的影响，他们比较认真细致、精打细算；他们是中低档商品的主要购买者，对于高档商品、特殊商品的购买持慎重态度。

2．求新购买动机

求新购买动机是以追求产品的时髦与新颖为主要目的的购买动机，在经济条件较好的城乡青年男女中较为多见。这种动机的核心是趋时和奇特。在选购商品时，他们特别重视产品的款式和社会的流行样式，而不大注重产品实用与否或价格高低。这类消费者的特点是富于幻想，渴望变化，蔑视传统，追逐潮流，容易受商品的广告和包装等因素的影响，他们是时装、新式家具、新式鞋帽、发型和各种时尚商品的主要消费对象。

3．求美购买动机

求美购买动机是一种以追求产品的欣赏价值为主要目的的购买动机，在青年妇女和文化层次较高的人中多见。这种动机的核心是讲究装饰和打扮。在选购商品时，他们特别注重产品本身的造型美、色彩美和装饰美，重视产品对人体的美化作用、对环境的装饰作用以及对人的精神生活的陶冶作用。他们购买产品，往往不是为了产品的使用价值本身，而是从中得到美的享受，他们特别注意商品的品位和个性，名牌商品和高档商品对他们具有较大的吸引力，这些人往往是高级化妆品、首饰、工艺品和家庭陈设品的主要消费对象。

4．求名购买动机

求名购买动机是以显示自己地位和威望为主要目的的购买动机，在具有一定政治地位和社会地位的人中较为多见。这种动机的核心是显名和炫耀。在选择商品时，他们特别重视产品的威望和象征性意义，喜欢购买名贵商品，超出一般消费水平的商品，来显示其生活富裕，地位特殊，或表现其品位超群，从而得到一种心理上的满足。当然，求名心理大多是潜在的。例如，在国外，有人在自己院子里修一座游泳池。其主要动机是为了向别人炫耀自己的富有，但和邻居说这是为了锻炼身体、增强体质。

5．求利购买动机

求利购买动机是一种以追求廉价消费品为主要目的的购买动机，消费者以经济收入较低的人为多数，也有经济收入较高而节俭成习的人。这类消费者对商品的价格特别计较，而对商品的质量则要求不高，喜欢选购处理价、特价、折价、优惠价的商品。这些人是低档商品，废旧物品和残次、积压处理商品的主要消费对象。

6．好胜购买动机

好胜购买动机是一种以争强好胜为主要目的的购买动机。这种人购买某种商品往往不是由于急切的需要，而是为了赶上他人、超过他人，表现出“优越感”和“同调性”的消费心理现象。他们抢先购入最好的产品，以便能于人前炫耀，满足自己争强好胜的心理。这种购买者往往具有偶然性的特点和浓厚的感情色彩。比如，有些消费者为了不落后于其他消费者的消费层次，不至于使“优越感”失落，他们往往为了赶上“时代的步伐”而过早地淘汰原有的耐用消费品，即使原有耐用消费品的使用价值并没有消失，他们也要淘汰它们。又如，他们为了购买新型组合式家具，竟然廉价出售原本尚新的家具；为了购进双门电冰箱，可以廉价出售原本的单门电冰箱。

7．爱好购买动机

爱好购买动机是一种以满足个人特殊偏好为日的的购买动机。有些消费者由于生活习惯和业余爱好，喜欢购进一些特殊的商品。比如，有的人喜欢花木盆景，有的人喜欢古玩字画，有的人喜欢集邮摄影，有的人喜欢看书看报，等等。这种爱好心理动机往往同某种专业特长、专门知识和生活情趣有关，因而其购买行为比较理智，用指向也比较集中和稳定，具有经常性和持续性的特点。例如，有的人宁愿节衣缩食，用省下来的钱买喜欢看的书；有的人则购买邮票，这就是爱好购买动机的实例。

8．平等消费动机

平等消费动机是一种以要求得到售货员或他人尊重为主导倾向的消费动机。其核心是“平等”和“友好”。这类消费者以他乡来客、异国宾朋和地位不高的人为多。比如，他乡来客和异国宾朋由于语言和情感交流不便，稍不注意就会引起误会，他们希望能够得到售货员的欢迎和热情接待；农民消费者进城，由于文化水平的限制，对所购商品可能表达不好，更需要售货员的尊重。具有这种消费动机的人，由购买时的某种刺激(如受到冷遇或他人嘲讽等)，很可能变成冲动式购买或被迫购买。“自尊之心，人皆有之”，在消费行为上也同样如此。

9．隐蔽消费动机

隐蔽消费动机是一种想隐蔽其消费心理而不愿为他人所知的消费动机。其核心是“秘密”。这种动机在消费活动中，常常是左顾右盼，不愿当众成交，一旦他选中了某件商品且周围无他人观看时便迅速成交。这类动机在一些健全的有钱人中较为常见。例如，一对农村情侣在选购商品时，看中一件万元的首饰但不愿当众成交，其原因是怕别人怀疑其钱来路不明，甚至担心会遇到歹徒跟踪而惹出不必要的麻烦。具有这类动机的消费者通常希望得到售货员的帮助。

4.1.4　消费者的现代购买动机

改革开放以来，受到发达国家消费的示范效应影响，国内消费者的购买动机也带有某些西方的色彩，其中优越欲、同步欲和换购欲是三种主要的现代购买动机。

1．优越欲

优越欲亦称炫耀欲，即在购买商品时要显示出比别人优越的欲望，也就是说，在一种努力维护和提高自我观念的动机作用下购买商品，这主要表现在抢先购进最好的耐用消费品，如购进价格昂贵的大画面超薄型彩色电视机、摄像机、家庭影院设备、中央空调装置等时髦高档商品。这时，消费者的购买动机除了要使用这些商品的功能以外，还存在更深层次的购买动机，如炫耀于人前，显示自己的地位优越等。人们购买高档昂贵的商品，除了满足使用价值以外，还有一种心理上的满足，即显示他的令人羡慕的经济实力和高雅的生活格调。因此，高档商品有两重身份：既有物理特性的使用价值，又有象征意义的心理价值。

在现代社会，不管个人有没有意识到，人们的购买动机越来越多地渗透了商品的心理成分，也就是为商品的心理功能而购买。商品的心理功能就是指通过某件具体商品，可以炫耀出这件商品的持有人的社会地位、经济地位、生活格调、个人修养等个人的特点和品质。商品之所以有心理功能，是因为在社会活动中，某种商品总是和某种人发生一定的关系，比如，高级小轿车总是和高级领导人或腰缠万贯的富豪、著名影星歌星联系在一起，钢琴总是和体面且有教养的家庭联系在一起，眼镜总是和知识分子联系在一起，等等。这种联系会形成一种社会刻板印象，使人们的消费观念对某些商品形成固有的象征性形象。比如，高级小轿车象征着“权势”“财富”，钢琴象征着“高雅品位”和“体面人家”，眼镜和巨著则象征着“学问精深”。消费者都有一种努力维护自我、表现自我的心理倾向，假如一个人意识到他在某方面有所欠缺，那么，他就很可能通过对某种商品(具有心理价值的)的购买来弥补这一缺陷。比如，有些人经济条件较差，为了避免被人瞧不起，他们就硬是买些时髦、昂贵的衣服来装饰自己；有些青年人考不上大学，就买一副平光眼镜戴上；社会地位不高的人往往热衷于穿金戴银，在物质生活方面比高低；而功成名就的专家学者、德高望重的名人政要，则往往生活简朴，少欲寡求。现代中国消费者对商品的心理价值和象征性的含义越来越重视。炫耀欲作为追求商品心理价值的现代消费动机，应当成为产品设计人员和商品推销人员的重要市场信息，以便研究对策、开发新品、促进销售。

2．同步欲

同步欲亦称同调性，这是一种比较普遍的心理现象，它是人们“从众心理”在购买动机上的反映，主要表现在人们购买耐用消费品方面和别人保持同一步调。社会风气和群体行为对购买者会产生一种驱动力，使他渴望购进别人已经拥有的同类产品。

同调性还反映在消费者的“恐后”心理上，担心落后于时代、不合潮流，担心别人说自己没眼力，担心别人捷足先登，担心失去机会，等等。在购买行为前后，这是一种很普遍的心态。西方一些经济学家认为，消费已被一些人看成有助于消除社会差别和歧视的手段，消费的同步欲加速这种消除的进程。塑料或镀金、包金的珠宝首饰的生产和化妆品的推广，使得低收入妇女在打扮上与贵妇人看上去一样光鲜亮丽。这种“显示平等”“缩小差距”“互相攀比”的心理就产生了中国消费市场的同调性，这也是电视机、洗衣机、电冰箱、空调的普及率会迅速提高，经济学权威部门的市场预测结果大大偏高的重要原因之一。

3．换购欲

换购欲也称“更新欲”，即在原有商品的使用状况尚且良好的情况下，就另买新的，或卖旧换新。这在现代社会的消费者中已是常见现象，尤其在西方发达国家更为突出。比如，日本家庭使用不足 5 年的电冰箱，约有 27%的要更新；在美国，民用小汽车的更新就更为频繁。改革开放之后，人们的经济收入大幅增加，为消费者更新换代自己的耐用消费品创造了条件。有一部分消费者“换购欲”比较明显，他们企图不断地及时更新自己的耐用消费品，以保证家庭生活时髦，显示优越于他人的地位。即使做不到这一点，他们也希望能跟上时代的步伐。虽然不同收入水平的消费者“换购欲”的强度有所不同，但普遍对新产品还是持肯定态度。因为新产品款式要新些，性能要好些。

另外，我国传统的节俭民风和长于计划的消费观念对“换购欲”还是有抑制作用的。随着市场经济的进一步发展，人们的消费观念的更新，“换购欲”的强度也会上升。我们产品设计人员应当认真研究现代消费动机，研究消费者的“换购欲”，这对把握市场动态，预测产品趋势，制订生产计划将会起到重要的作用。

4.2　消费者的动机冲突

消费者往往同时具有多种动机，并且在许多场合，这些动机同时起作用，各种动机并不协调，动机冲突是难免的。数不清的产品、服务和活动不断地展现在我们面前，诱使我们去消费。可是由于时间、金钱及精力的限制，我们不能随意地去消费。学习的动机与娱乐的动机、耗费的动机与节约的动机、奋斗的动机与舒适的动机往往发生冲突。比如，为了减肥，就要放弃一些美食；为了强健，就要放弃一些闲暇；为了某个名牌，就要放弃其他名牌；等等。

所谓动机冲突，是指在个体活动中经常同时产生两个或两个以上的动机，如果这些并存的动机无法同时满足，而是相互对立或排斥，其中某一个动机满足，而其他动机受到阻碍时所产生的难以作出抉择的心理状态。消费动机冲突是消费者在采取购买行为前发生的动机冲突，表现为几个相互矛盾的消费动机发生斗争，斗争的结果将决定购买何种商品，是买这种牌号还是买那种牌号的商品，是去看戏还是去看电影，旅游是乘火车还是乘飞机，等等。可见，消费者的动机冲突表现类型是多种多样的，但其主要有三种形式，即双趋动机冲突、双避动机冲突和趋避动机冲突。

4.2.1　双趋动机冲突

双趋动机冲突即“接近-接近型”动机冲突，这类冲突是指消费者个人具有两种以上都倾向购买目标而产生的动机冲突，是“接近-接近型”的。当消费者面临两个以上都想满足，都具有吸引力的可行性方案，并且要从中进行选择时，这时的心理冲突最厉害。在购买冰箱时，三种牌号的电冰箱都是通过ISO 9001质量认证的，价格也相差无几，消费者也确实急需一台，但是究竟购买哪一台，发生了吸引力均等的冲突。要解决消费者的动机冲突，诱导消费者购买本产品，必须寻找本品牌的与众不同之处并加以广告定位，突出个性，打破均势，强化本产品的吸引力。比如，上海电冰箱厂的“上菱冰箱”广告语“无霜加省电”，上菱冰箱唯一不能回答的问题是“什么是霜”，从而引发消费者的极大关注。

生活中常会碰到不同消费内容的动机冲突。比如，年终得到了一笔不菲的奖金，同时存款也到期了，可供支配的资金比较集中，如何使用？是购买大彩电或摄像机或再储蓄(可能是享受动机驱使，也可能是保值动机驱使)，还是购置一套新家具使室内具有现代格调(可能是自我表现的动机)，消费者对这两种选择也会举棋不定。对这类动机冲突，可以通过改变营销方法及适时的广告来解决。比如提出“先买冰箱后付钱”，分期付款，使这两种抉择均得到满足。

在国外，为了保障产品的优势，使消费者在激烈的市场竞争中识别本产品，当消费者发生动机冲突时能倾向购买本产品，厂商和设计师经常发生“广告大战”。

4.2.2 双避动机冲突

双避动机冲突即“回避-回避型”动机冲突，这类冲突是指个人面对两个以上想避免的目标而产生的动机冲突，比如，消费者在不耐烦的售货员手中买下了高档的电脑，回家后发现质量和性能有问题，想要退货。但是一想到退货时营业员会发脾气不予退货，就会产生胆怯心理。同时，消费者又不愿蒙受经济损失，夹在两个都想避开的可能之间，处于进退两难、难以选择的境地，这时，消费者只得避开其中一个不愉快较强的可能来解决这种冲突。如果消费者认为碰上营业员的不友好面孔更难受，那么他就会忍气吞声蒙受损失；而另一个消费者认为经济损失更难受，他就会冒着同营业员吵闹的风险要求退货。当然，解决这类冲突，消费者的苦恼是很大的，为了保护消费者的利益，商业部门要加强进货管理，清除伪劣商品，改善服务态度。同时，消费者也要敢于保护自身权益，追究不合格商品的责任。另外，消费者也会遇到另一种双避动机冲突。

一个消费者面临两种不称心的选择，既不想失去享受或消费，又不想付出比较多的代价，因此，部分消费者喜欢“廉价品”，就是这种心态的反映。这种动机冲突，就像学生临考之前“既不想用功，又不想落考”的心理一样。目前，消费者家中有的洗衣机、电视机有些过时，心中不免产生双避动机冲突，既不想花较多的钱，又不愿没有新的。对此，营销者也可以用改变营销方法和变换广告宣传来解决。比如，小天鹅集团的“小天鹅”系列洗衣机推出“以旧换新”的营销策略，以平息消费者心中的两难冲突，达到促销的目的。上海、无锡等地开展“有奖竞猜活动”使销售量大增，也是针对消费者的双避动机冲突而采取的一种新的营销措施。

4.2.3 趋避动机冲突

趋避动机冲突即“接近-回避型”动机冲突，这类冲突指个人面临目标在想趋近的同时，又想避开而造成的动机冲突。消费者面临既可能引起愉快，又可能引起不愉快的商品时，就发生趋避动机冲突，比如，某种商品质量好价格高，这时消费者想买，又嫌价格太贵，尤其对一些服装的选购，觉得“看上眼的买不起，买得起的又看不上眼”。趋避动机冲突在消费者购买行为中较为普遍。在这种情况下，一个消费者碰到的问题是：购买某一种产品，既有积极的后果，也有消极的后果。比如，有的人喜欢吃甜食，又怕发胖，或担心加重糖尿病；有的人喜欢抽烟，但无法排除烟焦油对身体的妨碍；有的人喜欢看电视，又担心受射线影响，视力受损；使用微波炉方便，又怕微波泄漏变成慢性自杀。对于此类动机冲突，产品设计者应从以下两方面来改进。

1．改进产品本身的功能

如针对有的人喜欢喝啤酒又担心发胖，可以开发一种低热量的啤酒，在某种程度上减少这类冲突。这样，那些对体重特别敏感的啤酒爱好者，既可以痛饮啤酒，又可以防止摄入过多的热量。无糖甜食、低焦油卷烟、无泄漏微波炉等，也是这类产品设计的方向。

2．改变广告的主题设计

采用醒目的标志明确提示“无糖”“无盐”“低焦油”“无泄漏”等，与消费者的动机冲突点相对应，使矛盾的动机冲突得以平衡协调，有利于消费者解决趋避动机冲突。动机之间的冲突以何种方式、何种结果加以解决，经常会影响消费者的消费方式和消费内容的取舍，进而决定企业和产品的命运。作为产品设计人员，应当了解消费者的动机冲突，分析冲突类型，提供一些“好的”解决方法，从而打破动机冲突的僵局，引导消费者使用推荐的产品，从而使产品在激烈的市场竞争中立于不败之地。

心理学家马奇和西蒙(March & Simon)曾经将动机冲突过程用于描述消费者面对几种可供选择的商品，必须作出选择决定时的情况。

第一种可能是“不能确定”，消费者对购买情况缺乏充分的信息，感到难以评价自己的选择，这时，提供消费者所需要的信息，可以帮助消费者作出明智的选择，从而促成购买行为。

第二种可能是“不能比较”，即在所提供的信息中，所有商品的质量及适用性相当，因而难以抉择。在这种情况下，广告和其他销售宣传对消费者的行为会有很大影响。

第三种可能是“不能接受”，即消费者认为所提供的商品中没有一种可以接受，因而拒绝购买，这时消费者的需要未得到满足，他可能转而采取别的行为，如光顾其他商店，寻找同样的商品进行比较，比较之后，消费者仍有可能购买原先拒绝的商品。在这三种可能中，适当的设计宣传可以在很大程度上影响消费者的购买行为。

4.3　影响消费者购买动机的因素

影响消费者购买动机的因素有很多，最主要的有两个：一是来自购买的外部因素，如政治经济环境、人文地理环境、居住生活环境等；二是来自购买产品本身的内部因素，如产品的品质、功能、造型、规格、包装、商标、广告、保修以及价格等。

4.3.1 影响消费者购买动机的外部因素

购买动机对于消费行为的发生，具有重要的意义。我们发现，有些消费者尽管动机较强，但仍然不会导致购买行为的发生，或者导致购买行为的转向，这往往是影响消费者购买动机的外部因素所致。

1．政治经济因素

政治上改革开放，经济上繁荣昌盛，势必提高人们的生活水平，增加了购买力，使消费者的购买行为异常活跃，改革大潮触动了方方面面，人们最易接受的触动就是生活方式的改变，家庭生活自动化、电气化，吃讲营养、穿讲漂亮、用讲高档的消费观念成为更多人的共识。

2．人文环境因素

中国有崇尚节俭的民风，国家也提倡“少花钱多办事”，因此一些享受类产品的购买动机就要被限制。比如，有些收入颇丰的个体户，想买一块永不磨损的雷达表，以显示自己的经济实力和地位，但当地人并不羡慕和稀罕这种名表。他就可能表现得谨慎起来，暂时取消购买动机。对于不带防污气装置的摩托车和助力车，人们虽然也认为这是“污染环境的产品”，但是这类产品价格低于环保型车，消费者购买代步车时，还是选择这些摩托车和助力车，而不去买配有防污设备和有相关汽油的车，因此购买这些产品的心理就十分微妙，政府考虑到环保标准的落实，采取污染源材质的控制措施，用宏观政策的制约来促成环保产品的销售。消费者的环保觉悟和自我约束不会自动生成，要靠全社会宣传、教育的力度。这就需要设计师既有生态设计的产品，又有生态设计意识的广告，创造一种有环保意识的绿色人文环境。

3．居住环境因素

改革开放使人们的居住条件也发生了巨大改善，人们纷纷搬进新居，不仅新婚夫妇要购买各种新的生活用品，就是中老年人乔迁之喜也要更新家具、日用品之类的东西。生活环境的改善使许多传统产品的购买力下降，甚至处于被淘汰的境地，即使是名牌产品也不例外，比如，上海钟厂的“三五”牌时钟是我国最早的名牌时钟之一，创立于 1940 年，迄今已有 80 多年历史，但近年来其销售频出问题。经过分析，原来是消费者家庭居室条件变化引起的。20 世纪六七十年代，家庭居室小，经济收入低，消费以实用为主，五斗橱上没什么可放，放个“三五”牌木台钟，十分合适。如今，家庭居室空间扩大，画墙线的普遍采用，为时钟挂到墙创造了条件，石英挂钟应运而生，成为“三五”牌木台钟的强劲对手。近年来，画墙线又上升到天花板的边缘，连石英钟也有失去“立足之地”的危险，就必须更新钟的品种和款式，这就是目前出现的钟的艺术化、装饰化，以及针的细分化、微型化，钟与家用电器或家具组合的工业设计的产生。

4．广告定位因素

在选择广告定位时，我们应该充分了解消费者的心理活动，创造消费条件，尽可能强化那些能够维持加强消费动机的外部环境，尽可能避开妨碍或削弱购买动机的因素。比如，美国米勒酿酒公司原先给本公司的米勒“Highlife”啤酒的广告定位是“一种乡村俱乐部的产品”，可是后来发现在乡村俱乐部这种上流社会人士聚会的地方，啤酒的消耗量并不大。在英国，80%的啤酒是由 30%的饮酒者消费的，年龄分布在 18～34 岁，主要是蓝领工人、大专学生等。于是，米勒公司适时调整了广告主题，定位是“米勒时间”，即在完成一天紧张工作或学习之后，用米勒“High1ife”牌啤酒来奖赏自己一番。喝米勒啤酒就是为了享有“米勒时间”。这样的广告定位，强化了更多人购买米勒啤酒的动机，使米勒啤酒在美国畅销，十年不衰。

5．地理区域因素

某些产品具有区域性，不同地区的消费者，其购买动机不同，动机的强度也不同。前些年，曾发生电磁灶的“广告大战”，各种型号的电磁灶一哄而上。实际上，电磁灶的市场并没有那么大，电磁灶与一般炉子相比，的确有许多优点，没有明火，没有烟，生热快等，一部分消费者可能对此产生兴趣以至于形成购买动机。但是，一些低阶层的人则想，电磁灶每台售价 500 多元，买一台“炉子”，是否具有这种紧迫性？在什么区域、什么环境下才具有这种购买动机，才会发生购买电磁灶的行为？通过市场调查发现，在没有煤气灶，甚至连买煤球、煤饼也困难的地区，消费者才会萌发购买电磁灶的消费动机。于是“双圈”电磁灶就打出了“何必忙得团团转，没有煤气有双圈，双圈电磁灶就是方便”的广告主题，这样有针对性的宣传，使“双圈”牌电磁灶找到了目标市场，打开了销路。

6．购物环境因素

营业员的服务态度，商店橱窗、柜台的布置，营业大厅内的设施，等等，都会影响消费动机。比如，要把老年市场搞活，诱发老年消费者的购买动机，就必须改善服务态度。老年人购物喜欢多问，如果营业员能耐心地回答，便很容易做成生意，但不少售货员嫌老年消费者啰唆、动作太慢，几张钞票数来数去，就会不耐烦，这种态度影响老年人的购买动机。另外，老年人体力不支，很难适应拥挤、嘈杂的购物环境，希望在选购商品过程中，能够不时地坐下来休息。如果商店能够为老年消费者准备一些可供休息的简单设施，那么老年人的购买行为是会增加频次的。

4.3.2 影响消费者购买动机的内部因素

影响消费者购买动机的因素除了外部因素，产品本身的内部因素也有重要的作用。消费者非常重视产品本身的品质、功能、造型、规格、包装、商标、广告、保修以及价格等内部因素。

1．产品的品质

产品的品质是构成购买动机非常重要的因素。比如，电视机的图像清晰，电冰箱的制冷、省电和低噪声，钟表走时准确，等等。

2．产品的功能

产品的功能指产品的效用。一是要耐用，二是要多功能。比如，旅游鞋的设计，既要耐穿耐磨，又要晴雨两用，还要平地和登山两用。因为功能越多，越能满足消费者多方面的需求。

3．产品的造型

产品的造型指产品的图案和美术设计。比如，电视机的外观要好看，不仅可以收看电视节目，也可作家具摆设之用，以增加华美的形象。

4．产品的规格

产品的大小、重量也是构成购买动机的重要因素。比如，商品是否放得进手提包或口袋，使用时其重量是否适宜，能否便于携带，等等，都会影响消费者的购买动机。又如，市场上销售的便携式的小收音机、小录音机，由于其体积只比烟盒稍大且重量轻，因此很受消费者的欢迎。

5．产品的包装

包装是无声的“宣传员”。美国曾经做过实验，将品质相同的洗衣粉以不同的彩色分别包装，然后让家庭妇女比较，从中调查其对洗衣粉的评价。结果对青色和黄色组合包装的洗衣粉她们认为“洗净效果甚佳”，而用红色和黄色组合包装的其却认为“会损伤布料”。所以，包装色彩对产品的评价具有很大的影响。

6．产品的商标

产品的商标与购买动机也有密切关系。许多惠顾型的消费者在购买商品时，认准商标和品牌就买，比如，“捷安特”自行车，“格力”“美的”空调等名牌优质产品就很受消费者欢迎。

7．产品的广告

广告不仅是传播产品信息的工具，也是刺激消费者购买产品的诱因。在现代市场营销中，广告的作用日趋重要。广告的设计应当把握消费者的购买动机，只有有针对性地宣传，才能收到较好的促销效果。消费者的购买动机是很复杂的，但只要细心观察，认真分析，就能把握。比如，国外对女性化妆的动机分析十分仔细，甚至罗列出上百个消费理由，其中主要有以下几种。

化妆是一种乐趣，化妆时比不化妆时心情愉快，化妆能调节个人的生活，化妆对女人来说是为了增加魅力，化妆是为了引起男性的注意，化妆可以使本人比别人更具风采，化妆是女性的修饰和爱好，化妆是社交的一种礼节，由于希望与其他人一样漂亮而化妆，化妆是一种习惯，化妆可以显示出一个人的个性，化妆能突出自己的优点，通过化妆可以显示个人的风度和气质。因此，化妆品的广告宣传可以针对以上各种动机进行设计和策划。

8．产品的保修

购买各种家用电器或日用品之后，在使用阶段发生故障时，给予一定时期的保修或保用，使消费者放心，也是形成购买动机的因素之一。比如，现在许多厂商销售电视机、冰箱等如果写上保修3年或5年以上，消费者就愿意购买，而有的商品保修期短就不好销售。因为有了保修，消费者购买后不会失去其使用价值，解除了消费者的后顾之忧。

9．产品的价格

一般产品的质量和价格是影响购买动机的两个重要因素，价格的影响因素除了价值规律外，还有心理规律。比如，有些质量相似的商品，只是由于装潢外观不同、价格差别大，消费者宁愿购买高价商品；而对于一些处理品、清仓品、出口转内销品，削价幅度愈大，消费者的疑惑心理会愈严重，愈加不敢问津。这主要是消费者根据经验把价格同商品质量挂钩，往往把价格高低作为衡量产品质量的标准，从价格上来判断商品的优劣。常言道，"一分钱一分货""便宜无好货"，便是这种消费心理的生动反映，从前所谓"愈便宜的东西愈能销售"的观念，不一定适用于任何商品，对于日常生活的必需品，"便宜"的因素会构成消费者购买动机，但高档耐用商品在同类产品中，若价格不同，消费者宁愿多花钱买好点的。一些顾客愿意买进口的，选购比较贵的、质量有保证的产品，这是因为高档商品使用时间长，只要质量好就行了。

研究消费者的购买动机很困难，一是因为消费者虽然知道自己的动机，但不愿向别人讲明；二是消费者本人可能也不清楚自己的购买动机。因为人的购买动机是一个复杂的动机体系，有生理学的、生物学的、社会学的，有艺术的、经济的、伦理的、政治的等因素；有时是以意识状态表现，有时则是潜意识的，有时又是多种动机交织在一起。例如，一位青年女性购买花衬衫时，既可能是为了增加自己青春的风采，也可能是希望引起周围朋友的羡慕，甚至为了引起异性朋友的好感。总之，分析消费者的购买动机是一件既复杂又重要的工作。购买动机往往和购买理由是同步的，我们采集CSI数据的首要工作是罗列消费者的购买理由，而且运用"头脑风暴法"去设计某种产品的CSI问卷。问卷的项目内容，绝大多数是消费动机和消费理由，然后配上态度指数的计分尺度作为问卷的答案，让消费者表态。回收问卷后，我们就可以分析消费心理趋势。设计师所关注的产品CSI状况，是用来导向设计的，具体细化的程序将在第5章讨论。

本章小结

通过本章的学习，我们了解了有关消费者动机的相关因素。分析了消费者动机的内容，学习了消费者自身的冲突心理以及影响消费者购买动机的内部、外部因素。这些内容都会帮助我们分析消费者的购买心理，以便更加了解消费者付费购买产品及服务的因素。对消费心理的掌握，为我们的产品设计提供了有力支持。

1. 消费者的具体购买动机是什么？
2. 消费者的现代购买动机是什么？
3. 消费者的动机冲突类型有哪些？
4. 根据动机与行为的关系，分析消费者购买动机的实态。
5. 分析消费者的动机类型与设计的关系。

第5章

设计与消费者的态度

本章导读

消费者对产品与服务的态度，是决定消费者购买意图和行为的重要因素。研究表明，对商品的态度是预测购买情况的有力因素，也是市场心理调查的有效手段，对产品抱有肯定态度的消费者，具有明确的购买意图；而对产品抱有否定态度的消费者，则完全没有购买意图。产品的设计者和生产者必须了解消费者的态度。

5.1 消费者的态度分析

消费者的态度是指消费者对客体、属性和利益的情感反应，即消费者对某件商品、品牌或公司经由学习而有一致的喜欢或不喜欢的反应倾向。人们几乎对所有事物都持有态度，这种态度不是与生俱来的，而是后天的。比如，我们对某人形成好感，可能是由于他或她外貌上的突出，也可能是由于其言谈举止的得体、知识的渊博、人格的高尚。不管出自何种缘由，这种好感都是通过接触、观察、了解逐步形成的，而不是天生固有的。态度一经形成，就具有相对持久性和稳定性的特点，并逐步成为个性的一部分，使个体在反应模式上表现出一定的规则性和习惯性。在这一点上，态度和情绪有很大的区别，后者常常具有情境性，伴随某种情境的消失，情绪也会随之减弱或消失。正因为态度所呈现的持久性、稳定性和一致性，使态度改变具有较大的困难。

5.1.1 态度的概念

态度是指个人对某一对象所持有的评价与行为倾向。态度的对象是多方面的，有人、事件、物、团体、制度以及代表具体事物的观念等。消费者的态度就是指消费者在购买活动中，对所涉及的有关人、物、群体、观念等方面所持有的评价和行为倾向，比如，消费者对某些产品是否喜欢，对宣传产品的广告是否相信，对推销产品的营业员服务是否满意，等等。

人们对一个对象会作出赞成或反对、肯定或否定的评价，同时还会表现出一种反应的倾向性，这在心理学上称为定式作用，即心理活动的准备状态。因此，一个人的态度不同，也就会影响到他看到、听到、想到、做到什么事时的反应，从而产生明显的个体差异。由此可见，一个人的态度会对他的行为具有指导性和动力性的影响。若想使消费者产生购买该产品的消费行为，必须造就消费者对该产品购买的定式，也就是创设条件使消费者对该产品有好感的心理准备状态，那么指导消费也就水到渠成。这里创设条件的内容，包括产品设计、广告设计、包装装潢设计等方面的工作。

5.1.2 态度的成分

心理学家罗森伯格(M. J. Rosenberg)提出的态度三要素说，是影响较大的态度学说，“三要素说”的主要观点是，态度是按照一定的方式对特定对象的预先反应倾向。这种预先反应倾向由三种要素构成：认知、情感和行为。态度是刺激(态度的对象)与反应(生理的、心理的、行为的反应)之间的中介变量，刺激和反应分别为可测的独立变量和从属变量，如图 5-1 所示。

态度结构图是通过刺激、态度、反应三者之间的关系来说明的，态度是刺激与反应的中介因素，“三要素说”明确了三个变量及其相互关系，有利于态度的测量和态度控制的研究。刺激和反应都是可观察、可测定的。因此，态度这个中介变量，可以通过对刺激和反应这两个变量的测定，分析它的状态、变化等。我们可以利用态度研究的可操作性对消费者的态度进行定量分析，从而提高市场调查和市场预测的科学水平。

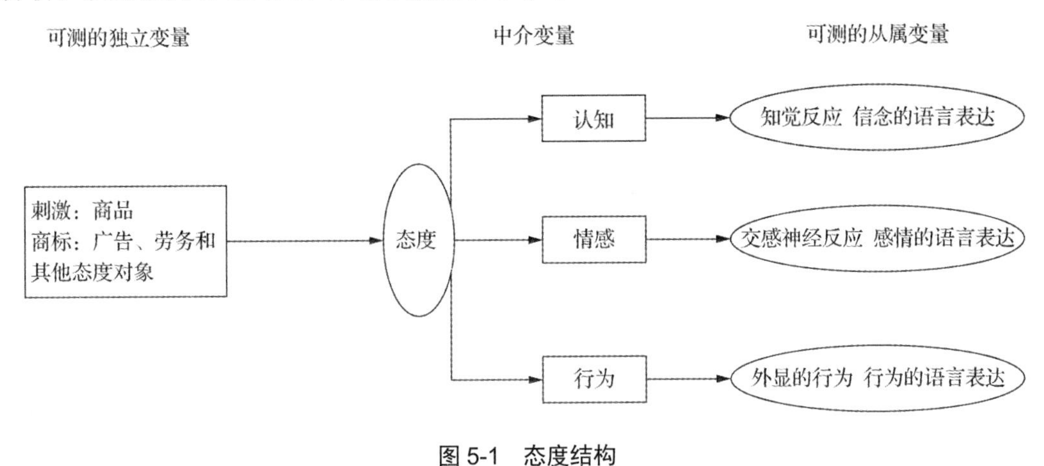

图 5-1　态度结构

消费者的态度成分，包括消费者的认知、情感和购买行为。比如，消费者对广告的态度，是个综合的表现。首先，对广告作用的认识和理解，若是相信的，就把它作为消费的指南；其次，在情感上表现为乐意收看各类媒体的商品广告；最后，才会产生在广告的驱动下的购买行为。我们要研究消费者对广告媒体的态度，就要通过测定消费者对各类广告媒体的认知程度，如消费者对报纸、杂志、广播、电视等各类广告媒体的收视率的比较，加上消费者对各类广告媒体的喜爱程度，如消费者收看四大媒体广告的时间长短对比，最后测定消费者由广告驱动而产生的购买行为指标，即消费者购买各类商品的人数比较和满意度状况。整合态度的三成分内容以说明消费者对某种广告媒体的态度的实况规律，可以为广告策划中的媒体选择提供科学的参数。

5.1.3　态度的性质

态度具有以下几方面的性质。

1．态度不是先天遗传的，而是后天培养的

态度不是本能行为，虽然本能行为也具有倾向性，但本能是生来具有的，而所有的态度是学来的，比如，消费中的节俭和铺张浪费都是后天习得的。

2．态度必须有一个特定的对象

态度必须有一个特定的对象，此对象可能是具体的，也可能是状态的或观念的。比如，消费者对广告的态度，对有奖销售的态度，以及对新的消费观念的态度，等等。

3．态度具有相对的持久性

态度形成的过程需要相当一段时间，而一旦形成又是比较持久的、稳固的。如果消费者在某种产品广告的驱动下购买了该产品，使用后满意，消费者会保持相当长的印象，产生相信广告认牌购买的结果；反之，将产生“一朝被蛇咬，十年怕井绳”的否定态度，而且改变这种态度是很困难的。因此，广告的创意设计的难点之一就是如何改变大众的态度。

4．态度是一种内在心理结构

态度是个体的内在的心理过程，它不能直接观察，但可以从个体的思想表现、言语论述、行为活动中加以推断。态度是一种行为趋势，这种行为趋势是由认知、情感、意向三元素表征的。就同一态度而言，认知、情感、行为三种成分之间是协调一致的，而不是相互矛盾的。比如，某种彩色电视机，消费者如果认为它质优、价格合理(认知成分)，则怀有好感(情感成分)，并着手购买或意向购买它(行为倾向)；反之，消费者若认为它质劣、价高，则对它没有好感，也就不可能有购买行为的发生。

5．态度的核心是价值

态度来自价值，人们对某个事物所具有的态度取决于该事物对人们的意义，也就是事物所具有的价值大小。事物的主要价值，西方学者认为有六类：理论的价值；实用的价值；美的价值；社会的价值；权力的价值；宗教的价值。

消费品具有各种价值，消费者根据自己的需要和价值观来选购商品。当然，同一消费品也有不同价值类型，比如服装有各种款式、档次：认为服装具有遮体御寒的实用价值，那么就有一般性日用服装；认为服装是表示身份、地位，包括政治地位和经济地位，那么服装就有威望和权力的价值；认为服装是修饰自己，体现风度的，那么服装就有美的价值；认为服装是访亲拜友时表示友好、尊重的态度，则体现服装的社会价值。人们的价值观不同，对于同一件事情就会产生不同的态度。对于同一类商品，消费者的价值观有差异，对商品的价值取向也就各异，对产品的态度也就不同，这就给产品设计人员以有益的启示：新产品开发的方向是消费者的态度取向和价值取向。

6．态度的一元化

态度的一元化表现为从肯定到否定、从正到负的连续状态；态度的变化也沿着这种从正到负的链条进行。态度的这种一元连续状态，可以观察和测定，为可操作性的研究态度提供了方便。实际研究中的态度测量和态度问卷就是根据态度的这个性质制定的，比如，我们研究消费者对各种广告媒体的态度，就可以用五分法或七分法测定态度值，在七分法中用+3，+2，+1，0，−1，−2、−3或者(7，6，5，4，3，2，1)分别表示最喜欢、喜欢、较喜欢、无所谓、较不喜欢、不喜欢、最不喜欢七种态度值。

7．态度具有时变性

尽管态度具有相对的稳定性，但它并非一成不变，人们可以运用各种手段和策略来对个体施加影响，促使他改变态度。广告设计、造型设计、包装设计、色彩设计等均可以成为态度转变的诱因，而如何提高诱因的刺激强度、可接受度、亲和度等，则是设计心理学研究的重要方面。

5.1.4 态度的理论

有关态度理论的研究，除了罗森伯格的态度三要素理论以外，比较著名的理论还有认知失调理论和自我觉知理论。

1．认知失调理论

20 世纪 50 年代末期，美国著名社会心理学家里昂·菲斯廷格(Leon Festinger)提出了“认知失调理论”(Cognitive Dissonance Theory)，借以说明态度与行为的关系。所谓失调，就是指“不一致”，而认知失调是指个体认识到自己的态度之间或者态度与行为之间存在着矛盾。菲斯廷格指出，任何形式的不一致都会导致心理上的不适感，这促使当事人去尝试消除存在的失调，从而消除不适感。换言之，个体被假设会自动地设法使认知失调的状态降到最低的程度。毋庸置疑，人总会在此一时或彼一时，有此一种或彼一种认知失调，无人可以幸免。你明明不喜欢上司却要对他毕恭毕敬；你并不喜欢某种产品，却要为企业向别人推销它；你明知应该依法申报、缴纳所得税，却想从中做些手脚；你对自己的孩子提出种种要求、规范，可自己却不能以身作则。像这样的认知失调，还可以举出许多。人们应该怎样应付自己心理上的不平衡呢？菲斯廷格认为，人们想消除认知失调的愿望是否强烈，取决于以下三个因素。

(1) 造成失调的重要性。如果失调的现状无足轻重，人们往往不会在乎。但若造成失调的因素非常重要，比如，“汉斯是否该为救他的妻子的性命而去偷药”，道德压力就迫使他必须解决这一失调，要么不救人，要么不顾法律，要么找一种合理的解释，即认为为救人而触犯法律不算什么，以便为自己开脱。当广告创意围绕认知失调进行分析，并将影响因素进行排序时，影响力大的，其说服力也大。

(2) 当事人认为自己影响、应付失调的能力有多大。如果人们自认为无能为力，造成失调的原因在于外部环境及上级命令或规定，正好可以把行为做外部归因，从而减轻自己对失调所负的责任。比如，由于对某种高档家电使用不当，造成的产品故障，消费者往往会归因到厂家的产品质量不好(其实也有设计非人性化因素)，以减少自己的责任而达到认知平衡。

(3) 因失调而可能得到的报偿有多大。如果陷入失调，但由此获得的报偿或收益很大，那么可以产生一种平衡，认知失调造成的压力也就不会过于大。实际上，高报偿本身就是一种合理化理由，一种强有力的平衡剂，足以矫正认知失调的不一致性。重赏之下必有勇夫，就是这个道理。在消费行为中的风险消费，比如投资、买保险等，都是消费者考虑高回报所做出的决策。

上述三个因素使认知失调下的行为变得相当复杂。有认知失调并不意味着一定要采取行为恢复平衡，而认知失调理论的价值就在于帮助人们预测改变其态度和行为的倾向性究竟有多大。尽管具体情形会是很复杂的，但至少可以肯定，认知失调越大，压力就越大，想消除不平衡的欲念就越强。设计师应当充分利用认知失调理论，创设失调空间(造型、包装、色彩、广告等)，并着意诱导消费者，按设计意图消除不平衡感，最终达到“产消双赢”的设计目的。

2．自我觉知理论

传统的理论是“态度行为”模式的，试图说明态度对行为的影响，但正如前文的讨论，除非考虑其他中介因素，否则态度对行为的决定关系并不明朗。这激发了学者探究是否存在相反的关系，即行为决定了态度，这种理论是“行为态度”模式。自我觉知理论(Self-Perception Theory)正是在这一背景下提出来的。

自我觉知理论得出了这样的事实：当人们被问及对某事物的态度时，人们实际上是先回忆针对此事物的行为，然后根据这一行为推导出自己的态度。比如，若问某人是否喜欢某产品，他说：“这一产品我用了几十年，自然是喜欢的。”或者一个人也可能干脆会说：“我一直在用这一产品。”回答是针对行为的，但言外之意是持肯定的态度。实际上，如果把态度与具体行为相剥离，人们往往会说不出持某种态度的原因。比如，若问一个喜欢看电视的人为什么喜欢看电视，他可能说不清原因，只会回答：“就是喜欢嘛，我天天都要看。”显然，这是在用行为注释态度的原因，因此自我觉知理论认为，在有了事实之后，态度是用来使自己的过去行为合理化，而不是用来指引未来的行为。

自我觉知理论得到了许多证实。与传统模式相比，这种“行为态度”模式揭示了另一个方向上的作用关系，行为反而是先在的决定者。这听起来和习惯认识相悖，但它反映了这样的心理事实：人们擅长为过去的行为寻找合理化的说明，却不擅长去从事已有良好理由的行为。这在消费行为中，表现为人们对老产品的习惯性购买，而对新产品的自我觉知的抵触。美国可口可乐改变口味遭到反对，就是这方面的案例。这种现象具有双重意义：其一，提示对老产品的忠诚度(种子消费者和惠顾消费者)；其二，提示对新产品拓展的难度(消费观念、深层购买动机方面的问题)，这在新产品开发和营销设计上有着重要的参考价值。

5.2 消费者的态度形成

态度不是先天就有的，而是在后天的生活环境中通过学习而形成的。消费者对产品的态度，消费者对广告的态度，也不是先天具有的，而是在消费过程中形成的。影响消费者态度形成的因素是多方面的，既有来自消费者本身的差异，也有外部环境的作用。

5.2.1 影响消费者态度形成的内部因素

1．消费者的需求

消费者对能满足自己需求的对象，或能帮助自己达到目标的对象都会产生好感，形成肯定的态度；而对阻碍达到目标或引起挫折的对象，则会产生厌恶的态度。也就是说，欲望的满足与消费者的肯定态度相联结；反之，则与否定态度相联结。消费者的态度是在购买活动中习得的，消费者购买了货真价实的商品且售后服务是满意的，消费者对该商品就形成肯定态度；若买了伪劣商品或所买商品不能满足消费者的需求，则消费者对该商品就形成否定态度。要使消费者对某一产品持肯定态度，我们要做的重要工作之一就是宣传新产品的消费理由，以便使消费者对该新产品产生需求和欲望，我们的广告设计可以提出消费新需求，输送消费新观念，为消费者考虑，使消费者认识到购买新产品的必要性，从而产生喜欢新产品的态度。比如，广告宣传“骑车要戴安全帽，流汗总比流血好”，使摩托车手确认戴安全帽的必要性，对购买安全帽持肯定态度；“壁挂电风扇不占空间，对淘气小孩最安全”，使有小孩的家庭对壁挂电风扇有好的态度；“只因有风险，所以要保险”，唤起消费者的保险意识，促进其参与投保消费。

2．消费者的人口特征

所谓人口特征，是指个体的一些自然的或社会的基本客观属性，如年龄、性别、文化程度、职业、婚姻等。消费者的态度形成与消费者的人口特征有关，不同年龄组的消费者对某一新产品态度的形成速度不同，青年人容易接受新东西，追求变化新奇，对新产品形成肯定态度的速度较快；而老年人则比较保守，接受新事物较慢，对新产品态度的反应也较迟缓。消费者的文化程度的差异，对他们获得有关商品知识造成不同程度的影响，也影响到对商品态度的形成，尤其是一些高科技产品，电脑控制的民用产品，如果不详尽地输出商品的功能、使用规则和保养修理等方面的知识，要想使不同层次消费者都持肯定的态度是不可能的。因此，有的厂家在推销新产品时，很注重推销员的素质，要求他们以通俗易懂的语言，将复杂高深的全自动设备向不同文化程度的消费者进行讲解说明，以获得较好的市场营销效果。

消费者的性别不同，对新产品形成肯定态度的方式也不同。男性消费者注重理性分析，注重从内在质量和设计的合理性对商品产生好恶态度；而女性消费者则以大多数人是否拥有的从众心理来左右自己的态度。她们对商品包装、款式等外在条件比较注重，态度形成带有感情色彩。消费者的婚姻状况也影响消费者的态度形成。未婚的消费者，消费行为是“天马行空”“独往独来”的，对一些新产品的态度是我行我素，购买随意性强；已婚的消费者，消费行为比较拘束，大多是夫妇双方合计行事，购买活动以计划性为主，对新产品的态度也比较谨慎。

3．消费者的经验

一般而言，态度是由经验的积累和分化慢慢形成的，但是也有一次经验造成深刻印象而形成某种态度的。消费者上一次当，会留下难忘的印象，不但影响该产品的购买活动，还会对生产该产品的生产者和设计师的形象形成否定态度，这不仅是眼前利益的损失，而且会影响生产者和设计师的后续产品市场。因此，注重产品质量，注重售后服务，是赢得消费者肯定态度的关键。消费者对产品的经验可能形成满意的态度，也可能形成不满意的态度。除了生产厂家的因素以外，商业部门的服务态度也是重要的原因。某商店售货员对消费者态度不好，周围居民宁可舍近求远，到别的商店去买东西，这就使周围居民根据自己的经验形成对这个商店不满意的态度。某宾馆服务员对旅游者服务热心周到，同时宾馆环境舒适、优雅，使消费者有宾至如归的感觉，旅客的经验使他们形成对该宾馆的满意态度。因此，消费者的直接经验是形成和影响态度的重要因素。

4．消费者的个性

消费者对人对事乃至对整个社会的态度会显示其独特的个性，这种个性的独特性也会影响态度的形成。内倾型的消费者在购买商品时，往往从自己的主观体验和想象出发，去评判商品的价值，对别人的议论并不在乎，他们的商品态度形成是“自动型”的；而外倾型的消费者，性格开朗，善于交际，容易接受他人的意见，对商品的态度形成是“他动型”的，易受外部环境的左右。美国消费者心理专家科波宁教授的研究报告表明，不同性格的消费者对吸烟态度有明显不同：对吸烟持肯定态度，并在吸烟行为上表现为一天一盒以上的大量吸烟的消费者，其性格中攻击性方面得分最高；而对吸烟持否定态度，并且不吸烟的消费者，其性格中秩序、服从等方面得分最高。

5.2.2 影响消费者态度形成的外部因素

1. 消费者的所属群体

在很多情况下，消费者对商品的态度是由其所属的群体促成的。属于同一家庭、学校、工厂、团体、社会的成员，常具有类似的态度，这是因为消费者与其所属群体中多数成员有共同的认识，无形中接受了团体的压力，这些都是个体在群体的活动中，在成员之间的相互作用下，互相模仿、互相暗示、互相顺从而形成的。消费者的态度形成受家庭影响是最明显的，不管消费者在家庭中扮演什么角色，其消费态度都带有某种家庭的色彩。作为孩子的消费者，他们对各类商品的选择取舍，除了有自己的意愿外，父母的影响是至关重要的。因此，孩子的消费态度很大程度上由家长决定；作为父母的消费者，他们是节俭型还是追求时尚型，这又可以追溯到他们的祖辈是传统型还是开放型。家庭的消费观念对其后代的消费态度和消费行为有潜移默化的影响。

消费者的态度形成还受到工作群体、朋友群体等社会群体的影响。

(1) 群体压力。任何群体都会对与之有关或属于该群体的消费者行为产生一定的影响，这种影响是通过集体的信念、价值观和群体规范对消费者形成的一种压力，称为群体压力。这种压力有时是来自他人的传播或再三劝说，有时是他人无意而本人却觉得有压力——如在穿着十分随便的人群中，某个消费者若穿得过于正式就会自我感觉有压力。如果消费者的行为脱离群体，就可能受到嘲讽、讥笑或议论等心理压力。例如，某个消费者在超过自己收入水平的情况下选购某高档的奢侈品，但其所在的群体(如亲戚或朋友)多数持反对意见，该消费者往往会迫于压力而放弃选购。因此，消费者行为需要遵守群体的信念，消费行为需要符合群体的价值观和规范。

(2) 服从心理。受群体的影响，消费者会顺从群体意志、价值观念和消费行为规范等一系列的心理活动。在多数情况下，消费者的心理活动总是与所属群体的态度倾向是一致的，这是群体压力与消费者对群体的信任共同作用的结果。例如，某消费者原计划选择参加 A 旅行社的线路旅游，但群体中的人大多认为 B 旅行社的线路安排更加合理，虽然他不那么认为，但是为了跟群体保持一致，在这种服从心理的支配下，其可能转而选择 B 旅行社的线路。

2．消费者的文化背景

消费者的文化背景比较复杂，包括许多不同的亚文化背景，亚文化对消费者的态度形成影响较大。亚文化可以分成民族、宗教习俗、种族、地理区域等不同类别。不同种族的消费者有不同的消费态度，西方人认为是美的商品，东方人也许认为是丑的；西方人喜欢色彩鲜艳、色调明快的商品，而不喜欢色彩暗淡的商品。不同区域的人对食品味道的态度也各异：我国南方人喜欢吃米饭、甜食，菜的味道要清淡一些；北方人喜欢吃面食，菜的味道要重一些；湘蜀一带的人喜欢吃辣椒；山西人喜欢吃醋；陕北人不爱吃鱼；广东人对鱼虾尤为喜欢。不同文化背景的人有不同的生活形态，也形成了对各类消费品的不同态度。有人研究过不同生活形态的美国妇女的购买行为，发现传统型的妇女比较喜欢购买罐头和烧烤类的商品；享乐型的妇女，则喜欢购买烟酒、烧烤及社交类的商品；而比较年轻的家庭型妇女则喜欢购买用于为孩子和自己打扮的装饰品。

3．政治经济形势

政治经济形势是影响消费者态度形成的重要外部条件。只有政治稳定、经济发达，人们的购买力才会提高，加上生产工艺技术的进步使新产品层出不穷，消费者有实力去喜欢新产品，购买新产品。人们只有满足了生理的需求，才会产生对美的、享受类的产品的渴求，形成对表现自我、完善自我产品的崇尚。比如，人们对流行产品的态度形成，就是政治经济发展的结果。当政治经济封闭、保守时，时尚现象较少出现。经济的落后、交通的闭塞，使新产品不可能在短时间内得到传播，不能在人群中相互效仿，人们对流行持否定的态度，也就不能形成流行。现代社会政治经济的开明发达，交通和大众传播的发展，为新产品流行创造了条件，消费者可以不到外地，甚至不出家门，就可以知道当前社会上的流行服装和流行产品。他们通过网络、报纸、杂志、电视等方式，了解流行趋势。社会的发展，引起观念的更新，消费者对流行的肯定态度逐步形成。

4．广告宣传

广告宣传是消费者对新产品形成肯定态度的重要手段，也是影响消费者态度形成的重要外部原因。要使消费者对产品形成肯定态度，广告的策划和定位就要从宣传产品本身的“企业定位”和“产品定位”，转向消费者定位，也就是以消费者立场为中心来构思广告。用自己人的口吻劝导消费者接受新产品，为消费者着想，提供消费新需求的理由，使消费者产生认可新产品的态度。

肯定态度的形成，除了要有理性地说服，还要有情感的推动，广告宣传除了在提出消费理由，诱发消费新需求上做文章以外，还要重视情感诉求，体现消费者的情感，交流消费者的情感，最后激发消费者的情感，使消费者与广告诉求产生共鸣，从而形成对广告的肯定态度。但是，我们的广告设计有些就不太注重这方面，缺乏与消费者的情感传递和交流，许多广告尽管生动活泼、文字优美，但往往偏重艺术性，而忽视亲切感、人情味，使消费者难以接受；虽然有些广告也采用奉承吹捧的手法，肯定消费者购买本产品是“明智的选择”“最佳的选择”“科学的选择”等，但消费者往往无动于衷，影响肯定态度的形成。

5.3 消费者的态度转变

态度形成之后会比较持久，但也不是一成不变的，它会随着外界条件的变化而变化，从而形成新的态度。态度的转变有两个方面：一是方向的转变，二是强度的转变。比如，对某一事物的态度原来是消极的，后来变为积极的，这就是方向的变化；原来对某事物有犹豫不决的态度，后来变成坚定不移的赞同，这就是强度的变化。当然，方向和强度有关，从一个极端转变到另一个极端，既是方向的转变，又是强度的变化。消费者的态度，有善意的、满意的，或者说是肯定的态度；也有恶意的、讨厌的，或者说是否定的态度。这说的是两个极端，其间还有不同程度的态度表示。比如，从最喜欢到最厌恶之间有喜欢、较喜欢、无所谓、较不喜欢、不喜欢等。心理学家设计了态度测量的量化尺度，以测定消费者态度指数，表示态度之间的强弱，如图 5-2 所示。

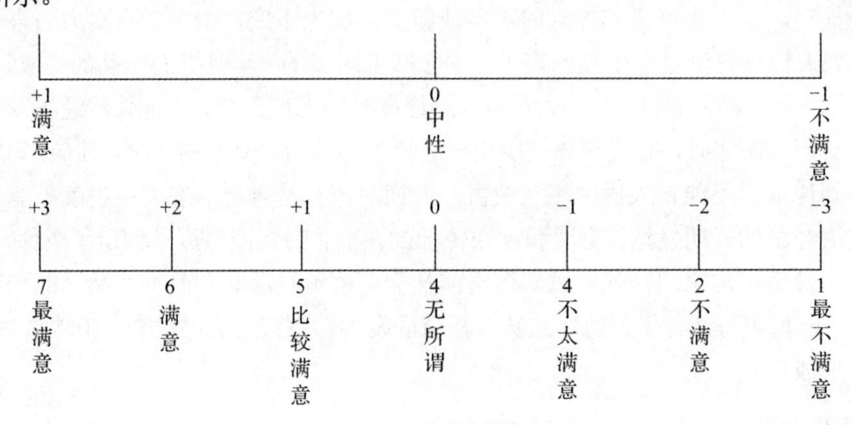

图 5-2 态度尺度

从图 5-2 中可知，第一项中“−1”与“+1”表示两个极端(满意、不满意)，“0”表示中性，无所谓。第二项中的“+3、+2，+1，0，−1，−2，−3”(最满意 7，满意 6，比较满意 5，无所谓 4，不太满意 3，不满意 2，最不满意 1)表示态度的等级或程度。量表上任何两点都可以表示原先态度与要求改变态度之间的差距。如果两点落在尺度的两端，则表示两者差距很大；相反，两者靠得很近，则表明差距很小，态度改变的难易由两者差距的大小来决定。因此，要转变一个人的态度取决于他原来态度如何，如果两者差距太大，往往不仅难以改变，反而会使其更坚持原来的态度，甚至持对立态度。

比如，如果消费者购买过某种劣质商品，心中愤愤不平，这时该类商品的广告，不但对他毫无作用，反而令他十分反感。改变消费者的态度，除了提高产品质量、改善服务态度外，还有许多因素需要重视。研究这些因素，对消费者态度的改变有着十分重要的作用。根据大量的研究，我们把决定消费者转变态度的因素或条件进行了归纳，具体如下面所述。

5.3.1 广告宣传与消费者的态度转变

广告宣传对消费者的态度转变是有影响的，但是宣传对消费者态度变化效果的大小究竟怎样，这取决于以下几个因素。

1．广告宣传者的权威

广告宣传者本身有无权威，对广告受众的态度转变关系很大。宣传者的威信由两个因素构成，即专业性和可靠性。专业性指专家身份，如学位、社会地位、职业、年龄等；可靠性指宣传者的人格特征、外表仪态以及讲话时的信心、态度等。同样是一件商品，若得到专家的权威性肯定，必然产生很强的说服力，使消费者的态度迅速从否定走向肯定，或者从肯定走向否定。珍珠霜的兴衰，就是一个例证。20 世纪 80 年代初，珍珠霜的兴是因为当时广告宣传是以李时珍的《本草纲目》为根据。而 1984 年，珍珠霜的衰是因为一些专家运用现代测试仪器分析，得出了某种结论，认为珍珠粉并不能透过脸部皮肤表层而为人体所吸收，因而对皮肤的滋润作用远不是描述的那般神奇，同时，消费者在使用过程中的体验也多少证明了这一点，于是销量逐渐降下来。

心理学家伯洛(Bello)在研究了宣传者本身的威信与态度改变之间的关系时指出，其中有三个因素是很重要的：第一，宣传态度的公正与不公正、友好与不友好、诚恳与不诚恳，这些就是可靠性因素；第二，宣传者的有训练与无训练、有经验与无经验、有技术与无技术、知识丰富与不丰富等，这些就是专业性因素；第三，宣传时语调坚定与软弱、勇敢与胆小、主动与被动、精力充沛与疲倦无力，这些就是表达方式的因素。伯洛认为，在这三个因素中，第一、第二个因素是重要的，第三个因素较不重要。

回顾我们的成功广告，运用宣传者的威信效应是不乏其例的。深圳南力制药厂的“三九胃泰”，以一贯扮演正面权威人士的著名演员李默然为广告宣传者，他诚恳坚定地说，干我们这一行的，经常犯胃病，体现他对选择胃药很有经验，加上他的社会地位和成熟的年龄，给消费者以极大的可信性和说服力，使消费者对“三九胃泰”持有肯定的态度，并在一个时期内销量很好。当然，心理学的实验还发现，宣传者的声誉对消费者的影响是一时性的。开始时，这种影响很明显，随着时间的推移，这种影响逐渐减弱，以至于宣传者有无声誉，其宣传效果也无多大差异。这一点说明，为了取得一时效果，可以聘用权威人士或声誉高的宣传者是有效的措施。但要获得长期效果，就要考虑其他因素了。

2．广告宣传的内容及其组织

对商品优、缺点的宣传是只讲优点，还是优、缺点都讲？心理学家对此进行过研究并认为：对于文化程度低的人来说，单方面宣传，容易改变他们的态度；而对于文化程度高的人，则听到正、反两方面的内容，宣传效果最好。当消费者文化程度较高时，受片面说明的影响较小，所以，全面介绍商品，优、缺点均反映时，对其影响较大。另外，人们最初的态度与宣传者所强调的方向一致时，单方面的正面宣传有效，若最初态度与宣传者的意图相对抗时，那么正、反两面宣传效果更为有效。此外，对宣传的内容还要进行有效的组织。比如，可以采用引起受众恐惧的宣传，宣传的内容要使对方具有不安全感，有一定的压力，产生一定的焦虑，这就能使对方改变态度，如宣传吸烟会引起癌症，不戴安全帽会发生流血事故，等等。但是，恐惧心理过分强调之后，反而会引起消费者的逆反心理，从而采取否定或逃避听取宣传的态度。所以，我们若需要立即改变消费者的态度，那么广告宣传必须能引起人们较强烈的恐惧心理，并使这种恐惧心理成为一种动机力量，以激发消费者迅速改变态度。这种宣传必须把握尺度，其中有许多值得研究的内容。

广告宣传内容在数量上的尺度，也是内容组织的重要方面。心理学研究认为，应该分阶段逐步发放广告内容，不能急于求成，否则欲速则不达。我们对广告媒体的心理学研究表明，延长广告播出时间，消费者的态度指数并不是同步增长的，而是开始时随播出时间增加而增加，到达一定数量的时候，消费者的反应呈饱和状态。所以，一味加大广告宣传力度，并不能达到改变消费者态度的目的。广告信息用一次性提供方式效果好，还是逐步增加信息量渐进性提供方式效果好呢？

3．广告宣传是否给了明确的结论

在广告宣传时可以向消费者提供足以引出结论的资料，让消费者自己下结论，也可以直接向消费者明示出结论来，至于哪种方式有利于态度的改变，这要以广告内容的繁简，发布者的权威性和信用，以及消费者的文化水准和能力而定。一般来说，比较难以理解的信息，发布者较有威信，而消费者又难以下结论的，明示结论的效果较好。反之，则让消费者自己去得出结论的效果较好。心理学研究认为，要转变一个人的态度，必须引导他积极参与有关活动，在实践中转变态度。比如，广告宣传食品中的新品种，可以让消费者品尝之后，改变对新食品的态度。又如，一个对体育活动态度不够积极的人，与其口头劝说，还不如动员他们去操场活动一下，这样就容易发生态度的转变。

发布信息者的意图是否让消费者发觉，这也是值得注意的问题，一般来说，如果消费者发觉广告发布者的目的在于使他改变态度时，他往往会产生警惕，而尽量回避宣传者，宣传效果就会降低；如果消费者没有发觉宣传者是有意在说服他，他就比较容易接受其意见，而改变态度。在广告宣传中要多一些真情，心中要有受众，发挥“自己人效应”，少一分说教，不要以“教导者”自居，动不动就说“明智的选择”“最佳的选择”，而要让消费者感到，广告是为大众着想，而不是只为生产者和设计师着想。这样，缩短广告设计师和消费者的心理距离，消费者的态度就会转向广告宣传者的方向。

4．传播信息的媒体

传播商品信息的渠道是多种多样的，除了广告宣传以外，还有商品的包装装潢设计，橱窗样本设计，促销设计和口传信息，等等。而现代社会传播信息的媒体主要是报纸、广播、电视和网络四大媒体。四大媒体的作用各有千秋，但相比之下，以网络对改变消费者态度的效果最佳。网络的快速发展，综合利用消费者喜闻乐见的视听形式，给大众以多种感官的刺激，容易引起消费者的注意，便于消费者对广告内容的理解和记忆，对改变消费态度效果明显。而且，网络广告可以用最直观的视频形式，最快速达到消费者情感上的共鸣，从而改变消费者的态度。

5.3.2　消费者的个体差异与态度转变

关于转变消费者态度的因素分析，除了前文讨论态度形成的因素如消费者的需求、消费者的人口特征、消费者的经验和消费者的个性等仍起作用外，对态度转变有重要影响的还有消费者的观念、消费者的兴趣、消费者的偏见以及消费者的社会角色。

1．消费者的观念

观念是态度认知的重要组成部分，观念的更新必然带来态度的转变。消费态度的改变，首要工作是消费观念的变化。如果消费者仍抱着“新三年，旧三年，缝缝补补又三年”的消费观念，他们势必对推上市场的各款新式服装抱有消极态度，不是看不顺眼，就是说风凉话，甚至扣上“奇装异服”的帽子。因此，我们的首要工作是宣传新的消费观念，这种宣传是亲切的、细致的，当消费者经历新旧产品更迭时，总是存在矛盾心理，对旧东西熟悉，对新东西犹豫，到底新产品比老产品优势在何处？消费者在购买新产品时表现出的这种疑虑是十分普遍的：怕上当受骗，怕得不偿失，怕与本人身份不符，怕不安全，怕使用不惯，怕维修不便……由于顾虑重重，消费者对新产品的态度也是犹豫不决的。

要转变消费者的态度，就要对准消费者疑虑中的关心点，有针对性地进行宣传，而新产品的生产者和设计师也要针对关心点，为消费者着想，替其排忧解难，提出新消费的合理性和必要性，而不是简单空洞的说教。简单宣传是不能解决消费者的新旧矛盾的，没有消费观念和意识方面的转变，消费行为和消费态度会有极大的保守性。

成功的宣传方式是：透过消费形式，抓住消费本质，提出消费理由，输送消费新观念，从而转变消费者态度。例如，“新时代，使用新电源”“太空时代喝果珍”“10 000 次撞击，精工表依然精确无比”“英雄辈出时代，使用英雄金笔”“买一本《365 夜》，可以给爱听故事的孩子带来童年的乐趣”等广告都具有上述特点。

2．消费者的兴趣

消费兴趣是消费者个体差异之一。所谓兴趣，是指一个人积极探究某种事物的认识倾向，它是人对客观事物的选择性态度，是由客观事物的意义引起的肯定的情绪和态度形成的。消费兴趣就是人们对某一种商品需要方面的情绪倾向。比如，读书人喜欢进书店；而对于自行车，不同需求的人选择兴趣就不同，是载重车、代步车、休闲车，还是运动车，选购态度也不一样。逢年过节，人们有请客送礼的习惯，于是消费者对食品、礼品感兴趣。兴趣培养与态度转变关系较大。消费者对某一种产品的兴趣是可以渲染、培养的，这种渲染、培养可以通过广告宣传、橱窗设计和消费者的口耳相传等传播方式进行。兴趣的形成不是一蹴而就的，要增加宣传的次数，提供成功的经验，使消费者有仿效的榜样，通过消费兴趣使消费态度转变。比如，有的消费者对体育用品没有兴趣，对健身保养持无所谓态度。我们就应从正、反两面提供信息，让他们了解体育对国、对民的好处和不注意锻炼对身体的危害，并让他们参与到体育运动中去，由此引发兴趣。

3．消费者的偏见

偏见会影响态度的转变。在消费者的偏见中，以“第一印象”作用最明显。对商品的第一印象，并不一定反映产品的本质特征，因此，第一印象往往形成消费者的偏见，但这第一印象的作用却不容忽视。如果消费者第一次购买某种产品称心如意，他会产生认牌购买行为，形成对该产品的肯定态度；如果消费者第一次购买某种产品后不愉快，遗憾或失望，不仅会改变本人对该产品的态度，而且会波及他人。偏见是一种不正确的态度，是人们固有的否定性和排斥性的看法和倾向，是人们对某一事物缺乏充分事实根据的态度。偏见除了“第一印象”外，还有“哈罗现象”，即以偏概全。另外还有刻板印象，即人们认识外界事物时往往根据它们的共用特征加以分门别类，这种类化的思想方法固定下来，就形成了刻板印象，导致偏见。某些消费者一味崇尚外国货就是一种刻板印象。这种偏见被投机商利用，产生“假洋货”泛滥的后果。有些年轻人，牛仔裤上缝着一个三角形的皮标牌，歪歪扭扭印着行洋文，翻译过来却是“彪马运动鞋”，也许这些小青年还为自己有这条“世界名牌”的牛仔裤而自鸣得意。可见，缺乏必要的知识和了解，是产生刻板印象的主要原因。

要改变某些人盲目崇洋的态度，就要充分利用宣传媒介的作用，给消费者更多的正、反两方面的信息，让消费者有辨别真伪的能力；另外，还要一分为二地分析外国货，学习人家的长处，洋为中用，增强民族自尊心，努力缩短与外国货的差距。国际名牌所隐含的心理价值是一些人所向往的。“假洋货”正是迎合了这些消费者心理，通过偷梁换柱的手法，使之成为他们买得起的“高档商品”。难怪有些消费者会有“超值享受”之感，这就是盲目崇洋的深层消费动机，也是趋避动机冲突的结果。转变消费者的态度，针对表层的消费动机，宣传工作比较容易，效果也比较快；而要做消费者深层动机的宣传，难度就比较大。因为形成深层次的内容成分多、时间长、参与影响的因素也多，不是一两次宣传就能奏效的，当年速溶咖啡的宣传就是很好的例子。

4．消费者的社会角色

社会角色是指人们在现实生活中的社会身份，比如消费者既可以是工人、农民，也可以是干部、教师等。社会角色影响人们态度的转变。人们的社会角色包含各自的人格特征、文化水平、能力素质以及社会化程度，这就决定了人们态度转变的困难。社会角色中文化层次及能力素质较高的人，人格特征属理智型，一般转变他们的态度较难；相反，文化层次及能力素质较低的人，人格特征属情感型，转变他们的态度就较容易。我们若要转变各种社会角色的消费态度，就应当根据社会角色的不同，采取不同的宣传方式，如此才能取得理想的效果。

研究消费者的社会角色，是促进消费者态度转变的有效方法。了解消费者的社会角色，以便和消费者的观点产生共鸣，产生表同作用，表明生产者的观点和消费者的观点是一致的。这样，缩短了商品生产者和消费者的心理距离，使认知协调，转变消费者的态度也就容易了。另外，了解消费者的社会角色，不仅要掌握生产者和消费者在观点上的一致，还要掌握他们的更多相似之处。这样，可以提高宣传的效果，加速消费者态度的转变。因为相似之处会使人产生表同的趋向，把商品生产者当成自己人，形成“自己人效应”。在少数民族地区推销商品，一般由少数民族干部去做，效果会更好；做儿童食品的广告宣传，让小朋友做广告模特儿效果较好；而女性化妆品的宣传，则一般是年轻女性的事了。

5.4　消费者满意度研究

消费者满意度研究就是通过对影响消费者满意度的因素进行分析，发现影响消费者满意度的因素、消费者满意度及消费者消费行为三者的关系，从而通过最优化成本有效地提升影响消费者满意度的关键因素，达到改变消费者行为，建立和提升消费者忠诚度，减少消费者抱怨和消费者流失，增加重复性购买行为，创造良好口碑，提升企业的竞争能力与盈利能力的一种研究方法。

5.4.1　消费者满意度概述

消费者满意度作为一个社会经济生活中的概念，并不是什么新发明，它始于何时，也无从考证。但是，作为一个科学概念，并正式以“CSI”简写的形式出现，则是 1986 年一位美国消费心理学家的创造。1986 年美国一家市场调研公司以 CSI 为指导，首次以消费者满意度为基准发表了消费者对汽车满意程度的排行榜，引起理论界和工商企业界的极大兴趣和重视。随后，这一概念便得到了广泛应用。1989 年，瑞典引进美国人发明的 CSI 指标体系，建立了全国性的消费者满意度指标(CSI)，进一步推动了 CSI 理论与实务的发展。1990 年，日本丰田公司、日产公司率先导入 CS 战略，建立消费者导向型企业文化，取得了巨大成功，很快引发了一股 CS 热潮，逐步取代原来的 CI 战略。1991 年 5 月，美国市场营销协会召开了首届 CS 战略研讨会，研究如何全面实施 CS 战略，以应付竞争日益激烈的市场。此外，法国、德国、英国等国家的一些大公司也相继导入 CS 战略。至此，CS 理论和 CSI 指标体系在西方发达国家迅速传播并不断发展、完善，CS 战略成为企业争夺市场的制胜法宝，从而掀起了经营史上又一次新的浪潮。

CS 战略的基本指导思想是：企业的整个经营活动要以消费者满意度为指针，要从消费者的角度，用消费者的观点而非生产者和设计师自身的利益和观点来分析考虑消费者的需求，尽可能全面地尊重和维护消费者的利益。

5.4.2　消费者满意度起因

构成 CSI 的主要思想和一些方法有的企业曾经讨论过，有的企业也尝试过。但是，作为一种科学化和系统化的理论、一种整体经营战略、用 CSI 导向设计、导向生产、导向经营、导向战略整合，这是 21 世纪新经济时代的生产者和设计师关注的热点。CSI 产生的原因有以下 3 个方面。

1．市场竞争与环境变化

商品经济的高度发展导致了商品供应的不断丰富，经济全球化趋势的加强导致了市场竞争的不断加剧，大多数行业由卖方市场转向买方市场，企业的盈利不再依靠强大的生产力就可获得，让消费者满意才是企业的生命之本。于是，千方百计让消费者对企业及其产品、服务满意，就成为生产者和设计师经营活动的出发点与归宿。另外，日趋激烈的市场竞争，使企业的产品在质量、性能、信誉等方面难分伯仲，也使企业通过产品向大众传达的信息趋于雷同，从而使社会大众很难从日趋雷同的产品信息中，感受到企业的独特魅力。企业以 CSI 为指导所产生的消费者导向型优质服务，能使企业与竞争对手区别开来，产品和服务所达到的消费者满意是消费者购买产品的决定性因素。最早对这种竞争环境变化做出系统性反应的斯堪的纳维亚公司，提出了“服务与质量”的观点，自觉地把生产率的竞争转换为服务质量的竞争。20 世纪 80 年代后期，美国政府专门创设了国家质量奖，在产品和服务的评定指标中，有 60%的指标直接与消费者满意度有关。

2．质量观念和服务方式的变化

依据传统的标准，凡是符合用户要求条件的，就是合格产品。在激烈的竞争环境下，新的质量观是：生产者的产品质量不仅要符合用户的要求，而且要比竞争对手更好。现代意义上的企业产品是由核心产品(包括产品的基本功能等因素)、有形产品(质量、包装、品牌、特色等)和附加产品(提供信贷、交货及时性、安装使用方便及售后服务等)三大层次组成。现代社会中，系统的服务正占据越来越重要的地位。美国管理学家李斯特指出：“新的竞争不在于工厂里制造出来的产品，而在于工厂外能够给产品加包装、服务、广告、咨询、融资、送货、保管或消费者认为有价值的其他东西。”在这种趋势下，企业新的质量观要求企业进行 CS 策划，靠服务方式的创新和服务品质的优质来提高消费者的满意度，从而争取消费者，这已成为越来越多优秀企业的共识。

3．消费者消费观念的变化

在“理性消费”时代，物质不是很充裕，产品质量、功能、价格是选择商品考虑的三大因素，评判产品用的是“好与坏”的标准；进入“感性消费”时代，消费行为由量的消费已逐步提高到质的消费，对服务的消费需求增加，对商品品质、服务水准的要求与日俱增。消费者往往关注产品能否给自己的生活带来活力、充实、舒适和美感。他们要求得到的不仅仅是产品的功能和品牌，还有与产品有关的系统服务。于是，消费者评判产品用的是“满意与不满意”的标准。企业必须要用 CS 经营思想创造出迎合消费者的新的消费观念、满足消费者需求的产品。20 世纪末，是服务取胜的时代，这个时代企业活动的基本准则是使消费者满意。进入 21 世纪后，不能使消费者感到满意的企业将无立足之地。

在信息社会，企业要保持技术的领先和生产率的领先已越来越不容易，靠特色的优质服务赢得消费者，努力使企业提供的产品和服务具备吸引消费者的魅力要素，不断提高消费者的满意度，将成为企业经营活动的方向。中国无锡商业大厦“购物零风险”的服务特色，是 CS 战略在企业经营实践中的体现和发展。CS 经营思想热潮始于汽车业，目前已扩展至家用电器、电脑、机械制造、银行、证券、运输、商业、旅游等行业，发展十分迅猛，业绩十分突出。因此，无论是从理论意义上还是从实践意义上看，CS 理论和 CSI 评价体系确实开辟了企业经营和工业设计的新思想和新方法。

5.4.3　消费者满意度理论研究成果

根据国家自然科学基金资助项目的成果报告(中国科学院心理研究所徐金灿等)，消费者满意度研究主要包括以下两个方面的成果。

1．消费者满意度的模式研究

1)　差异模式

20 世纪 70 年代早期，美国开始对消费者满意度进行大量研究，奥沙沃斯卡(Olshavsky)等学者探查了期望的差异理论及对产品绩效作用的有关理论。满意度的差异理论提出，满意度是由差异的方向和大小决定的，差异是消费者对产品是否满足自己需要的实际体验(即产品绩效)与最初的期望相比较所产生的结果。这可分为以下三种情况：产品的绩效与期望相同，此时差异为零；产品绩效大大低于原来的期望，此时会产生负差异；产品绩效高于最初的期望时，此时会产生正差异。

在第二种情况下消费者就会对产品(或服务)产生不满。在对期望的研究中，米尔勒(Miller)认为期望有四类，即理想的、预测的、应该的和最小可忍受的，并且提出由于期望类型的不同，消费者的满意情况就会不一样。

2)　绩效模式

在绩效模式中，消费者对产品(或服务)绩效的感知，是消费者满意度的主要预测变量，他们的期望对消费者满意度也有积极的影响，如图 5-3 所示。这里的绩效是相对于他们支付的货币而言，消费者所感知的产品(或服务)的质量水平，相对于投入来说，这种产品或服务越能满足消费者的需要，消费者就越会对他们的选择满意。

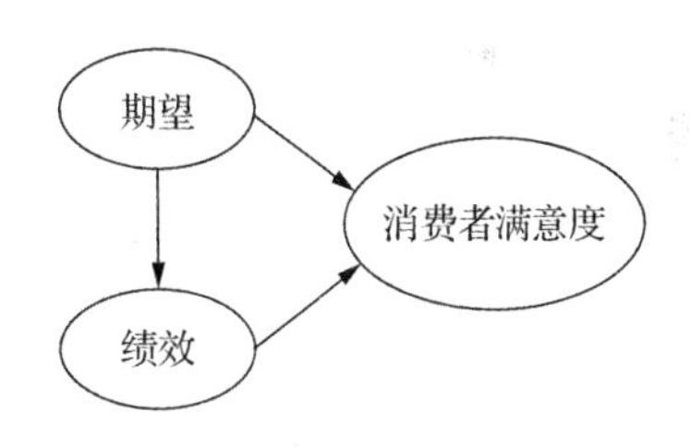

图 5-3　绩效模式

佛纳(Fornec)等美国学者认为，期望对消费者满意度有直接的、积极的影响。根据该产品在最近一段时间的绩效表现，消费者对作为比较支点的期望不断进行调整，绩效和期望对满意度的作用大小，取决于它们在该结构中的相对强弱。相对于期望而言，绩效信息越强越突出，那么所感受到的产品绩效对消费者满意度的积极影响就越大；绩效的信息越弱越含糊，那么期望对满意度的效应就越小。

另一些专家认为，服务的绩效信息要比产品的绩效信息弱。这种模式常常用在整体水平上，来研究消费者的满意度情况，例如，瑞典的消费者满意度指数就是以该模式为基础确定的。目前，在对消费者满意度的研究中，人们虽然提出了差异模式、绩效模式及其他理性期望模式等消费者满意度的结构，但由于消费行为本身的复杂性，以及对比的标准不一样，就会产生满意情况不同，这就要求对消费者满意度的结构进行深入的探索和研究。

2．满意度对消费者行为的影响

1) 满意度和购物意向

因为研究消费者满意度的真正目的是预测消费者的反应。因此，人们开始从行为学的角度来研究消费者满意度，一种观点认为，消费者满意度对购物意向的影响，是通过态度间接地起作用的，例如，奥利沃(Oliver)的研究发现，高水平的满意度可增加消费者对品牌的偏爱态度，从而增加对该品牌的重复购买意向，但满意度对重复购买意向的影响强度随消费者品牌忠诚水平的增高而减少。

2) 满意度和口碑

人们也常把口碑作为消费者的行为指标之一。有人认为负面的信息比正面的信息更有可能传播；但有些专家认为，满意的消费者要比不满意的消费者参与口头传播多。有些研究者发现，当问题比较严重和销售员对消费者的抱怨不做反应时，不满意的消费者更有可能进行负面的信息传播。另一些研究者提出，传播负面或正面的信息，依赖于消费者对产品的期待，当他们对产品有较多的期待时，负面的口碑就会增多。他们认为，虽然满意的消费者不愿意向商场的工作人员说出自己的满意体验，但他们更有可能向亲朋好友说。还有人提出，满意度对口碑的影响绝大部分是以情感方式而不是以认知方式进行的。

3) 品牌满意度和品牌忠诚度

恩格尔(Engel)把品牌的满意度定义为消费者对所选品牌满意或超过其期望的主观评价的结果，他把消费者对品牌的满意度分为明显满意度和潜在满意度。前者是指消费者把期望和绩效进行明显对比，对产品绩效进行评价而产生的对产品的满意情况，这是在精细加工的基础上对品牌评价的结果；后者是指当缺乏评价品牌的动机或能力时，消费者就不可能对期望和绩效进行明显对比，它是隐含评价的结果。

研究者认为，明显满意度直接作用于真正的品牌忠诚度，因为明显满意度是基于对品牌的肯定的明确评价，这就会使消费者对该品牌进行承诺，而对品牌的承诺则是产生真正品牌忠诚的必要条件。因此，明显满意度将与真正的品牌忠诚度正相关。潜在满意度是建立在对品牌选择的隐含评价的基础上，消费者只是接受该品牌，不一定会对该品牌产生承诺。潜在满意度虽然与真正的品牌忠诚存在着正相关，但没有明显满意度与真正的品牌忠诚之间的相关大，研究结果证明了这一观点。另外，研究者还发现，评价品牌选择的动机和能力，对真正的品牌忠诚度有着直接的影响。研究消费者满意度的最终目的是提高企业的竞争能力，吸引消费者来购买和使用自己企业的产品或服务。目前，对满意度影响消费行为的方式，还没有一个统一的认识，有的学者认为满意度是通过态度来对人的消费行为间接地有影响，而有的学者则认为满意度起直接作用。

4) 消费者满意度的测量

生产者和设计师认为，对消费者满意度的测量是提高产品竞争力的重要指标。通过对消费者满意度的测量，可帮助企业和设计师找出提高产品质量和个性化的途径，以增加企业的竞争优势。斯旺(Swan)等专家认为，产品的绩效包括产品的可操作性绩效和表达性绩效，前者是指产品的物理绩效是否满足实际需要(也称物理绩效)，后者是指该产品所带来的心理上的满足感(也称心理绩效)。当产品的可操作性绩效小于原来对它的期望时，消费者就可能产生不满，但当产品的可操作性绩效大于原来对它的期望时，消费者不一定就会满意，即没有不满意，只达到初始附加值水平。只有在表达性绩效等于或超过原来的期望时，即达到激励附加值水平时，消费者才可能满意。因此，要想使消费者满意，必须使产品在操作和表达上都达到消费者的期望，否则，消费者就会产生不满。这些研究结果和我们提出的产品初始附加值和激励附加值的观点有异曲同工之处，在实际运用中，对消费者满意度的测量常遵从以下步骤：了解产品或服务的评价因素，一般以物理绩效和心理绩效为主；在每个维度上，让消费者对要调查的企业及其竞争对手进行评价表态；让消费者对企业的总的满意度进行评价表态，一般用于企业设计。

通过满意度的调查，企业的管理层可以发挥企业优势，克服本身不足，以增强自己的竞争能力。

5.5　设计与消费者满意度

5.5.1　设计消费者满意度调查问卷的原则

不同的产品和服务，就有不同的消费者满意度，生产者和设计师在实施 CS 设计时，必须首先设定 CSI 调查问卷。CSI 调查问卷的设计没有统一的内容，国内学者李蔚的观点我们较认同，即必须遵循的基本原则如下。

1．全面性原则

CSI 是用来测量消费者满意度的，因此它必须具有全面性。如果不全面，就不能完全、准确地反映消费者的满意状况。假如一个产品的 CSI，仅有核心产品项目而缺少无形产品项目和外延产品项目，就可能只采集产品质量、功能等方面的满意度，而不能采集产品造型、包装、服务等方面的满意度，这就不利于全面了解消费者的满意信息，也不利于提升消费者的满意水平。

2．代表性原则

影响消费者满意和不满意的因子很多，我们不能都一一用作测量指标。全面性原则是要求 CSI 应面面俱到，不得遗漏；而代表性原则则要求在每一个侧面都应选择最能代表该侧面的主成分因子，主成分因子总是涵盖着某一侧面所携带的全部或主要信息，借助于这些特征因子的测量，就可以了解到它所在的侧面的全部或主要信息，因而不需要对所有信息因子进行了解。具体操作可采用社会科学统计软件包(SPSS)处理。

3．区分度原则

在设计 CSI 调查问卷的项目因子时，所选项目必须具有较高的区分度，必须是可以分化出来，并能独立存在的。如果不能完全独立出来，或虽分化出来，但独立性差，与其他项目因子没有明显区分，那么它就不能作为用来测量满意度的指标。所谓区分度，是指选出的项目因子与其他项目因子的区分程度，问卷项目因子的区分度，可以在总加态度量表法中得到启示。

4．效用性原则

用作 CSI 调查问卷的项目因子，它必须能够反映消费者的满意度的实态。如果所采用的项目因子根本就测验不出消费者在消费相应的商品和服务之后的满意度实态，那么这些因子就是没有效用的，不能被使用。有关这一原则的把握，体现在问卷设计的程序中。

5.5.2 设计消费者满意度调查问卷的程序

1．确定问卷调查目的

在编制问卷之前，首先要确定问卷目标，也就是调查、采集消费者态度指数的方案。问卷编制用于什么样的群体，只有对问卷目标群体的年龄、性别、职业、文化程度、经济收入和家庭背景及居住条件等人口特征进行关联分析后，编制问卷才能有的放矢。

CSI 调查问卷所编制的方案是用来采集 CSI，是采集需要实态、消费理由、消费观念，还是满意度，必须首先考虑清楚，不仅要明确采集的目标，还要对目标进行全面分析，将目标转换成可操作的术语，配上合适的态度指数作答案。

2．制订 CSI 编题计划

制订 CSI 编题计划应注意以下几个方面。

(1) 强调问卷调查目的。尤其要指出参与问卷活动有助于提升产品和服务质量，更好地为消费者服务，也就是调查活动与消费者自身利益是一致的，在消费者合作下，广泛收集资料和项目。

(2) 在编题阶段，编题计划指出应该写哪些种类的题目。其主要参考以下几方面内容。①根据该项目的专家经验；②根据消费心理规律；③根据消费者的访谈反馈信息；④根据以往该项目问卷调查的有关背景材料，以确定问卷题目是否恰当地代表了所要采集的领域，核对重要方面的问题是否遗漏。

(3) 问卷项目编制要简明易懂，以免被试回答时感到不明白，模棱两可，造成采集的态度指数因表态有差错，导致问卷回收的质量偏差，影响信度和效度。

(4) 问卷的容量：问卷的内容不可太多，以免被试回答时感到厌烦，造成被试的心理负担而影响问卷的质量。问卷的题量最好以 30 分钟能够答完为限。

3．问卷指导语

指导语是指导答卷者正确完成答卷的说明性语言，内容包括问卷目的、说明和被测评者如何作答的指示等。问卷指导语，一般要求文辞简短、通俗易懂、适合各种文化层次的人阅读。评分标准是对问卷答案进行量化处理的指标。一套问卷方案应有相应的评分标准，只有根据这个标准才可以确立消费者的满意度。一般用五分法(5——满意；4——比较满意；3——说不清；2——不太满意；1——不满意)，或用七分法(7——很满意；6——满意；5——比较满意；4——说不清；3——不太满意；2——不满意；1——很不满意)。

4．问卷编制程序

制定问卷的过程包括草拟、编排、预试和修订等，这一系列过程不是一次性的，在编出满意的方案之前总是在不断重复；在重复中修改一些意义不明的题目，取消一些重复性和不适用的题目，主要方法请参考 2.1.6 中的李克特的总加量表法，在编写和修订题目时，应注意以下几点：①题目的范围和数量要与编题计划一致；②题目数量要多于使用方案，以备筛选；③题目要易于操作；④题目清楚明白，通俗易懂。

(1) 草拟问卷。编题计划编好后，就要搜索有关资料作为草拟问卷的依据。通过发散型思维“头脑风暴法”和从目标消费者中搜集的消费理由和消费动机等内容，构建问卷的初步框架结构。从思维流畅性角度，在数量上搜集和发散更多的消费理由，包括正面理由和负面理由，希望产生 100 个左右的项目数量；并注意变通性、多元化的思维效果，特别关注代表前卫意识的特异性项目，使草拟问卷既符合全面性原则又符合代表性原则。

(2) 选择问卷形式。在多数情况下，任何题目都可以用几种形式呈现，封闭式问卷或开放式问卷都可以尝试。详细内容可参考本书 2.1.3 问卷法一节。我们如何选择最优方式？这就要求编题者根据材料的性质、特点和问卷的内容及对象来综合考虑。如果我们要采集消费者的满意度，就可以用封闭式问卷或直陈式态度量表；若要了解消费者的消费理由或心理预期值，就可以采用访谈法并辅以直陈式态度量表予以补充。

(3) 制定和修订问卷。制定消费者满意度问卷实质上是制作一份态度量表，它由一套有内在联系的句子组成，这里的内在联系由消费者的消费理念、动机、观念、生活方式、兴趣、爱好和个性等多维度组成，涵盖消费心理的主成分。问卷的质量需要通过预测，甚至多次预测、多次修改，方可得到较为理想的 CSI 问卷。

5．问卷预测

(1) 问卷预测注意事项。项目究竟是优还是劣，不能仅由编题人的主观感受或推理来决定，而要由实践来检验。因此，在确定正式问卷之前，必须对初拟问卷进行试测，以检验其可信性和可靠性。在进行预测时应注意几个问题：一是用于预测的样本，应来自本方案正式使用的目标消费者，否则就不能对项目进行科学的检验；二是不仅要求被测按题目要求回答，而且要求其报告主观感受以及超出题目以外的想法，以备修正之用；三是在测试时要随时记录被测的反应，以作为方案修订时的参考。

(2) 问卷预测的意义。问卷预测有三个方面的意义：一是了解编题者未意识到的问题。消费者千千万万，需求多种多样，编题者是难以先期预想的，而通过预判就可以了解到这些未意识到的问题。二是鉴定题目表达形式的好坏。在预测时，我们可以了解到哪些题目使消费者理解困难，哪些题目使消费者不知如何作答，哪些题目可有可无，哪些题目容易引致误会，等等。

有了这些反馈信息，我们就可以对题目作进一步的修正。三是了解消费者对问卷本身的态度。消费者对这类问卷是否有兴趣？题目长度应是多少才不至于使消费者感到厌烦，什么样的题目表达方式才能吸引消费者的全面合作？有了这些信息，就可以制定出使消费者满意，并积极参与的问卷。经过初选确定的项目是否能准确地问出消费者的真实状况，这还需要进行一系列的工作，主要体现在问卷项目的选取和编排上。

6．问卷项目的选取

经过前面的工作所获得的项目总是多于正式使用的项目。为了保障问卷方案的简短性，只能从备选方案中选择优秀的项目进入最终方案中，优秀项目即区分度高的项目，所选取的项目必须有较高的区分度，所谓区分度，就是指问卷的项目对所要测试内容的区分程度或鉴别能力。对于区分度的确定，可参考总加态度量表法，只有经过区分度检验的项目，方可入选，作为问卷项目的正式录用题目。

问卷区分度高，必须做预选项目的区分度考验工作，利用总加态度量表法的程序完成。问卷区分度考验有以下七个步骤。

第一，设想和采集某一产品的消费理由 100 个左右，力争有代表性和全面性。

第二，把 100 个消费理由做成直陈式态度量表(初稿)，并配上态度指数(五分法或七分法)。

第三，在目标消费者群体中，预测初稿 CSI 量表，并回收问卷。

第四，统计所发问卷的 CSI 总分，并按得分高低排序，将 25%的高分问卷和 25%的低分问卷取出。

第五，计算总分为高分问卷中每条项目的平均值，同时计算总分为低分问卷中每条项目的平均值。

第六，计算出高分问卷各项目平均值与低分问卷各项目平均值之差，即得出差值。

第七，最后将各项目的年均值差值按大小排序，得高分的题目表示区分度好，予以保留；得低分的题目预示区分度差，需要删除。

7．问卷项目的编排

经过项目区分度考验过的题目，可以正式入选 CSI 问卷设计的最后一道程序，即问卷项目编排。项目编排一般有以下两种形式。

(1) 集中式编排。集中式编排是将测量某一方面的内容集中编排在一起的编排方式。比如，我们在测量产品满意度时，就可以把产品功能方面的所有题目编排在一起，并将产品品质、造型、价格等方面的题目安排在各自的题目库里。

(2) 分散式编排。分散式编排是将所有项目打乱，随机进行编排的一种编排形式。比如，对产品满意度的调查方案，就可以把产品的功能、价格、造型、品质等各自题目库里的题目全部打乱，然后用消费理由、消费动机或者消费态度等综合板块排列成行。

本章小结

通过对本章的学习，我们了解了有关消费者态度的相关因素，其中包括消费者的态度分析、消费者的态度形成、消费者的态度转变和消费者满意度研究。

1. 根据消费者态度形成规律，该如何提高品牌设计水平？
2. 如何根据消费者态度转变的规律提高广告设计的效果？
3. 分析消费者满意度理论的成果对工业设计的启示。
4. 分析影响消费者态度形成的因素。
5. 分析消费者满意度产生的原因。

第6章

设计心理的微观分析

本章导读

所谓设计心理的微观分析，就是分析影响消费者行为的内部环境，即影响消费者行为的个体要素。这些要素主要包括消费者的年龄、性别、个性和家庭。

6.1　年龄与设计心理分析

不同年龄阶段的消费者因生理、心理及社会经历的差异，会形成不同的消费心理和消费行为。根据年龄来划分消费品市场的特点，有助于产品的设计和生产，一般可划分为儿童与儿童用品市场、青年与青年用品市场、中老年与中老年用品市场。

6.1.1　儿童与儿童用品市场分析与设计

1．儿童的消费特点

儿童期是个体消费的依赖期，儿童的消费内容在很大程度上由成人作出选择，且他们的购买能力和购买意愿等都不同程度地依赖家长的帮助。比如，我国有一项对儿童玩具购买心理的调查研究表明，在影响选择的 17 种因素中，排在前面的 4 个重要因素是玩具有安全性、玩具有助于儿童技能和创造力的培养、玩具对孩子的吸引力、玩具的年龄特征。前两个因素以家长的购买心理为主，后两个因素才是儿童的购买心理。因此，我们的产品设计人员除了要研究儿童的消费心理，还要注意家长的购买心理。这样才能使产品赢得儿童用品市场。儿童的消费特点包括以下几方面。

(1)　消费能力逐步提高。随着儿童的社会化进程的发展，依存性逐步减少，独立性逐步提高，消费的自主能力不断显现。进入小学阶段，不论是对自己消费内容的选择，还是对各种产品的观察、对产品质量的鉴别、对商标和广告的记忆，都反映出自主能力的提高。

(2)　消费需求日益复杂。在新生儿期和婴幼儿期，以消费生活必需品为主，主要满足其生理需求和安全需求。儿童上学后，开始群体生活，其社交需求和更高的社会需求便增加，对消费品需求的内容相应也扩大了。

(3)　儿童消费的模仿性强，趋同心理明显，尤其是在少年期。心理学家霍克和巴尔的研究指出，少年儿童把服装看成获得他人认可和赞赏的方式，他们希望在服装上完全相同，这在初中学生身上表现得最强烈。这种趋同心理，是我们预测生产儿童规格用品的依据。

2．儿童用品市场分析与设计

我国的儿童人口约占全国总人口的 30%。据城市的调查，儿童在家庭消费的总开支中约占 40%，因此，儿童用品市场潜力巨大，容易开发，但还未全面开发。

开发儿童用品市场，要根据各年龄阶段儿童的心理特点设计孩子喜爱的产品。现代家庭中子女是家中的“小太阳”，选购儿童商品自然由儿童自己“拍板定案”。因此，造型有趣、想象力丰富的设计，包装精良、色彩绚丽、富有童话色彩的装潢，能引起儿童的注意，诱发他们的购买动机，促成他们的购买行为。另外，儿童用品的广告设计，也应当生动活泼、富有情趣，常常通过儿童喜爱的形象，如孙悟空、小猪佩奇等动画片中的形象来做广告宣传，给孩子带来欢乐和愉悦，是促销儿童用品的有效方式。

开发儿童用品市场，除了根据儿童消费心理设计和生产以外，还要把握家长消费心理。另外，还有一个值得注意的消费趋势是，当今的家长越来越重视儿童的早期教育和智力投资，在目前的家庭消费中，智力投资的比重普遍上升。因此，我们的产品设计人员应当把握家长的消费趋向，在产品的品种、造型、包装、装潢、商标设计方面突出这一特点，在产品广告的宣传重点上也突出智力开发，这必然迎合儿童家长的心理，使儿童用品有很好的市场。目前，有些厂商把握了这一消费规律，收到良好的经济效益。比如，开发儿童智力的营养食品、智力玩具、智力图书，培养儿童特殊能力的音乐、美术用品等。

星巴克的“假日杯促销活动”就是一个很好地利用顾客消费心理，提高销量的例子。

2018 年 11 月初，星巴克在店内推出了限量促销活动，推出了由可重复使用塑料制成的红色节日杯。当消费者购买了焦糖拿铁、薄荷摩卡和巧克力摩卡这三种节日饮品中的任意一种时，他们会用红色节日杯子来装饮料。在接下来的两个月里，他们可以在下午 2 点以后使用红色假日杯，每次买饮料可以便宜 3 元。

星巴克“假日杯促销活动”有效的原因，至少有以下 5 点。

1．产生一种责任感

该促销活动使接受者有义务获得可重复使用的杯子。与普通的纸杯不同，当顾客拿到这个更结实、更吸引人的杯子时，标签上显著地写着：“我们送给您的礼物。社会学家发现，当一个人收到一份礼物时，即使是意料之外的或主动提出的，互惠效应也会被激发。受赠人觉得自己有义务在未来回报对方，从而建立了一种“复杂的给予和索取模式，有助于建立社会团结的道德标准”。星巴克在标签上明确指出杯子是礼物，这是在激发顾客的自然冲动，让他们从该公司买了东西，想要退回礼物。

2．需要顾客的努力行动

也许价格促销最重要的目标是根据顾客对价格的敏感性来区分他们。例如，如果超市简单地降低汰渍洗衣粉的价格，每个买汰渍洗衣粉的人都会得到优惠。

但是，如果它先要求顾客在手机上下载优惠券，并在购买商品时出示优惠券，以获得更低的价格，只有那些真正想省钱的人才愿意找这个麻烦。另一些人则不愿意找这个麻烦，宁愿付全价。

星巴克的促销也是如此。只有那些想在节日饮料上省 3 元的顾客才会不厌其烦地把杯子带回来，其他人则会忘记带杯子而付全价。只有那些在乎折扣的人才会得到折扣。

3．达到预期目标

许多降价促销之所以失败，是因为没有考虑到公司到底想要达到什么目标。如果一家酒吧在晚上 7 点左右提供减价优惠，此时大多数顾客都会来买酒，促销活动就会失败，因为它会以较低的价格出售酒吧本来就会出售的酒。

相反，如果酒吧只在下午 3～5 点提供减价优惠，它可能会在一天中销售速度比较慢的时间段吸引一些新的顾客，从而增加销售额。

星巴克的促销活动就像第二个酒吧。它鼓励顾客在一天的晚些时候来店里喝假日咖啡，通常在这个时间段销售速度比较慢。

4．提供适度的激励

因为他们给的折扣太大了，因此，很多价格促销都失败了。家具店因此而臭名昭著。他们会声称提供正常价格的50%、75%或80%。这不仅会引起潜在客户的怀疑，也会损害正常价格的完整性。以星巴克为例，该公司为消费者真正感兴趣的节日饮料提供了3元的适度奖励。这样既保持了公司产品的优质，又回报了客户。

5．树立公司品牌

许多定价专家对价格促销的一个担忧是，它们会损害品牌。当一个公司不断地进行价格促销时，顾客会怀疑它的产品和服务的质量是否好。他们变得不愿意付全价，而要等到下一笔交易的到来。

围绕着独特的红色杯子的价格促销，节日的象征绕开了这个问题。它不但没有损害星巴克的品牌形象，反而让顾客们可以看到这些坚固的杯子，并一次又一次地使用。同样，华为P30Pro的推广是在产品广告中导入情感内涵使其能够更贴近消费心理：华为P30Pro系列广告涉及爱情、友情、亲情及家国情等情怀，有创造力地表达出产品的功能信息，引导消费者的心理，通过内涵思想促成其产生购买行为。在产品广告中导入情感内涵，带动的怀旧回忆风引发的热议远远超出预期，对手机的联想被画面中的童年玩偶、甲壳虫、破旧的电影票等物品所创造的心理感动加持，会使受众沉浸于回忆之余增加对广告主体和广告产品的印象。

通过在内容中导入情感，引发顾客情感共鸣，最大限度地吸引消费者，从而达到声浪传播与产品营销的目的。华为P30Pro广告从最能挖掘出产品个性的最佳视点，精心塑造出一个良好的个性化产品形象——“悟空”，使受众能够很好地接受商品，展示出广告的内涵价值。商品形象既是特定商品的价值符号，也是广告内涵的具体表达。在产品广告中导入情感，实则是对消费心理的贴近。

6.1.2 青年与青年用品市场

1．青年的消费特点

青年人的生理发展已趋成熟，可以独立掌握自己的消费开支，不但自己挣钱自己花，而且父母给的钱也是由自己支配的。由于家庭负担轻，经济收入中直接用于自身消费的份额很大，青年人的消费能力相对较强。但是，生理的成熟并不意味心理的成熟，表现为独立性与依赖性共存：强烈的求新、求异心理与识别能力低的矛盾，情绪热情奔放、追求时尚和缺乏理智判断的矛盾，以及理想与现实的矛盾，等等。这些心理活动的特点反映在青年人的消费行为中，表现为消费意愿强烈多样，消费倾向标新立异，消费中情感色彩较浓，冲动性的购买行为较多，经常表现为：人家没有的想要有，人家有的要跟着有，人家都有的不想有。因此，在青年消费者中，“炫耀欲”和同调性普遍存在。青年人具有好奇、好胜和狂热心理，易受新奇事物的吸引和感染，往往缺乏冷静的识别和判断，对于产品导向的不良影响容易上当受骗，因此，企业产品的开发，不仅要注重经济效益，还要注重社会效益。比如，我们的图书市场、音像市场以及其他产品市场的产品设计和生产，要注意能诱发青年积极进步和健康的情绪，引导他们合理消费，不仅关心他们的物质文明，也关心他们的精神文明。

2. 青年用品市场分析与设计

我国青年人口约占全国总人口的 33%，加上青年人的消费能力较强的因素，构成了一支举足轻重的消费者队伍，青年人的消费内容丰富多样，但又几乎没有为他们所特有的商品。因此，区分青年用品市场，不仅要分析青年的消费内容，还要分析青年人的消费方式和消费特点。

青年人的消费方式是以求新求奇的消费倾向、求美求名的消费动机和冲动性的购买行为表现出来的。求新求奇，即新奇偏好，是指在购买过程中对新产品和奇特产品的追求，这种求新求奇的倾向，实质上是青年人求知欲、创造欲在消费心理上的反映。我们的新产品开发和新产品设计要注意新颖和时尚，因为青年人是时髦产品的最主要顾客。青年人求美求名的心理也很强烈，他们欣赏美、创造美，也喜欢欣赏自己的美、创造自己的美。在消费活动中，他们购买的商品，不仅要求产品造型美观，还注重包装、色彩的美感，至于产品价格的高低他们似乎并不在意。购买动机的炫耀欲和同调性也很突出。因此，设计青年消费用品时，应当以审美价值和威望名誉价值为主，从造型到包装、商标都反映出优美、名贵和令人羡慕。青年人冲动性的购买行为是指他们购买行为迅速、果断、反应快，购买过程短，不需要长时间的考虑，只要他们认为合意的商品，即使预先没有购买计划或暂时没有购买力，他们也会想方设法，迅速作出购买决定。他们极易受广告宣传的影响。因此，厂商要注意青年消费者的特点，使经营者的广告拥有较高的成功率。

此外，青年人活跃，影响广泛，他们的消费行为能在较大程度上影响中老年人，从而扩大商品的市场占有率。比如，牛仔裤、牛仔衫已不是青年人的特有商品，中老年人也乐意穿着；又如，跳迪斯科舞，也是青年人开风气之先，然后推广到各年龄群体。因此，国外广告设计者，非常重视青年人的先导作用，在时装、化妆品、日用品、食品等的广告宣传中，由青年人唱主角，取得了既经济又明显的广告效果。

6.1.3　中老年与中老年用品市场分析与设计

1. 中老年的消费特点

中老年消费者是年龄区间最大的一组，既包括中年人又包括老年人，中年人是指 45～59 岁的人，老年人则是指 60 岁以上的人。他们的消费特点既有不同又有相似之处，因此可在一起分析与比较。

首先，中老年人的消费能力相对较弱。中年人一般上有老、下有小，经济负担较重，虽然其经济收入比青年人相对高，但直接用于个人的消费部分并不多；老年人首先考虑的是子女的成家、添丁的经济补贴，用于自身消费的也不多，表现出我国传统文化的一个侧面，即中老年人消费的自我压抑。

其次，中老年人的消费需求集中稳定。中年人的消费主要集中于家庭和子女的需要。相对而言，老年人的消费需求更为稳定而集中，他们相信自己的消费习惯，不为新产品广告所动，他们一般根据自己心理和生理变化的特点，相应地增减消费需求。

再次，中老年人的消费决策求实随俗，很少出现像青年人那样的“狂风波涛”式的冲动购买。他们理智、求实，从长计议地安排自己的消费行为。在消费决策的各项准则中，价廉物美是中老年人的购物准则。一些“一物多用”的产品颇受他们的青睐，这当然是出于少花钱多办事的考虑。老年消费者一般注重传统的消费习惯，而中年人则不同，既有遵守传统的一面，又有注意随俗的一面。

最后，中老年人消费观念的变化。随着改革开放的不断深化，中老年人消费观念和消费方式有了很大的转变，这种转变中年人已逐步适应。比如“吃讲营养、穿讲漂亮、用讲高档”的消费观念已逐步代替“新三年，旧三年，缝缝补补又三年”的旧消费观念。这种转变也影响着老年人，使更多老年人从“看不惯”向“看得惯”转变。这种转变使中老年用品市场发生了巨大的变化：过去不活跃的中老年市场，如今也日趋活跃，随之形成许多缺口，这是我们厂家和设计人员必须重视的市场动态。

2．中老年用品市场分析与设计

在我国人口中，60 周岁及以上的老年人占比为 17.3%，其中 65 岁及以上的老年人占比为 11.4%。中老年人年龄跨度大，因此这个群体的市场是巨大的，又有长期稳定的需求。对于中老年人的产品，既要注意到一般的需求特点，又要看到改革开放对传统消费观念的冲击。设计中老年人使用的新产品，一般要满足其求实、求廉的心理，符合大众的从众心态。因此，厂家应从降低成本、提高质量和产品功能着手，努力扩大自己产品的市场占有份额，同时也应发现中老年人用品市场的新动态。比如，中老年人的服装市场，中年人已不满足传统的服装，他们要求把自己打扮得年轻漂亮，但发现适合他们的服装较少；即使爱美之心已较淡薄的老年人，也有对称心如意的老年服装的强烈需求。这就形成服装市场上中老年人买衣难的问题。虽然我们的服装推广人员和厂家做了一些努力，开发了一批新产品，但仍未填补这一缺口，尤其是老年服装，只在服装型号的加肥改瘦上做文章是远远不够的。老年人的消费观念也不是一成不变的，许多人总以为老年人只能穿灰、蓝等暗淡色调的衣服，但事实上只要样式得体，老年人也喜欢色泽鲜艳的服装。国外老年消费者往往选择比年轻人更艳丽的服装，以使自己更显年轻。有迹象表明，中国老年消费者也正朝这一方向发展，“老来俏”不再是贬义词。从中老年人生理发展的特点讲，他们对健康的需求更为重视，因此保健用品对于中老年人具有极大的吸引力，如各类滋补品、疗效食品、体育用品、家用治疗器等。近年来，我国的保健品有了极大发展，出现了许多新颖的产品，都很受欢迎。由于外来文化和青年消费的示范效应，中老年消费观念发生转变，中老年的消费自我压抑现象有所改观，他们的消费内容也日趋复杂。这些新的动向表明：中老年人的消费活动逐步增强，消费需求也日趋丰富，消费决策将从求实求廉的动机向求新、求美的动机转变。因此，设计和生产中老年消费品，应当超越传统的设计思想，从满足人们高层次的审美自尊等精神需求着眼，以便占据未来的中老年用品市场。

6.2　性别与设计心理分析

不同性别的消费者，由于生理心理特点不同，在社会和家庭的角色不同，往往表现出不同的消费特点，具有不同的消费行为。因此，把握消费者在购买行为上的性别差异，对产品的设计、开发、广告策略等有十分重要的意义。

6.2.1　心理的性别差异

消费心理是人的心理现象在消费活动中的表现，消费行为的性别差异是人的心理性别差异在消费活动中的反映。因此，我们应首先分析人的心理的性别差异。性别差异反映在人们活动的许多方面，与消费者心理有关的是两性的记忆差异、思维差异、情绪差异和个性差异。

1．两性的记忆差异

记忆是人脑对过去接触过的事物的反映，包括识记、保持和回忆等基本过程。不同性别的人有不同的生理机制，因此产生两性的记忆差异。一般而言，女性擅长描述性的记忆，而男性侧重于逻辑思维性的记忆，这就是女生对单词、诗篇有较强的记忆能力的原因之一。同时，女性相对于男性而言，有较强的情绪记忆能力，她们善于体验某种情感，善于回忆当时当地的情景，女性较容易触景生情。此外，在识记过程中，男女也有差别：女性大多用机械识记的方法，根据材料的外在联系采取简单重复的方法进行识记；而男性则较多采用意义识记的方法，通过对材料的理解进行识记。

2．两性的思维差异

思维是人脑对客观事物的间接性和概括性的反映。思维过程包括分析、综合、比较、抽象和概括等环节，其中分析和综合是基本过程。男性和女性的思维差异主要表现在思维能力上，特别是抽象思维能力上。一般而言，女性有较好的具体思维能力及形象思维能力，男性有较好的抽象思维能力和逻辑推理能力。

3．两性的情绪差异

情绪是人的需要是否得到满足而产生的一种态度的体验。情绪有较强的情景性、激动性和短暂性。男女在情绪过程中有明显的差异。首先，女性特别是年轻女性胆小、怯懦和多虑；而男性则相对勇敢、大胆。其次，女性比男性更容易产生移情。所谓移情，是将自身置于他人的情绪空间之中，感受别人正感受着的情绪。女性有更强的同情心便是例子。最后，女性的情绪稳定性差、易受暗示、遵从性强。因此，女性消费者易受广告和商品外部形象的影响。

4．两性的个性差异

个性，西方亦称人格，是指人的外在自我和内在自我的总和。个性是一个人表现出来的本质的、经常的、稳定的心理特征，主要反映在能力、气质和性格上。两性的个性差异主要表现在以下 3 个方面。

(1) 男性比女性更具攻击性。这种差异在 2～2.5 岁儿童的游戏阶段就已出现，男孩喜欢刀、枪等攻击性玩具，而女孩则喜欢洋娃娃。

(2) 男性比女性更具支配性。这是社会文化对男性的角色期望造成的，这一差异不如攻击性那样明显，但它潜在地反映在人们的社会活动中，尤其是在有“男尊女卑”的传统思想的国家中。

(3) 男性比女性更富有自信心。心理学家曾做过研究，让一群学生参加考试后，立即要求他们根据自己的情况预测自己的成绩，女生的自我评估分数往往要比男生低。男生总是过高地估计自己，女生经常比较保守地估计自己，这说明男性更富有自信心。

6.2.2 消费心理的性别差异与设计

消费心理的性别差异，主要反映在男、女消费者的购买能力、消费需求和购买决策的不同。

1．购买能力的性别差异

虽然男性的经济收入可能较高，但其直接用于个人消费的部分却不一定高于女性。在我国，社会、经济、文化发展较好的城镇，男性的购买力低于女性，即使在比较落后的地区，男性的购买力也只接近女性。国外的统计资料表明，家庭消费品的购买，女性占 54%以上。因此，重点研究女性消费心理尤为必要。

2．消费需求的性别差异

女性用品数量之多、品种之繁、色彩之艳、装潢之精是男性用品市场望尘莫及的。我们发现，完全为男子独有的商品非常少，一般只能列出男性的服装、鞋帽、化妆品、剃须刀等几项。女性消费者擅长情绪记忆和具体形象思维，她们对产品造型、包装设计以及商标装潢上的考虑多于男性消费者。因此，产品的设计者、广告的制作者应充分理解女性消费心理，重点研究女性用品市场的变化是厂商营销成功之关键。

3．购买决策的差异

男性消费者购买决策时间短，表现在挑选商品迅速，他们逻辑思维强，只注重商品的质量和效用，对商品的外观和包装则不太在意；而女性消费者则细腻谨慎。我们不难发现，在商店柜台前久留的多是女性消费者，而“来去匆匆”的大多是男性消费者。

女性消费者既考虑质量、价格，又考虑花色、样式、包装、装潢，她们相信具体思维，对产品的了解不是依据广告的说明，而是通过他人使用后的口传信息和自己接触后的感想。但男性消费者则较多地通过广告获取商品信息。女性消费者易受暗示和感染、从众现象也较普遍，因此，要做好女性用品的广告宣传和橱窗设计，激发女性消费者的购买动机。在女性用品的设计过程中，要注重产品构造的细微之处，加强产品的包装和装潢设计，同时还要注意提高女性用品柜台营业员的素质，包括有较多的商品知识，较强的耐心，保持百拿不厌、百问不烦的服务态度，等等，这些要点是占领和扩大女性用品市场至关重要的。

6.2.3　女性消费心理分析与设计

综上所述，女性的购买能力、购买需求和购买决策与男性有明显不同。鉴于女性用品市场的重要性，有必要专门分析女性消费心理。

女性不但为自己挑选商品，还要主持全家人的消费。我们的广告宣传和包装、装潢设计若能增添夫妻情感、母子情感的色彩，其促销效果比直接正面宣传会更有效。比如，“你买下这件夹克衫，你丈夫穿起来一定气派”“你孩子戴上这顶帽子，保准谁见了谁喜欢”，这些语言会激起女性的强烈购买动机。总之，女性消费心理的特点，主要有以下几个方面。

1．强烈的购买动机

女性的购买动机在许多方面比男性强烈。由于女性在家庭中的角色，其料理家务比男性多，家庭观念比较强，考虑家庭的开销比较多，因此，女性在购买生活必需品方面有强烈的动机。

2．求实的购买心理

已婚女性要权衡一家的消费支出，总是精打细算。她们购买时讲究经济实惠，挑选商品时仔细，甚至有时“斤斤计较”。

3．从众心理

女性的从众心理比男性强，在消费行为中，女性易受市场环境影响，也容易被他人的行为左右。例如，许多人抢购某种商品，其也参加抢购；朋友说这双鞋并不好看，其就放弃购买。

4．自信心不强

尽管许多女性热衷于购物，对“逛商场”有较高的热情，但在做购买决定时却总是犹豫不决，表现出自信心不强。同时，购买后也易反悔，退货、换货以女性消费者居多。

5．爱美心理

“爱美之心，人皆有之”，而女性更甚，这与两性的审美差异有关。女性对男性的容貌和打扮并不十分注意，她们注重的是男性的意志和力量，女性本能地回避“奶油书生”而喜欢男性阳刚之美就是这个道理。相反，男性对女性形象的要求则比较高，他们很注重女性的仪表和修饰。女性为了把自己打扮得更美丽、更漂亮，热衷于化妆品、服装、鞋帽以及金银首饰等女性用品的购买。女性不但对美有强烈的追求和感受，而且喜欢创造自己的美。女性用品的设计师从她们那里可以找到丰富的创作源泉。

6．注重直观

女性购买行为的一个显著特点就是，她们对商品的观察和记忆注重外表和直观，她们对商品评价富于形象思维。色彩鲜明的包装和富有美感的橱窗设计会引起女性消费者的注意，使其产生好感并进而激起她们强烈的购买欲望。她们对产品的造型和外表十分挑剔，有时竟因产品的商标没有贴正、外包装被弄脏而放弃购买。

7．女性联想力强

女性喜欢自我卷入，她们不是客观地分析产品的优、缺点，而是根据自己的经验来决定购买与否，因此厂家的广告设计和产品的命名都应分析女性消费者的联想和心理活动，进而决定女性用品的宣传方式。

当前一些女性化妆品的广告多用貌美、年轻的演艺人员，其实效果未必好。许多女性在看了广告之后，会想“反正我没有那么美，我也用不着使用这么好的化妆品了”。这种联想使广告宣传产生负效应，并不能产生很好的促销效果。倘若广告情境中一般人甚至有某种缺陷的人在使用化妆品之后，变得年轻貌美了，或许效果就不同。又如，有些“减肥茶”“消胖美”等女性减肥用品广告，会引起消费者的焦虑和不安，因为其购买这种商品时，心中会嘀咕人家会不会认为其肥胖，购买这种商品无疑承认自己是肥胖的。社会心理学研究表明，女性比男性更易产生“移情作用”，她们往往设身处地地考虑广告宣传和商品的命名。为了打消女性消费者的这些顾虑，更改命名方式，效果可能会好些，比如“消胖美”改成“苗条霜”，销量就大增。

8．讲究服饰

与男性相比，女性更乐于自我表现、自我陶醉，她们讲究服饰以满足自我表现欲望。女性在力量上不如男性，但她们也有成就欲和进取心，借助服饰来表现能力、个性甚至地位自古就有，这是女性乐于购买服装的基本动机之一。女性服装市场是最广阔、最巨大的服装市场，把握女性购买服装的心理，是设计和生产女性消费者喜爱的服装产品的重要一环。女性着装希望反映个性，不愿雷同，追求“人无我有”的着装愿望。北京华歌尔时装有限公司是中外合资企业，以短周期、快速度不断推出女装新款式，而且每种设计只生产几十件到几百件(套)，虽然售价较高，但迎合了女性消费心理，总是销售一空。另外，女性服装心理引起的焦虑比男性多，穿着不入时的服装怕被人说“老古董”“乡巴佬”；穿大众化衣服怕被别人说寒酸；穿适合于工作的制服又怕被别人说地位低下。总之，她们希望服装的品种、款式和价格能有更广泛的挑选余地，以满足不同场合的不同着装需求。女性一般喜欢穿华贵的服装，在大庭广众之下，显得落落大方，而男性穿上却往往会觉得别扭，在众人面前感到尴尬。因此，华贵、时髦、别致的女性服装设计，会有很好的市场。

6.2.4 男性消费心理分析与设计

男性在消费心理上不同于女性，男性消费心理有以下特点。

(1) 男性的购买动机。一般来说，男性的购买动机在许多方面不如女性强烈。在家庭中，男性在购买欲望上不如女性那么主动、积极。男性往往是需要穿时才购买者居多，如无购买必要，男性很少光顾商店或市场。

(2) 男性的嗜好。男性的嗜好比女性多，而且较为强烈。男性是烟、酒、茶的主要消费者；男性好动，对运动类商品、棋类、牌类也较喜欢；另外，男性中喜欢古玩、字画、钓鱼、集邮者也比女性多。总之，在男性购买的商品中，满足嗜好的商品是重要的内容。

(3) 男性的购买决策。男人较为理智自信。他们往往在购买之前就物色好了购买对象，购买比较迅速。男人的犹豫不决一般发生在购买之前，一旦成交，很少后悔。男性对商品的整体感知较强，加之性情豪爽，因此不愿在柜台前花太多时间去挑选商品，满足于"还行""还过得去"，即便买到的商品稍有问题，只要无伤大雅，也能接受。

(4) 男性的价格心理。男性对价格的高低不如女性敏感，男性往往重视商品的质量，只要商品合意，往往不在乎价格高低，更不愿过多地讨价还价。

(5) 男性的求便心理。男性的求便心理比女性突出。男性购买小商品时喜欢在居住地附近购买，喜欢一次性购买，希望一次能尽量将所需要的商品都买到。男性讨厌购买时排队，如排队时间过长就会心生厌倦以至于放弃购买，或转到别处购买。男性喜欢使用方便的商品，比如单身男性喜欢吃方便面。

(6) 男性的自尊心理。男性自尊心较强，"爱面子"，怕别人说自己"穷""无能""小心眼"。男性尤其不愿意让别人怜悯自己，认为让别人怜悯是无能的表现，即使在购买中吃亏上当，他们也是"牙打掉往肚里咽"，绝不愿让他人知道，不像女性那样受骗后易冲动，叫苦连天。男性重视商品的质量，购买时不愿过多地讨价还价，也是自尊的表现。

(7) 男性的"做东"心理。男人最忌讳别人说自己"小气"和"吝啬"。男性比女性更喜欢"做东"。几个人凑在一起吃饭，男性总是争先恐后地付钱。男性在馈赠亲友礼品时也比女性大方，宁可自己平时节衣缩食，送人礼品时也要"拿得出手"，许多女性对男性的这种心理往往不理解。其实，男性在"做东"时或送亲友礼物时，那种心理上的快乐往往是女性难以体会和理解的，这种心理就是自我表现。男性不像女性那样喜欢通过服饰和首饰表现自我，男性的服饰比女性朴素、实用，但不等于男性没有表现自我的心理。实际上，男性的自我表现欲也很强烈，"做东"是一种自我表现，给别人送贵重礼物也是一种自我表现。

(8) 男性的家庭消费观。在许多家庭里，男性对自己的穿戴有时很随便，但在给妻子买衣服和首饰时却十分积极，不仅舍得花钱，而且舍得花时间和跑腿儿。男性很痛苦自己的妻子、儿女没有漂亮、时髦的衣饰，因为妻子、儿女的衣饰是世人观察男性社会地位和经济实力的"窗口"。在购买家庭基本建设方面的大件商品时，男性往往是优势决策一方，他们相信亲身经历，不愿人云亦云；男性较少受商品广告和宣传的影响，较少受时尚的感染，分析能力和判断能力较女性强，不易发生冲动式购买行为。

6.2.5 城市女性消费模式报告

中国人民大学舆论研究所就我国城市女性的生活状态与生活观念进行了专项调查。调查采用统一问卷、分层随机抽样的方式，共调查了北京、上海、广州、杭州和深圳5个城市的5 229

位城市女性，发布了城市女性消费模式的报告。

(1) 影响我国城市女性选择消费或接受服务的外部因素，以亲朋好友的口碑和推荐力最大，广告的作用仅占18.4%。调查表明：在人们选择消费或接受服务时，营业员或导购员的推销作用最小，只能影响5.7%的女性消费者；广告的作用居中，能影响约两成(18.4%)消费者的消费选择；相对而言，家人和朋友的口碑和推荐最有效，31.1%的消费者在选择消费或接受服务时受到亲朋好友的强烈影响。但是，对44.8%的女性消费者来说，影响她们消费选择的因素却是“不一定”。

(2) 我国绝大多数城市女性的消费计划性不强，易受诱惑而发生随机性消费行为。调查表明：我国近71%的城市女性属于花钱粗放型的消费者。其中13.7%的人属于“花钱很不仔细”的消费者；57.1%的人属于“花钱不太仔细”的消费者。当然，在我国城市女性中，也不乏花钱仔细的消费者，其中，0.5%的人“花钱特别仔细”，28.5% 的人“花钱比较仔细”，两者合计占我国城市女性总数的29%。

(3) 重视品牌和外形款式是我国绝大多数城市女性的消费倾向。调查表明：我国26.6%的城市女性“几乎总是愿意多花一点钱买自己喜欢的那种商品”，54.3%的人表示“大多数情况下愿意多花点钱买自己喜欢的那种商品”。另外，18.5%的人在这方面相对显得谨慎，表示“有时愿意这样做”，而明确表示“从来不愿意这样做”的传统消费倾向者仅占我国城市女性的0.6%。

(4) 张扬个性的含蓄型炫耀，构成了我国大多数城市女性的基本消费动机。调查表明：构成我国大多数城市女性第一位的消费动机是个性化的追求，73.4%的人表示自己在购买商品东西时“每次都会”(25.5%)或“经常会”(47.9%)考虑“所购买的商品是否可以显示出自己与众不同的品位”；其次是出于一种含蓄型的炫耀，54.8%的人表示自己在购买商品时，“每次都会”(12.3%)或“经常会”(42.5%)考虑“所购买的商品是否让人看了会称赞或羡慕自己”，考虑“所购买的商品是不是时下流行的”。时尚消费动机的人相对较少，约占我国城市女性总数的三成(30.2%)。

6.3 个性与设计心理分析

个性使消费行为产生较大的差异，这是消费者心理微观分析的重要内容，个性亦称人格，是反映一个人独特的精神面貌，是外在自我和内在自我的总和。个性由兴趣、能力、气质和性格等四方面组成，个性对消费者心理的影响是由这4个心理特征来表现的，下面进行分述。

6.3.1 兴趣与设计心理

1. 兴趣与色彩偏爱

所谓兴趣，就是一个人对一定事物所持的积极态度，反映一个人优先对一定的事物发生注意的倾向。比如，一个人对工业造型设计感兴趣，那么他对工业新产品展销会或工业设计展览会一定持积极态度，到会参观必然对好的产品造型设计反复观赏。

兴趣是个性的一个重要内容。不同的个体具有不同的兴趣，这种兴趣也表现在对商品的造型、色彩、商标等方面。

比如，儿童较幼稚，思想不成熟，往往只欣赏一些最简单、最鲜艳、最明快活泼的色彩；年轻人由于精力旺盛，朝气蓬勃，喜欢新鲜活泼、刺激性强的造型和色彩；成年人见多识广，有一定的欣赏能力，喜欢较丰富多彩的时尚产品；老年人阅历丰富，性情平和，他们喜爱造型稳健、色彩高雅的产品，而不喜欢奇形怪状的设计，他们需要更多的平稳和安宁，往往偏向于沉着含蓄的色彩。不同的兴趣爱好，反映不同的个性特点。心理学家研究了具有不同颜色爱好的消费者所具有的个性特征，并有以下几方面的发现。

(1) 喜欢绿色、蓝色等冷色调的消费者通常表现出安详、冷漠、喜欢沉思的特点。他们沉默寡言，不喜交际，但好幻想，内心世界复杂。喜欢红色、橙色等暖色调的消费者比较活泼、精神饱满、富有情感、待人热情，有时不免性急。喜欢红色的消费者一般比较喜欢活动、精力充沛、渴望刺激、对新异的装饰和陈设感兴趣，但情绪比较多变。

(2) 喜欢红褐色的消费者，多愁善感，但容易使人感到亲切，性格柔和温顺，这些人幼年可能家教较严，或在家庭中由其配偶占支配地位。喜欢粉红色的消费者性情优雅，这部分人常不自觉地表现出对“文雅”的渴望，希望忘记生活中的残酷和丑恶。

(3) 喜欢橙黄色的消费者，比较开朗乐观，好交际，喜欢结交朋友。喜欢黄色的消费者，醉心于现代作风，热心变动，但常常落落寡合，一般来说，黄色最受那些比较文雅的知识分子的欢迎。喜欢紫色的消费者，常带有神秘色彩，具有艺术家的气质，但性情可能比较怪僻。

(4) 喜欢棕色的消费者，稳重可靠，责任心和义务感强，他们不喜欢出风头，对新奇事物不大感兴趣，同时还有点固执和呆板。

(5) 喜欢棕色和绿色(相近)的消费者，非常精明，对金钱十分小心谨慎，行事以安全为第一。喜欢黑紫罗兰色或黑色的消费者，比较悲观和忧郁。喜欢褐红色接近灰色的消费者，则讨人喜欢，不坚持己见，与世无争，善于用迂回巧妙的方式获得他人的好感。

(6) 大多数人比较喜欢乳黄色及浅蓝色。偏爱乳黄色的人比较热情；偏爱浅蓝色的人比较冷静。白色和银白色，淡雅脱俗，其爱好者一般比较清高。

当然，颜色爱好与个性特征的关系也并非上述那么简单和绝对，但这些研究成果，无疑对产品目标消费者的色调及造型、包装装潢设计，有一定的参考价值。

2．兴趣与生活方式

生活方式就是一个人怎样生活，是个性的外显成分之一。研究生活方式的一种常用方法为心理图示法。这种方法可以把对消费者生活方式质的分析与描述转变为量的分析，从而制定出市场细分的标准。心理图示法多以问卷的形式进行，即通过各种陈述句，让受访者表态(用态度指数表征)。陈述的内容涉及广泛，反映消费者兴趣偏好的方方面面，几乎无所不包。心理图示法(AIO)的内容与相应的操作陈述，如表6-1所示。

表 6-1　心理图示法(AIO)的内容与相应的操作陈述

AIO 的内容	操作陈述(项目)
时间观念	出城购物太费时 我总是到能省时的地方购买
集中社区的工作	我喜欢为公众项目工作 我一直为让我们的城镇变得更美好而工作
对本地购物条件的态度	本地物价与其他城镇不一致 本地商店购买有吸引力
对超市的倾向性	我喜欢到大超市去 我喜欢超市，比城里大商场好
价格意识	我购买许多便宜货 购物时讨价还价会省钱
冒险性	只要产品看上去好，就买下它 我喜欢做新鲜事
自信	我认为自己有许多能力 我喜欢别人把我视为领导

心理图示法从 3 个维度来测量消费者的生活方式，即活动(activity)，如消费者的工作、业余消遣、休假、购物、体育、招待客人等；兴趣(interest)，如消费者对家庭、服装流行样式、食品、娱乐等的兴趣；意见(opinion)，如消费者对自己、社会问题、政治、经济、产品、文化、教育，以及将来的问题等的意见。AIO 模型首先将 3 个维度的内容变成可操作的陈述，编制成相应的调查问卷，表 6-1 列出的是一部分操作陈述，以供参考。问卷编制完成后，可抽样调查消费者，然后分析并处理调查材料，从而发现生活方式不同的消费者群，为细分市场提供依据。

以下介绍用心理图示法分析美国现代女性的生活方式，如表 6-2 所示。美国现代女性的生活方式可以明显地区分为传统的与现代的，她们之间的差异为市场细分提供了直接的依据，同样对广告战略有重要的指导意义。

表 6-2　美国现代女性的生活方式

陈述事项	同意的百分比/%	
	传统的	现代的
女性的去处是待在家里	68	30
我是一个以家庭为生活中心的人	77	62
男性比女性能干	29	18
父亲应是一家之主	81	59
在婚姻生活中，重要的是要有孩子	60	45
我只是把家庭料理得舒适，而不是时髦	92	88
尽量少花时间做饭	37	44
我最大的成就仍未实现	56	70
我喜欢对异性有吸引力	79	89

续表

陈述事项	同意的百分比/%	
	传统的	现代的
我喜欢让自己时髦些	18	39
如果独自一人在国外，我会感到非常空虚	75	64
我很想周游世界	59	74
我喜欢赛车	30	47
美国人应该永远买美国货	78	68
警察应该利用一切必要手段，维持法律与秩序	76	2
我认为妇女解放运动是一件好事	41	61
我有一些老式爱好和习惯	91	81
我喜欢科普小说	37	53

6.3.2　能力与设计心理

1．能力与购买能力

能力是指直接影响活动效率，使活动顺利完成的个性心理特征，它是先天素质和后天环境培养教育综合形成的。能力分为一般能力和特殊能力。一般能力亦称智力，指从事一般活动的本领。我国著名心理学家朱智贤认为，智力是一种综合的认识方面的心理特征，它主要包括：感知记忆能力，特别是观察力；抽象概括能力(包括想象力)，是智力的核心部分；创造力，是智力的高级表现形式。

当然智力结构理论颇多，吉尔福特甚至认为人的智力因素有 120 种。特殊能力只在特殊活动中起作用，如音乐能力、美术能力、机械操作能力等。一般能力与特殊能力存在有机的联系：一般能力的发展为特殊能力的掌握提供基础和条件，而特殊能力的发展又能促进一般能力的提高。消费者的购买行为需要多种能力的综合运用，主要表现为对商品的识别能力、挑选能力、评价能力、鉴赏能力，对商品信息的理解能力和购买的判断能力，这些能力的协同表现称为购买能力。比如，消费者在购买服装和布料时，需要对布料的感觉能力，摸一摸服装和布料的质地；需要识别能力，观察产品的质量和花色；需要与别的产品进行比较，评价所选的服装和布料；最后，还需要综合决策能力，决定购买与否。一般购买能力强的消费者，不需要外界因素的过多参与，挑选、购买迅速、成交率较高，买后退货现象也较少。而购买能力较弱的消费者，常表现出犹豫不决，易受购买环境的影响，倘若销售人员采取有效的促销策略，如介绍产品、当场示范以及简易的广告说明书等，对促成消费者的购买行为实现具有十分重要的影响。

2．能力与全员培训设计

与能力有关，但又与其不同的两个概念是知识和技能。知识是概括化的经验系统；技能是概括化的行为模式；而能力则是概括化的心理特征。能力发展到一定阶段就会定型，但知识和技能可以不断积累，这对于企业和设计师有重要的启示。尽管消费者的能力有限，有高低、大小之分，但人可以通过不断学习获得新的知识和技能。在科学技术、生产力不断发展的现代社会，不断提高企业和设计师的整体文化技术素质，是保障组织生存发展的重要方式之一。因此，许多大型且有战略远见的企业都重视员工素质的培养，把人的素质提高视为企业发展的基本前提。以称霸全球的快餐品牌麦当劳为例，麦当劳的培训体系与每个伙伴的工作密切相关，它贯穿整个系统的整个阶层。它分为麦当劳员工的培训体系、麦当劳管理组的培训体系和麦当劳的培训追踪系统。麦当劳秉承分级培训模式，强调团队合作，讲求营训合一。

费舍尔更深刻地指出：公司企业文化和价值体制的延续，是公司的一把保护伞，我们就在这顶保护伞下从事经营活动。维护这把伞是管理一家全球公司的最大挑战。他重视企业内部顾客(员工)的满意度，尤其是长远的满意度提升的工作，即个人生涯规划的设计工作。

6.3.3 气质与设计心理

1．气质类型

气质，是个体典型的表现于心理过程的动力方面的特点，包括心理活动的速度、强度、稳定性和指向性方面的内容。比如，人的知觉速度有快慢，人的意志程度有强弱，人的思维灵活程度有高低，人的注意稳定时间有长短，人的活动指向性有的倾向于外部事物、有的倾向于内部事物，乐意体验自己的思想和情感。这些特点使个人的心理活动染上了独特的色彩，形成多种气质类型。人的气质类型一般有 4 种，即兴奋型、活泼型、安静型和抑制型。4 种气质类型在行为方式上的典型表现如下。

(1) 兴奋型：表现为直率、热情、精力旺盛、脾气急躁、情绪兴奋度高、易冲动、反应迅速、心境变化剧烈，具有外倾性。

(2) 活泼型：表现为活泼、好动、敏感、反应迅速、喜欢与人交往、注意力易转移、兴趣和情绪易变化，具有外倾性。

(3) 安静型：表现为安静、稳重、反应缓慢、沉默寡言、情绪不易外露、注意力集中且稳定难以转移、善于忍耐，具有内倾性。

(4) 抑制型：表现为情绪体验深刻、孤僻、行动迟缓且不强烈、善于觉察他人不易觉察的细节，具有内倾性。

2．消费气质类型

气质与消费行为有密切的关系。在现实生活中，可以观察到具有上述 4 种典型气质类型的消费者是不多的，大多数消费者的气质近似某种气质类型，或是几种气质类型的混合。消费者在各自的消费行为中有不同的表现，其原因之一就是由消费者的气质类型决定的。根据气质类型划分的消费者类型包括以下几种。

(1) 习惯型：以安静型和抑制型气质居多。其特点是注意力集中，体验深刻，习惯因素强，购买迅速，较少挑选和比较，常常表现为某一商标的信赖者。

(2) 理智型：以安静型气质居多。其特点是冷静、慎重，选择和比较细致，受外界因素影响小，善于控制情绪。

(3) 定价型：以抑制型和活泼型气质居多。其特点是重视价格，善于发现价格变动和差异，对价格反应敏锐和迅速，多数人倾向于廉价商品，如果经济条件许可也会倾向于高价商品。

(4) 冲动型：以兴奋型气质居多。其特点是易冲动，心境变化剧烈，喜欢追求新产品，较多考虑产品外观和本人兴趣，销售宣传对冲动型购买者影响特别大。现代人生活节奏加快，消费者购买商品的时间逐渐减少，加上电话订购、电视导购和网购方式的深入发展，冲动型购买者的数量显著增加，这为刺激消费和扩大销售提供了市场心理的微观背景条件。

(5) 想象型：以活泼型气质居多。其特点是活泼好动，注意力容易转移，兴趣易变换，易受情绪影响，想象力和联想丰富，审美意识强，易受产品外形、颜色和名字的影响。

(6) 不定型：各种气质类型者均有。这类消费者通常缺乏购买经验和商品知识，购买心理不稳定，一般是应急而买，奉命而买，或者顺便购买。

6.3.4 性格与设计心理

1. 消费性格与类别

所谓性格，是指个体对现实的态度和与之相适应的习惯化的行为方式，它具体反映在对现实的态度方面的、意志方面的、情感方面的和理智方面的性格特征。性格特征反映到消费者对产品的态度和购买行为上，就构成了千差万别的消费性格。消费性格主要表现：消费态度上，是节约还是奢侈，是控制还是放纵等；消费倾向上，是保守还是自由，是富于幻想还是立足现实，是求新还是守旧；消费情绪上，是乐观还是悲观，是抑郁还是开朗，是表现在外还是倾向于内；购买决策上，是独立还是依赖，是民主还是专制；购买方式上，是冲动还是冷静，是稳定还是波动；购买行动上，是迅速还是迟疑；等等。

早期心理学家奥尔伯特(G.W. Allport)等根据人们所持的价值观把消费者划分为六种性格类型，即理论型、经济型、审美型、社会型、权力型、宗教型，并指出他们的消费行为的不同特征。

(1) 理论型的消费者，是指追求真理的人，他们直面事实，关心变化，胸怀宽广。

(2) 经济型的消费者，是指以效用和价值为生活准则的人，这种人价值意识强，只想买实惠的东西。

(3) 审美型的消费者，对消费品追求美的价值，以审美观点来衡量商品的价值。从审美心理来看，喜欢新的、有变化的东西。18 世纪英国的美学家贺加斯认为，人的各种感官都喜欢变化，而讨厌千篇一律。因为美就蕴藏在变化之中，一成不变的东西，不能唤起人们的美感。因此，人们渴望产品的品种花色不断翻新变化，一成不变是行不通的。

(4) 社会型的消费者，指受他人影响而产生购买动机，在选择倾向上服从集体标准的人。这类消费者从众心理明显，在消费行为上表现为同调性。

(5) 权力型的消费者，指对权力地位表示关心的人，这些人常有在自己周围置备能够满足权力要求的商品的趋向，他们消费行为的优越感、炫耀欲比较突出。

(6) 宗教型的消费者，不太受世俗标准的约束，他们按照信仰的原则来选择符合他们信仰的商品。

必须指出，在现实生活中很少有典型的某种类型的消费者存在。每一个消费者都或多或少地具备这六种价值观。比如，一个消费者既是精打细算的经济型的人，又对产品的造型色彩有审美要求。与此同时，同调性的社会压力促成他的购买行为。因此，一般而言，消费者是关心价格的，但并不是所有价格便宜的商品都能引发其购买动机，如果质量、性能相同，审美比价格更重要。同样，消费者在选购时尚商品时，也参照自己所属群体的社会标准，倘若离社会标准太远，消费者也会放弃审美而遵从社会规范，选购与社会标准相吻合的商品。

2．消费者价值观和生活形态

价值观是一套关于事物或行为之优劣的最基本的信念或判断。其特性在于以下两点。

第一，价值观决定了行为或事物在人心中是否具有可接受性及其重要程度。

第二，价值观具有个体性。同一事物或行为对于不同的人，可接受性不同，重要程度也不同。比如，有人认为不应有死刑的处罚，任何人无权剥夺他人生命；但有人认为，夺走他人性命的歹徒，应以命抵命。有人看重企业的名誉；有人则不在乎，认为企业名誉同个人利益无关。这些都反映了事物对人的不同接受性和重要程度。每一个人都在心目中对各种事物有接受性和重要性的判断。所有这些判断，按一定关系组织起来，就构成了这个人的价值体系。每个人都有自己的价值体系，这个价值体系决定每个人对自由、权益、民主、自尊、公正、道义、服从、诚实、正直、快乐等价值标准的看法。

(1) 价值观类型：每个人都有自己的价值观，这是价值观的个体性。但这并不是说，人的价值观没有共性。奥尔伯特及其同事将价值观分为六种性格类型。他们发现，不同职业的人对这六种价值观的重视程度不同，形成不同的优先顺序，反映了不同的价值体系(见表 6-3)。

表 6-3 三种职业的人对价值观重要性的排序

排序	牧师	采购代理商	工业工程师
1	宗教的	经济的	理论的
2	社会的	理论的	权力的
3	审美的	权力的	经济的
4	权力的	宗教的	审美的
5	理论的	审美的	宗教的
6	经济的	社会的	社会的

(2) 价值观与生活形态七层次说。不同的学者从不同的角度可能得到不尽相同的结论。最近的研究认为，可以用 7 个层次来描述人的价值观与生活形态。

层次一：反应性的。属于这一层次的人意识不到自己或他人是万物之灵的人类，只是依照基本的生理需要做出反应。这种人通常是刚出生的婴儿，在消费者中则很少有这种人。

层次二：宗族的。这类人依赖性很强，极易受传统与权威人物的影响。

层次三：自我中心。这种人是彻底的个人主义者，只对权力有兴趣，既自私，又富攻击性。

层次四：一致性。这种人不太能够忍受模棱两可，不能接受与自己持不同意见的人，非常希望别人能接受自己的价值观。

层次五：操纵的。这类人喜欢通过操纵别人或事物来实现自己的目标。他们信奉唯物论，努力寻求社会地位与名望。

层次六：社会中心的。这种人认为人与人之间的友爱与和睦，比超越别人更重要，这是一些被操纵者、从众者、唯物论者排斥的人。

层次七：存在的。这种人最不能忍受模棱两可的情境和接受不同的价值观。他们对于僵化的制度、束缚人手脚的政策及职权的滥用等，都会直言批评。

用这七个层次分类模型，可以详细剖析消费者中价值观的分歧。我们知道不同年代出生的人以及具有不同教育、生活、职业背景的人，所处的价值层次会有所不同，其价值观的内容，可以从他们成长时期的社会历史背景及个人生活经历予以推测，这对于消费行为的解释和预测很有帮助。从一定意义上说，年龄可以作为区别价值层次的重要指标之一。

价值观与生活年代长期研究表明，价值观同人生活、成长的历史年代有密切的关系。以美国为例，在经济大萧条和第二次世界大战期间长大的人，在 20 世纪四五十年代开始工作，他们信奉基督教、新教的工作伦理，对雇主忠心耿耿，他们的价值观介于层次二至层次四。而在 20 世纪六七十年代开始工作的人，受到嬉皮士作风和存在主义的影响，较重视生活的品质，不太看重财产的数量。他们希望拥有自主权，忠于自己而不是雇用自己的企业。他们的价值观属于层次六、层次七。至于 20 世纪 80 年代开始工作的人，比较倾向传统的价值观，但更重视成就与物质生活，认为只要能够达到目的，可以不惜采取任何手段。他们认为，雇用他们的企业只是他们追求事业前程的跳板。这些人的价值观处于层次五。

6.3.5　个性与市场心理细分设计

1．市场细分类别

细分消费者市场所依据的变量很多，概括起来大致有以下几种：地理细分、人口细分、心理细分、社会文化细分、使用者行为细分。

(1)　地理细分。地理细分就是按照消费者所处的地理位置来细分消费者市场。其主要依据是，处在不同地理位置的消费者对产品会有不同的需要和偏好，因而他们对生产者和设计师所采取的市场营销战略，对企业的产品价格、分销渠道、广告宣传等市场营销措施，也会有不同的反应。例如，所谓南甜北咸、东辣西酸就是指不同地区消费者饮食偏好上的差别。气候差别也是地理差别的一种反映，这种差别会导致像空调、游泳用品等购买的差异。

(2)　人口细分。人口细分是指按照年龄、性别、家庭结构、家庭生命周期、收入、职业、教育等“人口变量”来细分消费者市场。人口特征一般很容易确认和测量，而且这些特征可能经常与特定产品的使用有联系。例如，大学生是图书、录音带、野营设备、旅行用品的重要市场；又如，性别变量对区别化妆品、雪茄烟等市场是很有效的。

(3)　心理细分。心理细分是按照消费者的个性、购买动机、消费理由、生活方式、态度和兴趣等心理变量来细分消费者市场的。一个花钱大手大脚的人会更注重享乐取向的消费；性格内向、小心谨慎的人对热门股票会很感兴趣；对于有些产品，消费者的个性特点、自我观念是细分市场的有效依据，因为消费者更可能购买在他看来商标形象与自己形象相符的产品。

(4) 社会文化细分。社会文化细分是依据社会学和人类学的各种因素，如社会阶层、参照群体、家庭生命周期阶段、风俗习惯等来细分消费者市场。处于不同社会阶层的消费者，在教育、收入、职业、居住地点等方面是不同的，他们可能在产品的选择、生活方式、购买习惯和价值观念等方面都有不同。参照群体也常常给消费者的行为以无形的影响，人们可能向往一个出色的文艺团体或球队，而这样的群体成员使用的东西，无形中也将吸引消费者去追求，甚至一个著名球星的衣服号码，都可能为许多消费者所喜爱。这就是广告主不惜重金聘请明星、名人做广告的原因所在。家庭的生命周期在不同阶段，消费行为也会有明显的变化。例如，婚龄期的年轻人，对于结婚用品最为关注；做了父母，又会关注子女所需要的生活和文化用品；成为老人，又会对滋养保健和其他老年用品感兴趣。

(5) 使用者行为细分。使用者行为细分依据的是产品的使用率和对商标的信任度。当利用使用率来划分市场时，通常可分为高使用率、中使用率、低使用率和非使用市场。例如，在考虑一种补酒的推销设计时，自然常指向于购买量大的那部分消费者，而购买量大的消费者的人数有时并不多。认准商标买货是常有的事，在竞争对手众多的情况下，突出负有盛名的产品特点，不仅强化已取得信任的那部分消费者，而且能进一步争取那些随机买货的消费者，以达到扩展市场的目的。

2．个性与心理市场细分

多年来，国外的许多消费心理学家一直在寻找特定个性特征与特定的商品(商标)爱好之间的关系。换句话说，他们试图研究使用某个特定商品(商标)的消费者是否表现出某种一致的个性特征。他们曾进行过一项研究，调查了 9 000 名消费者的个性特征和吸烟情况，并进行了统计处理。结果发现，吸烟者的成就需要一般高于不吸烟者；同是吸烟者，吸过滤嘴香烟的消费者表现出更为强烈的优越感和成就感，而喜欢吸不带过滤嘴香烟的消费者，对独立自主的要求较高。很明显，如果诸如此类的研究具有普遍意义，那么它对商品市场的开发将具有重大价值。有些研究者提出，应该首先对个性特征与商品爱好之间的关系进行理论的研究，从中找出一种较为典型的与某种消费行为有关的个性特征，比如购买风险精神(对新产品的接受程度)，然后设计专门用于研究消费者行为的个性调查表。在消费心理学比较发达的国外，这类工作已经取得许多成果。进行心理市场细分的前提是对消费者个性与消费行为之间的关系进行深入的研究。美国的一些研究人员在这方面做了一些成功尝试，其中最著名的一个案例是美国安海斯-布希啤酒公司支持的一项消费者行为研究。这项研究将酒类消费者区分为四种个性类型，并成功地说明了饮酒方式与个性类型的关系。个性与消费心理的研究结果如表 6-4 所示。

表 6-4　个性与消费心理

饮酒者类型	个性类型	饮酒方式
社会饮酒者	为他们自己的需要特别是成就需要所驱动；想操纵他人以获得想要获得的东西，被领先的愿望驱动，常常是年轻人	有控制的饮酒人，有时要沉溺于酒中，但不可能成为酒鬼。主要在周末、假期和朋友在社交场合下饮酒。把喝酒视为得到社会接纳的一种方式

续表

饮酒者类型	个性类型	饮酒方式
补偿性饮酒者	对其他人的需要敏感，能作出反应。牺牲自己的需求去适应别人的需求，常常是中年人	有控制的喝酒人，并不常常沉溺于酒中。主要在周末，经常与少量知心朋友饮酒。把喝酒看成为他人做牺牲的一种奖励
海量饮酒者	对他人需要敏感，常常是失败者。常因无成就而谴责自己	大量喝酒，特别是在要取得成就的压力下。对饮酒有时表现出缺乏控制，可能成为大量饮酒人，甚至酒鬼。喝酒是逃避的一种需要
沉溺饮酒者	通常对他人不敏感，把对自己的失败归咎于他人，缺乏敏感性	类似海量饮酒人，他大量喝酒，饮酒成为逃避的一种形式

根据这一结果，酒类销售者能够设计出可以成功地吸引较大部分的饮酒者心理市场细分中的饮酒者的商标和广告从而促进销售。更深入的研究表明，哪些个性类型的饮酒者最有可能经常调换商标，哪些个性类型的饮酒者最有可能对某个特定商标产生信赖。这些信息对于引进一个新商标，进入一个新市场，或者试图和其他商标进行竞争的市场设计师来说，其价值是无可估量的。

3．个性特征与新产品接纳

具有哪些个性特征的消费者容易接受新产品(或革新过的产品)？根据消费心理学家的研究，有3个个性特征起着重要作用，即固执程度、内外指向性和宽容度。

1)　个性的固执程度

作为一种个性特征，固执程度是指个体对不熟悉的事物或信念，或者是与自己所持信念相反的信息的态度。一个极为固执的人表现出僵化的行为方式，对不熟悉的事物或信念持“防卫”态度，并带有极大的不安和不满。相反，一个固执程度较低的人，表现出乐意考虑新鲜事物或对立信念的特点。在对待新产品的态度上，固执程度较低的消费者常常表现得比较开明，他们更愿意对新产品进行挑选和购买。对这部分消费者来说，在推销新产品时，详细地说明新产品与传统产品的区别和新产品所具有的优点，将是一种适宜的推销设计。相对而言，固执程度较高的消费者对新产品的态度比较保守，他们更喜欢现有的和传统的产品。但是，如果新产品以一种富于权威性的姿态出现，这部分消费者也会表现出乐意接受新产品的倾向。因此，为了影响个性比较固执的消费者，请权威人士或专家来呼吁，是更为有效的推销设计。

2)　个性的内外指向性

内向型消费者在面对新产品时，往往依靠他们自己的内在价值或标准进行比较。新产品与传统产品的差异越大，就越有可能被内向型消费者接受。外向型消费者在判断一种新产品时，更多地依靠他人的指导，他们对正确和错误的判断也较多地依靠外在的标准。这样，外向型消费者是否接受新产品，在很大程度上取决于其他人对新产品的接受程度。对刚刚进入市场的新产品来说，内向型消费者更有希望成为第一批光顾者，而外向型消费者，往往要到后来才会去购买和使用。在容易接受的推销设计上，程度不同的消费者也表现出一定的差异。内向型消费者更容易接受那些强调产品特征和对个人有益的广告，因为这种方式的销售直接使他们能利用内在标准来评判产品；外向型的消费者比较容易接受那些表明产品被社会或其他消费者接受程度的销售宣传，这与他们更多地依靠他人指导的倾向相一致。

3) 个性的宽容度

在个性特征上，所谓宽容度是指个体在接受一个新事物时甘愿冒的风险的程度。甘愿冒较大风险的人，称为高宽容度者；只愿意冒很小风险的人，称为低宽容度者。这两类人在对待新产品的态度上存在差异。对消费者来说，接受一种新产品总是有一定的风险。新产品很有可能更好地满足他们的需要，但也有可能完全相反。一般来说，高宽容度者为了最大限度地满足自己的需要，愿意冒较大的风险，并承担可能的消极后果。因此，就比较容易接受新产品，愿意进行尝试。而低宽容度者为了减少所冒的风险，宁可放弃使用更令人满意的产品的机会。这样，只要传统产品对他们来说还过得去，他们就更多地选择已有的和比较熟悉的这些产品。除此之外，这两类消费者在能够接受产品的新异程度上也存在差异。高宽容度者更乐意购买那些做了较大变动，甚至是彻底革新的产品，表现出较大的冒险性。而低宽容度者乐意接受的一般只是做了较小改进的产品。比如，产品外观、色泽上的改变，即一些“徒有其表”的新产品。

个性差异在其他消费行为上也有所表现。例如，在对待进口商品的态度上，具有革新精神、较为开放、固执程度比较低的消费者比具有相反特征的消费者更容易接受进口商品。自信心较高的消费者对新产品和比较新奇的消费品一般持更积极的态度。在购买时，他们不大喜欢过于热情的售货方式。而自信心较低的消费者更多地倾向于传统的和符合潮流的消费品。在购买时，他们更多地依靠销售人员的帮助。因此，他们比较欣赏的是那种能主动提供服务并积极提出建议的售货员。国外的一项研究指出，自信心较高的女性经常光顾廉价商店购买衣物，而自信心较低的女性则喜欢到传统的百货商店去购买。

过去，生产者和设计师一般采用年龄、收入、教育程度、性别、婚姻状态、城乡等人口统计学上的特征来对消费者进行分类。这种分类标准比较固定、客观，并且具有很大价值。但是，从另一方面来看，这些人口统计学上的特征最终都是通过影响消费者的心理过程而影响他们的消费行为的。因此，根据消费者的心理特征，如需要、动机、态度，特别是消费者的个性等心理特点来进行细分，即进行心理的市场细分，将能为市场经营设计提供更为全面和丰富的消费者情况。目前，在一些比较发达的西方国家，这种方法已经被广泛地应用到市场分区、产品定位和重新定位以及销售广告中，许多商品依靠这一方法取得了极大成功。

6.4 家庭与设计心理分析

消费者作为个体生活在一定的家庭中。因此，家庭因素是影响消费行为的个体要素之一。家庭与个体的消费关系密切。据研究，家庭几乎控制了80%的消费行为。家庭不仅对购买习惯产生影响，而且消费者所进行的购买活动，也取决于家庭的决策，购买一件商品可能是根据家庭中某一成员的判断，也可能因家庭成员的反对而终止购买活动。因此，分析家庭对消费的影响是十分必要的。同时，还要为现代家庭的消费进行导向性设计，这些是设计师必须考虑的问题。

分析家庭对消费的影响主要有两个方面：微观上的表现是家庭结构不同，其购买特点和购买决策类型不同；宏观上的表现是家庭生活周期对消费者的影响。

6.4.1　家庭结构与消费者购买特点和购买决策类型

中国有 14 亿人口，约有 5 亿个家庭。家庭消费规模之大，是举世无双的。西方社会所界定的家庭基本是核心式家庭，西方社会学中的“Family”指一对夫妻及其未成年的子女所组成的群体；而中国家庭概念是指中国人最基本的社会生活单位。这种生活单位包括夫妻及其未婚子女，还包括夫妻双方的其他直系亲属、旁系亲属，以及无血缘关系的其他人员。因为中国的家庭不仅要承担赡养老人的义务，而且要负担继续教养待业子女的责任。综上所述，中国家庭有 3 个基本特征：其一，它是一个社会群体；其二，它以婚姻、血缘或收养关系为基础；其三，家庭成员经济上互相依赖。

1．目前我国家庭结构的三种类型

(1)　夫妻式家庭。由一对夫妇组成的家庭，这是单一的家庭结构，最典型的代表是没有孩子的年轻夫妇。另外，孩子离家后夫妻双方相依生活的老年夫妻型家庭也属此类。

(2)　核心式家庭。由一对夫妻加上后代组成的家庭，这种家庭结构是当今世界家庭发展的主要模式，我国的城市尤其是大城市，这种家庭形式日益增多。

(3)　复合式家庭。由三代或三代以上人员共同组成的大家庭。这种结构的家庭在我国农村较为普遍。

2．三种家庭结构的购买特点分析

夫妻式家庭的购买特点是没有负担，购买力比较强。他们主要购买家具或成人用品，不需要为子女操心。在他们的业余时间里，年轻夫妇经常逛商店，购买新产品为自己的新家增添风采。而老年型夫妻则乐意购买营养保健用品和旅游。核心式家庭的消费特点是子女开销占很大比重，儿童在这类家庭的购买决策中时常发挥重要作用。另外，复合式家庭的购买特点是照顾两头的需要即经常购买老年用品和小孩用品。在多代人的家庭中，子女不仅受到父母的精心照顾，还受到祖父母或外祖父母的特殊爱护，长辈舍得在他们身上花钱，尽量满足他们的各种需要，这不仅影响家庭的购买，而且也使小辈的消费习惯和方式与长辈大不相同。他们没有节欲心理，不知道计划用钱，即使成年后，其购买决策能力也比较差。因此，这类家庭的长辈应当注意自己的消费行为，使后辈养成良好的消费习惯。

3．家庭消费的决策类型

一般家庭消费的决策类型有 3 种：优势控制型决策、民主型决策和自主型决策。

(1)　优势控制型决策，指丈夫或妻子一方对购买决策起决定作用。这种决策一般有两种情况。一是在男性至上型和女性至上型的经济形态家庭中，或丈夫支配一切或妻子支配一切。二是随着时代的发展，这种独裁式的家庭形态逐渐减少，购买决策表现为另一种情形：一般购买大宗贵重耐用消费品时，优势控制型决策较多地偏向男性一方，而服装、食品和日用品则多半集中于女性一方。现实生活中，这种优势控制型决策是很微妙的，表面上以女性为主，但实际是男性作出决定。有些广告和商标设计者注意家庭购买决策的关系，推出“爱妻型”全自动洗衣机，收到很好的市场效果。

(2) 民主型决策，指家庭共同支配特定商品的消费，在决策上有平等或相近的影响力。在现代社会，民主型决策的家庭日趋增多，即使在购买家庭共同使用的大宗贵重商品时，也不是男性优势控制型决策。

(3) 自主型决策，指夫妻双方单独决定购买某种商品。一般新婚夫妇倾向于民主型决策，老年夫妇较多倾向于自主型决策，知识分子家庭也多倾向于自主型决策。商品越贵重，选择民主型决策的可能性越大，购买风险小的则自主型决策多。对老年夫妇的家庭进行调查研究表明，老年男子在酒、烟和洗理费等方面花的零用钱较多；而老年妇女则在点心、水果和化妆品等方面花的零用钱较多。

总之，家庭消费决策存在多元性和微妙性。以上分析的三种决策类型之间并无截然的区别，优势控制决策中包含民主决策成分，在民主决策类型的家庭中，有时也自主决策购买。产销双方都应当注意家庭消费决策者的变化，从产品的商标、造型、包装乃至广告宣传和营销方式方面努力说服主要的决策者，以促进营销。

4．家庭消费的功能

家庭的功能受家庭生活的性质和结构的制约。在不同时代、不同种族、不同国家和不同家庭，家庭功能都会有所不同。西方社会学曾把家庭功能概括为生产、繁殖、经济、社会四个方面。中国现代家庭在消费时具有以下 4 个具体功能。

一是实际目标功能。现代家庭不仅需要生物学意义上的生存，而且需要社会文化学意义上的生存。家庭总是以必要的住宅、特定的消费品为消费对象，在获得能够维持家庭生活生存的同时，还要获取能够象征家庭成员的性别、年龄等各种作用的不同文化资料以不断改善家庭生活的状况，这也是家庭消费单位在社会文化上规定的目标，这种功能标准称为“生活标准”。

二是模式的维持和紧急性情况处理的功能。家庭消费单位为了家庭内部模式的维持与紧急情况处理，必须有一定水准的支出。如要为特定的娱乐、闲暇、趣味、社交等活动支出，要为随时碰到的紧急事态支出。这种功能支出的标准称为“趣味与道德标准”。

三是对外环境的适应功能。家庭与它所起的作用相关联，其支出尤其需要与其身份及所处的阶层相适应。家庭消费中象征其身份与阶层地位的支出，起到表明该家庭在这个社会系统中所处的地位和作用。家庭通常以消费的支出，来维持它同社会环境的关系。换言之，家庭要按照自身所应遵守的某种规范(如社会公德、法律规定、文化习俗等)来调控生活节律，与外界环境保持一致。这一基准称为“地位评价标准”。

四是储蓄功能。家庭为适应将来的偶发性事态要求，必须有一定的储蓄功能。它为家庭保持一定生活标准起保障作用。一般来说，家庭储蓄通常表现出分配给履行职能的必要额之后的余额，这一基准称为“保护标准”。

6.4.2 家庭生活周期与产品设计

家庭生活周期，亦称为家庭生命周期，是指家庭从建立、发展到最终解体的整个过程。以核心家庭为例，一般典型的家庭生活周期分为 5 个阶段：独身期、新婚期、父母期、父母后期和解体期。处于不同阶段的家庭，其消费行为和消费方式存在很大的差异，分析这种差异，是市场心理微观分析的一个重要内容。

独身期：独身期的年轻人，家庭尚未建立，但经济已经独立，除基本的衣食以外，大量的消费集中在娱乐、时装、化妆品、旅游和各种交际性的消费上。消费倾向表现出“享乐主义”，到了独身期后阶段，消费者开始为建立家庭做准备，社交和娱乐性消费相对减少。因此，这个阶段的目标市场是服装、娱乐、化妆品和旅游消费等。

新婚期：家庭刚刚建立，尚未有子女。这时期的消费者主要支出是“基本建设”，即购买家具、床上用品、室内装饰、家用电器等大量的家庭用品。由于尚无孩子，业余时间富余，因此其娱乐性消费支出也较大。这个阶段的目标市场是各种家庭用品、家具、家用电器和娱乐性消费等。

父母期：这是家庭生活周期中持续时间最长的一个时期，一般要持续 20～30 年。孩子的出生，使家庭生活发生巨大的变化，消费方式也随之改变。娱乐、旅游方面的消费支出转向婴儿食品、衣物、玩具、医疗、教育开支。在这一时期，夫妻双方的经济收入会有所增加，有的家庭继续添置某些大型耐用消费品。这时的目标市场是儿童用品、学生用品、食品、服装、玩具和家用电器等。

父母后期：子女已长大成人，有的学有所成，有的成家立业，这时父母尚要补贴子女部分的学习和生活上的费用，例如，承担子女大学期间的生活和学习费用，并且为子女的婚姻做经济准备。这时的目标市场是婚姻用品、学习和生活用品、化妆品、书籍和杂志等。

解体期：指父母中仅剩一人，直到全部去世。这时进入所谓的“纯消费需要”阶段，老人市场的医疗、保健、娱乐、旅游等的支出日益增多。这样，解体期的目标市场就呈现各方面需求减少，而老年娱乐、安全保健和旅游需求增加的趋势。家庭生活周期的分析和目标市场的变化，可以为厂商和设计人员建立科学的目标市场提供可靠的依据。家庭生活周期与消费行为分析如图 6-1 所示。

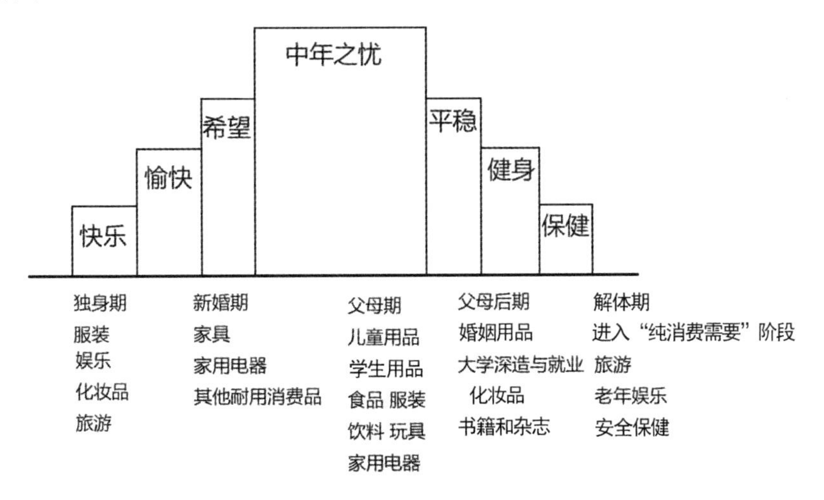

图 6-1　家庭生活周期与消费行为分析

6.4.3 家庭消费设计

家庭消费设计的含义是家庭成员为了一定的需要和目的，对自己的物质与精神文化生活等各个方面和环节进行组织、决策、计划、指挥或调节。其主要目的在于较好地发挥家庭的各种职能。广义的家庭消费设计的内涵包括以下七种。

1．家庭经济设计

家庭的一切活动都直接或间接地与经济开支有关。现代社会里有一句口号是“要学会能挣会花”。“能挣”是指能参加劳动的家庭成员通过各种劳动途径，千方百计地运用自己的才能，在为社会做出贡献的同时获得较大的经济效益；“会花”是指要求家庭成员能够合理地掌握经济开支，力争“少花钱、多办事”，做到钱尽其用。科学设计家庭经济，如未婚青年怎样计划开支、新婚夫妇如何安排开支、中年夫妇怎样计划开支、老年人如何搞好开支、富裕家庭怎样投资、困难家庭如何开源节流以及生产性家庭怎样做好经济核算等问题，怎样搞好家庭储蓄、家庭保险、家用物品租赁、消费信贷等一系列问题需要统筹设计。

2．家庭饮食设计

饮食是每个人及家庭每天都要妥善安排的一个重要环节。家庭不同成员的营养需求如何保持平衡，一日三餐怎样合理安排，食品储藏和保鲜等要求消费者有计划地购买食品，这对于保障日常饮食的多样化、科学化至关重要，许多精明的家庭主妇(也有不少先生)，不仅懂得合理选购食物，而且所做的饭菜香气扑鼻、味道可口、形状美观、营养丰富，这同他们掌握营养结构、饮食设计和制作的知识有密切关系。

3．家庭物品使用设计

现代家用的消费品日新月异，品种增多，质量更好。如对它们的性能和用途了解得不够，自然不能物尽其用，或者使用品管理不得其法，缩短使用寿命，造成经济损失。因此，要学会家庭物品使用的设计。比如，要懂得家用电器的使用和保养的常识；要了解衣物的洗涤、晾晒、熨烫、除渍、收藏；要掌握食具和饮具的清洁方法以及家庭藏书的方法；等等。

4．家务劳动设计

家务劳动设计与消费有密切的关系，其核心是提高家务劳动的经济效益。这里的经济效益是指，以尽量少的物质消耗与劳动消耗，高质量地完成较多的家务劳动总量。加强家务劳动设计，提高家庭成员的劳动效益，可从多方面去努力。比如，必须根据收入状况，购置适量的质量较高的家务劳动资料和劳动加工的工具(洗衣机、吸尘器等)，这与减轻家务劳动量、提高劳动效率息息相关，从而多快好省地完成家务劳动；必须保持适宜的劳动强度，及时调整劳动内容；必须按照家庭成员的年龄、身体、工作和性格等状况合理分配家务劳动，应力争做到通过科学设计来增加家庭消费效益。

5．家庭卫生设计

整个社会有个生态问题，家庭也有个生态的问题，这就是家庭成员与环境的关系，为了搞好家庭环境，必须对有关家庭的布置、绿化、卫生进行有效的设计。例如，在目前居住面积不大的条件下，怎样充分利用住房空间；还有房间的色调、家具的配置与摆放、室内照明的选择、窗帘的选择等，诸如此类的家庭布置方式，都大有讲究。家庭的绿化摆设，观赏植物、盆景，均可点缀环境，使家人在繁忙的学习、工作之余，放松一下紧张的神经，调节生活。

6．家庭保健设计

随着生产的发展和居民收入的增长，一股家庭健康投资、注重保健的热潮正悄然兴起。然而，健康投资的数量、品种、时间，家用保健设施的添置，家庭病床的安置，家庭的护理工作，家庭安全设施以及体育保健的实施都需要科学决策和设计，比如，小儿保健要搞好合理喂养以及护理、预防接种，常见病的防治；妇女保健，要搞好“四期”卫生；老年保健要注意饮食、劳动和体育锻炼，做到精神愉快，环境安静，作息有规律，养成良好的卫生习惯，减少吸烟和喝酒。

7．家庭文化设计

人们的收入提高，空闲时间增多，有力地促进和丰富了居民精神文化消费。实践表明，不仅家庭物质消费应有计划，而且文化娱乐和社会交往等家庭精神文化消费也迫切需要组织和协调。因此，每个家庭都要处理好物质需求与文化需求的关系，重视家庭人口文化素质上的智力投资，认真安排好家庭的文化娱乐活动、社交活动、旅游活动、喜庆活动等。现在不少家庭只强调物质消费的安排，而忽视文化消费的设计，这是有失偏颇的。

此外，对于某些特殊家庭的消费设计，还须作专门研究。两地分居家庭、不完全家庭、残疾人家庭等的日常设计，都应纳入家庭消费设计的科学范畴。

本 章 小 结

本章主要介绍了设计心理会受到哪些因素影响，其中包括按年龄阶段进行区分、按性别进行区分、按个性以及家庭进行区分。有兴趣的还可以仔细思考一下还有什么其他因素影响着人们的心理活动。

1. 分析儿童消费心理的特点，以及如何开发儿童用品市场？

2. 分析消费者的价值观差异对工业设计有何启示。
3. 分析消费者的个性特征与新产品设计。
4. 分析家庭因素对消费行为的影响。
5. 通过本章的学习，试提出家庭消费的合理设计。

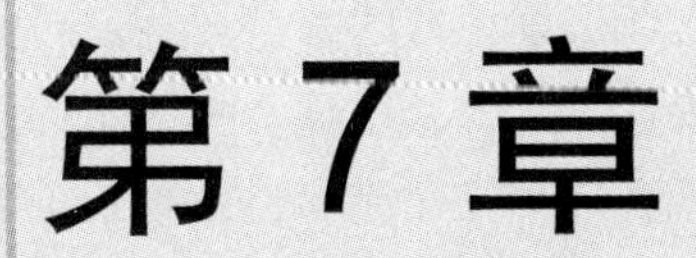

设计心理的宏观分析

所谓设计心理的宏观分析，就是分析影响消费者行为的外部环境，即影响消费者行为的社会要素。其主要有社会文化、社会群体、社会阶层和社会心理现象等。

7.1 社会文化与设计心理

社会文化，广义地讲，就是人类社会发展过程中所创造的物质与精神财富的总和；狭义地讲，是指社会的意识形态以及与之相适应的制度，包括政治、宗教、道德伦理、风俗习惯等。对消费行为产生直接影响的是独立的社会文化。社会文化以各种形式向社会成员规范了行为和价值标准，不同社会文化背景的人们在生活标准、兴趣爱好、风俗习惯、行为模式等方面，显示出各种差异，同时也反映在消费行为上。

不同国家的人们在消费行为上存在差异。例如，美国的家庭主妇每周一般只买一两次东西；在尼日利亚，人们一般每天只买少量的东西；印度的盗窃案很多，不可能采用无人售货的方式；在西班牙，建立超级市场的计划宣告失败，这是因为西班牙劳动力剩余，对无人的售货方式冷淡；等等。生活在同一国度的各民族，也有不同的风俗习惯和消费行为。我国是一个历史悠久、富有民族传统的东方文明古国，有独特的社会风貌，同西方文化有较大的差别，在这种文化背景下，作为中国市场的消费者，当然会具有一些独特的消费动机、购买标准和购买方式，随着改革开放的深入，频繁的东西方文化交流和日益增长的对外贸易，使人们的思想意识、生活方式和消费行为也不同程度地发生变化，分析我国当前社会文化背景下的消费行为特点，有重要的现实意义。在我国文化背景下，消费行为的特点主要有以下几个方面。

7.1.1 以家庭为主的购买准则

在中国的市场中以家庭为单位的消费活动居多。个人的消费行为往往与整个家庭紧密联系在一起，一个人不仅要考虑自己的需要，还要考虑整个家庭的需要，或者受到整个家庭消费准则的制约。

中国家庭规模不同，生活体系类型不同，故购买准则也不同。按生活体系类型，家庭又可分为 6 个类型。

(1) 积极生活扩充型。此类家庭消费革新意识强，休闲活动积极，社交范围广。

(2) 勤俭型。此类家庭崇尚节俭，主勤劳、重节约，休闲活动消极，注重储蓄。

(3) 自我规则型。此类家庭有明确的生活目标，过着有计划的充实生活，对家庭的收入和支出合理规划，不易随波逐流。

(4) 保守型。此类家庭消费革新意识尚薄弱，活动范围小，消费观念保守，不愿意接受新产品。

(5) 享乐型。此类家庭重时尚、求新奇，闲暇消费高，浪费性开支大，生活目标为“及时行乐”。

(6) 麻木型。此类家庭无生活目标，一日三餐保平安，低收入低消费、过一天算一天，似乎新产品、社会活动与他们无缘。

在城镇，中国的家庭意识比西方城市要强。家庭各成员间的依存关系使购买决策者的购买方式是以家庭为单位计算的；而广大的农村，其传统意识更加浓厚，不仅强化以家庭为主的消费模式，而且受到家族的风俗习惯制约。因此，与西方消费模式相比，我国人民的消费原则是重视自己的意义。在我国，父母给孩子选购衣服是合乎情理的事，但孩子要遵循家庭消费模式。而在美国，家长不干预孩子的着装，孩子自己选购服装是再正常不过的。

7.1.2　朴素的民风和“节欲”的消费观念

我国人民向来以勤俭持家为荣，以挥霍浪费为耻，崇尚节俭是我国的优良传统。其反映在消费方面，花钱较为慎重，长于计划，精打细算，用于购置生活必需品方面较多，而用于享受方面的花费较少。消费观念基本上以实惠、耐用为主，尤其是我国的中老年人的消费，更表现出一种自我压抑的倾向。中年人在消费时，常常考虑上有老、下有小的负担情况，虽然经济收入高于青年人，但直接用于自己消费的并不多。相比之下，西方的中老年人的消费行为就大不一样，他们因孩子就业而获得消费上的“解放”，他们周游世界，住高级宾馆，品尝各地美味佳肴。

7.1.3　重人情和求同的消费动机

中国人比较重视人与人之间的关系和情感，这在消费动机上有明显的反映。西方国家的人强调个人的价值、个人的需要、个人的权利和个人的意志；中国人注重社会规范，考虑行为的社会效应，不愿意突出自己，不愿意太引人注目，对于别人对自己的看法比较在意。当形成购买动机时，总是想到别人会对自己有什么看法，总是以社会上一般的消费观念来规范自己的消费动机。此外，对商品的评价也多受他人的影响，如果属于某个团体或集体的成员，所受的影响和约束就更甚。

中国人寻求商品信息不太注重广告宣传而是相信口传信息，尤其是亲友和同事的介绍。这些都是消费的求同心理的表现。中国人在婚丧嫁娶方面的消费，存在相互攀比，力求同调也是出于求同的消费动机。因此，中国市场的产品对于大众化的设计还是较受欢迎的。改革开放带来的观念变化，冲击着中国传统的消费观念，部分旧的消费观念已被新的消费观念代替，尤其是青年人已不甘于消费的同一性，而追求标新立异。个性化和审美要求明显增加。比如，越来越多的男女青年对时尚服装表现出巨大的兴趣；在人们的言论中，“看不惯”时髦服装的言语逐步减少，取而代之的是对传统服装的改革。青年人激进的意识也影响了中老年人。目前，“吃讲营养，穿讲漂亮，用讲高档”的消费新观念已经形成。因此，在中国市场上，求新求美的艺术设计已成为广大产品设计师的努力方向。

7.1.4　含蓄的民族性格和审美情趣

中国产品的艺术化要体现东方文明古国含蓄的民族性格和审美情趣。如果说西方民族的典型性格是外向、奔放，那么中国的民族性格则是内向、含蓄。在艺术表现手法上，西方艺术以写实为主，如油画、水粉画，强调现实和立体感；中国艺术则以写意为主，像国画，用线条勾勒出千姿百态的人物和自然景物，用水墨渲染出无穷的意境。另外，在服装审美情趣中，中国人喜欢色调柔和的、淡雅的、朴素且庄重的衣着；而西方人则喜欢色彩艳丽的、显示人体美、裸露的装束。在产品的广告设计中，也要注重中国消费者审美的含蓄性。

比如，广告中的人体展示设计就要注重“节制”。有人曾在报纸上指责一个浴液广告，一位姑娘裸身躺在澡盆里的镜头，与中国人含蓄的人体审美观相违背。中国人对人体美的欣赏有着不同于西方的标准，注重美与和谐的体现。因此，在西方，有的国家的裤子广告可以通过在女性裸露的臀部画一条短裤表现，而中国人的审美就大不一样了。中国人对人体超出日常限度的裸露，会引起反感。

产品设计的艺术化，除了要发扬传统艺术的特点外，也要吸收西方艺术的精华为我所用。只有这样，才能使我国的产品设计多样化。比如，中国传统服装的改革，应当吸取西方服装讲究实用的长处。西方人注意到社会在发展，人们的走路、工作速度在加快，服装设计应当便于活动，有助于提高工作效率。因此，他们的服装简洁大方、线条流畅，表现出现代意识。

7.1.5 重直觉判断的消费决策

跨文化的研究发现，在判断事物时，中国人常用直觉的方法，而西方人则习惯于用分析的方法，这种思维方式的差异，使中国人的消费决策有别于西方人。中国人评价某种产品，常是先对产品有个总体印象，再去寻找总体印象的依据，看这个印象是否正确；西方人则常常先分析产品的各项功能的好坏，然后综合对各项功能优劣的分析得出总体的印象。因此，在中国市场上，创名牌就显得特别重要，中国消费者的消费决策以名牌产品为导向，他们特别愿意购买名牌产品，一方面是名牌的质量可靠一些，买名牌可以少担风险；另一方面也和购物时中国人不善于一项一项地检验产品的性能，而只注重对其总体的印象有关。

7.1.6 崇尚礼让的购买风格

在中国的传统思想中，影响最大的是孔子的儒家思想。孔子的学生颜回身居陋室，吃饭用竹筒子，喝水用瓢，深得孔子的厚爱。另一个影响较大的道家思想也反对奢侈的行为。由于受儒、道两家节俭思想的影响，中国人养成了朴素的民风和勤俭持家的好习惯。另外，儒、道两家还提倡“礼让”。孔子强调“克己复礼”，在物质利益上不争忍让。孔孟耻于计较物质上的得失，即认为“君子喻于义，小人喻于利”。庄子主张把度量衡工具全部取消，以免人们在斤两上计较来计较去，这种忍让思想影响了中国消费者的消费思想。崇尚礼让的购买风格有利有弊。

在购买过程中，礼貌待人，尊重他人的劳动，形成买卖双方和谐的人际关系，是礼让购买作风有利的一面，也是理想的“产消共益体”构建的基础。对于损害消费者利益的行为，尤其是不法商贩的缺斤少两，消费者就不能迁就忍让，否则就助长了各种违法行为。每年“3·15”国际消费者权益日活动只靠政府干预是不够的，还需要每一个消费者都注重维护自己的权益，如果每个消费者都不肯接受几角钱甚至几分钱的损失，如果每个消费者都在发现伪劣商品后立刻追究生产者和销售者的责任，如果每个消费者在发现各种坑蒙拐骗行为后，都立刻当众揭发，我们的购物环境和社会风气就会得到净化，就有利于社会主义市场经济的健康发展。

7.1.7　传统风俗与消费行为

风俗是一种社会规范，是指一个民族在长期的、共同的社会生活中自发积累起来，并为多数人所遵循的行为方式。中国有许多民俗节日，比如，春节、中秋节、重阳节、端午节等。伴随着各种节日有许多风俗活动，体现着中国人善良、聪慧和勇敢。因此，中国民俗节日的消费行为也就别有趣味，如中秋的月饼，端午的粽子、重阳糕，正月十五的元宵等节日消费品别具特色。

传统风俗也表现在中国的民宅建筑风格方面。建筑是物化风俗，物化的生活方式和消费方式。中国传统住宅建筑是田园式的独门独院，看上去封闭、向内；而西方是开放的、向外的。但是，中国住宅的对外封闭是一种自我防卫，是家族生活的外在表现；而西方的对外敞开则是一种自我表现，在敞开的背后是界限分明的个人空间，他人是难以进入个人空间的。在住宅消费行为上存在很大的差别，但人们并不觉得有什么不妥，而是习以为常，这是传统风俗不同所致。

7.1.8　旅游文化与旅游设计心理

旅游是现代文化消费的重要内容，如何根据中国各名胜古迹特有的文化以及旅游者的消费心理，设计适销对路的旅游纪念品，是设计师需要关注的。比如，1998 年北京旅游纪念品设计大赛中，一等奖是“八目”设计小组设计制作的故宫光盘包装。他们选用了木制材料做光盘包装，盘两边刻浅槽，附加一滚珠，抽拉方便，加工工艺简单，便于批量化生产，售价定为 180～230 元，多数游客均可接受。包装盒面上用刻、烫等方法将故宫景色特点制成浅浮雕效果。此设计作品将文化、旅游、纪念品融为一体，构思巧妙，创意新颖，既突出了民族神韵，又集纪念、珍藏、馈赠、使用及经济价值于一身，获得评委一致认可。展示期间，也受到各界人士好评，有人甚至评价，将它同世界优秀的旅游纪念品放在一起也毫不逊色。北京的旅游纪念品凝聚了中国优秀文化，值得各地设计师参考。

此外，一些旅游发达国家的旅游纪念品设计，也给我国设计师提供了很好的借鉴。比如，法国巴黎的埃菲尔铁塔、美国纽约的自由女神雕像、荷兰的风车、非洲的木雕等不仅被设计成各种材质、各种规格、各种价位的纪念品，而且早已成为各国的象征。埃及是文明古国，人们充分利用古代流传下来的纸莎草为材料，配以现代丝网印刷技术，将传统的、典型的古埃及绘画图案批量制成大小不一的装饰画或贺年卡(卡片上还印刷古埃及文、古代印度文、英文等 8 种文字的恭贺语)，物美价廉，形成了独具特色的旅游纪念品系列。人们还利用复制古币和传统壁画中的形象，制成既精美实用又易携带的信封、电话簿、明信片、邮票、钥匙链、钱包、项链、T 恤衫等。印尼、印度、斯里兰卡等国家也开发出具有当地和本国特色的铜盘、木雕、蜡染等旅游纪念品，在机器加工的基础上与錾、镶、刻、镂等传统手工相结合，以其独特的风情、精湛的技艺赢得了世界各国旅游者的青睐。寻求特色的旅游纪念品系列，是这类产品开发的关键。

现代旅游消费心理具有以下 3 个显著特点。

(1) 大众性。随着社会经济的发展，旅游已由早期少数人的特权成为现代人日常生活的重要组成部分，形成了大众化的旅游时代。

(2) 世界性。空运的发展，缩短了旅行时间，扩大了旅游空间，形成了世界性的国际旅游市场。

(3) 综合性。在现代旅游中，通常由旅游经营企业事先根据旅游地的各种情况，并结合旅游者需求提供旅游产品，这标志着旅游活动日趋产业化、商品化。

7.2 社会群体与设计心理

消费者总是生活在一定的社会群体中。所谓社会群体，是指由一些经常在一起活动交往，以实现个人或共同目标的个体所组成的人群结合体。社会群体并不是个体的简单相加，而是个体通过一定的目的、一定的方式结合而成的，群体中的个体行为不仅要受自己独立的思想、信念、价值标准、消费观念等的影响，还要受社会群体中其他个体的影响。因此，消费者的消费行为必然要受到其所属群体的影响。与消费行为有关的社会群体，主要是工作群体、相关群体、朋友群体、购买群体。

7.2.1 工作群体与消费行为

所谓工作群体，是由消费者所属工作单位的同事构成的。它是一种正式群体，有明确的特定目标，有固定的组织形式，从事经常的活动。比如，工厂的班组，学校的班级、教研室，部队的班排，机关的科室，农村的生产队，娱乐界的工作室，等等。工作群体的成员有较长时间的交往机会，因此影响各个成员的消费行为，他们通常会共同评论产品的性能、质量、流行的款式和花色品种等，这种评论对消费决策是一个重要的参考因素。工作群体有成文的行为规范，这些规范对其成员有约束力，影响成员的行为，这种影响也反映在成员的消费行为上。比如，过去我们的行为规范是“艰苦奋斗，勤俭持家”，那么消费行为就以求廉、求实为主。改革开放后工作群体的行为规范发生了变化，主张美化生活、美化环境。因此，消费行为也就出现了求新、求美的新动向，并且日趋强烈。

7.2.2 相关群体与消费行为

所谓相关群体，指对一个人思想、态度和信仰有影响的人群。相关群体亦称参照群体、榜样群体。相关群体的规模大小不等，像家庭、工作群体也属于相关群体。此外，学校、机关、朋友、政党等也是相关群体。经常往来的群体，以及消费者愿意模仿的别的群体，是影响消费行为的重要相关群体。相关群体是一种特殊类型的群体，它是消费者作出购买决策的比较物和参照物，是个体心目中的规范。相关群体对消费行为产生的具体影响，可表现在以下几个方面。

1．对消费行为的修正

某种产品及其有关资料在未到达消费者手中或消费者未见到之前，就已经被相关群体做了某种程度的修正。这种修正可能是褒义的，也可能是贬义的，以增加和减少这一产品隐含的特征。比如工作群体对某一新产品持肯定态度，就可以使工作群体成员及其影响下的潜在消费者对该产品增加好感。

2．个体消费对相关群体的依赖

有的消费者缺乏消费经验，不能确定购买某一商品的结果能否满足需求，在这种情况下，消费者对相关群体的依赖要远远超过对商业环境的依赖。中国人在了解产品时，重视朋友、邻居、同事等相关群体的口传信息，以及直接的商品体验。相比之下，对商业环境的刺激(如广告宣传、橱窗布置以及外包装等)的依赖较弱。

3．对消费行为的规范

相关群体若内聚力强、影响力大，则会产生一种团体压力，形成一种规范，使消费者个人在商品的选择上与之相适应。一般而言，消费者对商品体验和信息获得越多，他对这种商品的选择就越不受相关群体的影响。另外，本身价格比较高或有购物风险的产品，容易引起人们的顾虑和评论，因此人们在购买时易受相关群体的影响，如彩色电视机、冰箱等消费品及高档服装等的购买；而一般日用品不易受相关群体的影响。

4．相关群体的消费权威性

若相关群体具有权威性和吸引力，那么他们使用的产品牌号、商标、造型等，就会更有效地为一般消费者所采纳和赞同。精明的厂商利用这一消费心理，让名人、专家作为相关群体，在广告设计和产品设计上发挥他们的权威性和吸引力，可收到很好的市场效益。我们常看到电影明星为化妆品做广告，医学专家为新药品做广告，乐器上标有“某音乐学院监制”字样的包装等。诸如此类，均对打开产品销路大有帮助。

7.2.3　朋友群体与消费行为

朋友群体是一种非正式群体，成员之间的相互关系带有明显的情感色彩。人以群分，这是朋友群体的最大特点。朋友群体中，有的是住在一起的邻居，有的是老乡、同学，有的是有相似的生活经历，也有的是工作相同、工作场所相近，还有的是有共同的信念和价值观、有共同的兴趣和爱好，等等。总之，朋友群体因形成原因多样而有多种类型，对消费行为的形成也有多种影响。

工作群体和相关群体对消费行为的影响，可起到宏观调控的作用，而朋友群体对消费者的购买行为是直接影响，尤其是单身的年轻人，他们经济日趋独立，购买力强，社交活动频繁，心理上的独立性使他们不愿请教自己的父母和师长，而乐意到朋友群体中去寻求帮助。从形成购买动机到了解商品信息、进行商品选择，直到产生购买行为，无一不受到朋友群体的影响。在商店，父母和年轻人一起购物的现象较少见，大多是青年朋友一起购买商品。另外，消费行为的同调性，也是朋友群体影响的实例。比如，隔壁邻居买了滚筒洗衣机后，其他邻居都以羡慕的口吻议论，这种朋友群体的影响将促使你等不到自己双缸洗衣机(甚至全自动洗衣机)的使用功能丧失，就会尽早购进滚筒洗衣机，以赶上时代的消费步伐，尽快与邻居保持同等的消费水平，达到心理上的平衡。

7.2.4 购买群体与消费行为

购买群体也是一种松散的非正式群体。当两个或两个以上的消费者决定一起去购买商品时，他们就组成了一个购买群体。购买群体通常由朋友群体派生而来。购买群体对当前的短期消费行为影响很大。国外研究发现，当 3 人以上共同购买时，他们会比单独购买时更多地偏离原先的购买计划，或者比原计划买得多或买得少。这时，更多地受来自相关群体和朋友群体信息的影响，有些人原来没有购买计划，但碍于面子，唯恐被视为寒酸或“小气”，而违意购买；也有些人在大家称赞商品时，发生冲动而购买；反之，也有取消购买意愿的。据测算，两人以上一起购买时，超出计划的购买量几乎比单独购买时多出一倍。

购买过程中也有群体效应。消费者和厂商销售员之间的买卖活动构成了松散的群体，这种群体效应表现在缩小顾客与营销人员之间的心理距离所产生的促销，即心理促销策略。比如语言促销就是一例，合适的称呼、恰当的用词以及观点表同的运用，都可以取得成功的效果。社会心理学认为，当宣传者和被宣传者的观点一致时，他们之间的相似之处，会使人产生表同趋势。站在消费者立场上为消费者着想，在产品、服务、价格、购买方便和速度等方面比消费者想得还周到，这对形成“产消共益体”是十分重要的。这是生产者和设计师追求消费者满意度提升的心理促销策略。

7.3 社会阶层与设计心理

国外的消费心理研究表明，个人的消费支出形态与经济收入水平并无显著的关系，但与社会阶层关系很大。因此，生产者和设计师了解社会阶层如何影响消费形态，是十分重要的。

7.3.1 社会阶层的划分

社会阶层，是人们在社会生活中因某些共同点或一致的特征而组成的社会集团。社会阶层具有结构性，属于同一社会阶层的人，由于受共同特征的制约，会形成共同的消费价值观、消费需求和消费方式。社会阶层的结构性象征着社会成员的分层，被社会成员认为是最理想的阶层就是社会的上层；反之，就是社会的下层；还有居于两者之间的中上层、中层、中下层等。一般认为，影响社会分层的因素有很多，但主要因素是社会成员的经济收入、教育水平和社会职业。

1．经济收入与消费行为

经济收入通常反映个人成就和家庭背景，在一定程度上也是权力和地位的象征。不同收入的消费者，往往有不同的消费心理和消费行为。比如，高收入阶层的消费者大多在高级、豪华商店购买商品，而且他们有时还很注重印有这类商店标记的包装纸或其他包装材料；低收入阶层的消费者，则多在一般百货商店购买自己所需商品。虽然他们有时也去高级、豪华商店，但多半只是去猎奇而已。

改革开放后，率先进入高收入阶层的人，其消费行为有些不正常。这种变态消费的怪圈(尽管是极少数人)所产生的影响是不可低估的。目前变态消费可见如下一些类型。

(1) 名牌迷。随着经济发展，人民生活水平不断提高，人们对高端物质的需求不断膨胀。在此过程中产生了一些不顾自身生活实际，盲目跟风，与他人攀比的行为。走向商场我们不难发现，一双“AJ”牌篮球鞋的价格可以卖到几千元，一些所谓的限量款甚至还会炒作到上万元。一些爱慕虚荣的人会花费几个月的工资去购买一双篮球鞋，形成了畸形的消费观。

(2) 讲排场。富豪迎娶新娘，动用数十辆高级轿车披红挂彩，招摇过市，一场宴席花去数万元，更有甚者，他们为自己修墓，讲究超级豪华。“大款”斗富式的变态消费，已产生消费误区的“示范效应”。如何引导这批人进入常态消费领域，并避免这种变态消费造成的消极作用，是需要认真研究的。设计师应当倡导健康消费，对畸形消费应当持抵御的态度。

2．教育水平与消费行为

教育水平不同，会形成不同的消费价值观，也就会形成不同的消费行为。在美国，一个卡车司机和一位教师，年收入可能都是 18 万美元，但他们的消费方式却完全不同。因此，消费行为不仅取决于经济收入，很大程度上还取决于消费者的教育水平和价值观。教育水平是划分社会阶层的另一指标。由于社会成员所受教育的时间和程度不同，就形成了不同的价值观、不同的行为习惯和心理上的差异，如表 7-1 所示。

表 7-1　教育水平与消费行为的关系

高阶层	低阶层
(1)着眼于未来	(1)着眼于现在
(2)倾向于理智	(2)倾向于情感
(3)对世界有发展性意识	(3)对世界只有维持性意识
(4)视野开阔，没有限制	(4)视野狭窄，有限制
(5)做决定时考虑周全	(5)做决定时略加考虑
(6)充满自信，愿意冒险	(6)重视安全
(7)思维倾向于无形的和抽象的	(7)思维倾向于有形的和知觉的

因此，不同阶层的消费者在消费行为上也表现出一定的差异性。比如，产品感觉上，高阶层的消费者偏爱温和感受，低阶层的消费者喜爱强刺激性；审美观上，高阶层消费者较为一致，低阶层消费者存在较大差异。低阶层消费者注重安全需要，一般存在即刻实现的消费倾向。中

阶层消费者比较注重体面，尤其是中阶层的妇女，怀着强烈的社会同调性。因此，中阶层的消费者彼此间相互影响较大；高阶层消费者往往注重成熟感和成就感，对于具有象征性意义的商品和属于精神享受的艺术品比较重视。

3．社会职业与消费行为

各国人民对社会职业指标的接受，显示了一致性的看法。国外研究报告表明，在几个主要发达国家中，职业声望显示出高度的一致性，即在某个国家享有高声望的一种职业，在其他国家同样享有高声望；反之亦然。这表明，世界各国人民在判断职业地位高低时，所使用的标准相近或相同。他们认为法官、医生、科学家、政府官员和大学教授是社会地位最高的五种职业。现代社会中，用职业作为划分社会地位的标准，明显表现在青年择业的过程中。因此，无论是过去还是现在，人们都把职业作为划分社会阶层的一个标准。在我国，中年知识分子所从事的职业大多是教师、科研人员和一些企事业单位的工作人员，他们都属于同一阶层的消费者，其消费行为颇为类似。在购买过程中，他们一般不在营业柜台前久留，往往比较注重商品的外形、样式，注重商品的美，对商品的质量比较挑剔。他们有较强的自尊心，求廉一般不构成他们的购买动机。书籍是他们生活中的重要消费对象。我国的工人阶层，尤其是青年工人，在消费心理上，大多追求商品的奇异和新颖。电视机、录像机、家庭影院、音响、电脑、手机、文娱用品和时尚服装等是他们的重要消费对象，购买的随意性心理是他们消费行为的一个重要特征。

应当指出的是，划分社会阶层的标准，还有思想文化、宗教信仰、政治地位以及城乡差别、成员的年龄差异等。因此，在划分社会阶层时，还可采用综合指数，即把上述这些客观标准综合起来，按其重要性进行加权，这种方法比单一标准更可靠一些。

7.3.2 社会阶层的特征与设计心理

1．社会阶层的特征

(1) 同质性。一般来说，同一阶层的人有相似的态度、活动、兴趣和行为模式，他们接触的媒体，购买的商品与服务，以及购物的场所都会比较相似。

(2) 认同性。各阶层的人之间的交往会受到限制。一般来说，同阶层的人之间的交往会觉得舒服。因此，同阶层的人来往较多，他们对事物有一致的看法。

(3) 多元性。社会阶层包括职业、收入、文化教育条件、居住地等各个方面。每一方面就是一个维度，它们对划分阶层都起作用。但是，到底一个社会可以分出多少阶层，划分阶层的标准又是什么，现在并没有一个合理的意见。

(4) 动态性。每个人所属的阶层都可能发生变化，也就是说，他所处的阶层既可以上升，也可以下降。

2．社会阶层与设计心理分析

许多研究都证明：不同阶层的人对人、对物的态度不同，信念不同，价值观也不相同。即使收入水平相同，若所属阶层不同，其生活方式和消费行为也有显著的差异。

西方国家的研究表明，社会阶层对消费行为的影响较大，但是近年来社会阶层之间消费行为存在的差异逐渐减少。同时，在同一社会阶层里也发现了消费行为的差异，因此在市场细分时，除了社会阶层外，还要考虑收入、年龄、家庭生命周期等多种指标。有研究表明，对属于中、低档但可作为社会阶层标志的产品，如冷冻和罐头食品、饮料等，用社会阶层作为市场细分的指标比较好；对价格高但并不是社会阶层标志的产品来说，如厨房及洗涤用品，用收入作为市场细分的指标比较合适；对于中高档能作为社会阶层标志的产品来说，如高档衣服、化妆品、豪华汽车等，市场细分时把社会阶层和收入综合起来考虑更加合适。

7.3.3　社会阶层对消费心理的具体影响

社会阶层对消费心理的具体影响主要是通过消费者对商店的选择心理、消费倾向和购买倾向、消费信息的选择心理等来实现的。

1．对商店的选择

大部分的消费者，尤其是女性消费者，倾向于在符合自己身份的商店里购买商品。低阶层的消费者认为，如果到高级、豪华商店去购买，会感到不自在、不舒服。在商店选择上，不同阶层的消费者存在着差异，高阶层消费者注重时髦、豪华，而低阶层消费者则关心价格，如表 7-2 所示。

表 7-2　社会阶层与商店选择

单位：%

商店的特点	高阶层	中阶层	低阶层
价格实惠	19	33	65
品种齐全	12	42	28
非常时髦	69	25	7

2．消费倾向和购买倾向

社会阶层影响社会成员的消费和储蓄。一般而言，社会阶层与消费倾向成反比：社会阶层越高，储蓄倾向越大，消费倾向越小；社会阶层越低，则储蓄倾向越小，消费倾向越大。同时，社会阶层还影响消费者的购买倾向、购买模式和消费结构。

3．消费信息的选择

一般来说，低阶层的消费者并不进行过多的信息调查，他们对商品信息、价格信息并没有过多的选择欲望；而高阶层的消费者一般比较注重商品信息的调查和选择，他们的购买行为和消费行为对信息的依赖性较大。此外，在所接受的宣传媒介形式上，不同社会阶层也存在着差异。

在了解商品信息的途径选择上，小额消费的消费者比较喜欢在大众传媒上搜集信息，比如电影、电视剧中的软广告植入、信息搜集类 App（如知乎、大众点评、淘宝等），而大额消费的消费者在从大众媒体收集信息的同时还更倾向于有价或无偿获取一对一的信息服务，如导游、汽车导购、房地产销售等。目前，进入自媒体时代的人们生活及娱乐方式极大丰富，以往的电视广告形式很难再获得良好的效果，这就要求广告设计师紧跟时代步伐，依据不同的消费群体制定不同的广告策略。

4．消费目标的差异

不同的消费阶层有不同的消费目标。上海市的消费者抽样调查显示，30%的低收入居民在消费上追求廉价；40%的中等收入居民追求实惠；30%的高收入居民追求优质。因此，产品设计人员要根据不同阶层的消费者的消费需求，设计出不同档次、不同品种的产品，让各种收入层次的居民均可找到自己喜欢的产品。另外，消费目标的差异还受居住条件的限制。一般高阶层的居民，住房条件宽敞、独用性强。因此，他们对室内装饰、成套家具、厨房设施等消费品购买力强，而住房条件不好的居民则没有这些消费目标。

7.4 社会心理现象与设计心理

社会心理现象，又称大众心理，是一种群体性的心理现象，发生在组织松散、人数众多的群体中。它不像直接交往的小群体心理特征那样直接影响消费者行为，而是间接地发挥作用。社会心理现象包括模仿、暗示、感染和时尚等，对消费者行为影响最大的是时尚。

7.4.1 时尚的一般概述

所谓时尚，又称流行，是指在一定时期内社会上或一个群体中普遍流传的某种生活规格或样式，它代表了某种生活方式和行为。由于众多人的相互影响，其迅速普及日常生活的各个领域，比如装饰、礼仪、生活方式、消费行为等方面。在流行现象中，还伴随着一些不同于一般流行的特殊现象。时髦、摩登、时尚就是常见的三种，它们与流行有程度、规模、时间上的区别。社会心理学家孙本文在解释流行现象时说：“时髦流行于社会上层的极少数人，以极端新奇的方式出现，寿命也就更短；摩登是比一般流行要优美一些的行为方式和表现方式，也是属于上流现象；时尚则相反，是流行于社会下层的尘俗现象，表现得更剧烈，更短暂，时尚是一种社会现象，也是一种历史现象和心理现象。”

1．时尚是一种社会现象

时尚的社会现象表现在以下 3 个方面。

(1) 时尚或流行涉及的范围广，几乎在社会生活的方方面面均有反映。比如流行歌、流行语、流行色、流行服装、流行发式、流行家具、流行舞蹈、流行鞋帽、流行动作、流行思考方式等。

(2) 流行是大量人参与的现象。为数相当的人随从和追求的流行，在同类现象中，有数量上的优势，否则不称为流行现象。到大街上或公共场所，一眼看上去可以大体看得出流行服装、流行发型等，因为流行表现为大量现象。

(3) 时尚或流行是某一时期的社会现象，有一定的时间性，过了一定时间便不再流行。流行达到高峰时期便成为“热”，如“足球热”“琼瑶热”“中国热”等。时尚或流行的时间是短暂的，长时间不变而被人消化、吸收，则转化为习惯和传统。

2．时尚是一种历史现象

时尚的产生和传播只是在人类社会开化到一定阶段，社会内部有了阶级和身份的明显区别之后，才有可能出现。比如，我国盛唐时期时尚现象的产生和传播，是在盛唐实行开放政策和社会交往增加的历史背景下出现的。封建贵族看到少数民族和外国文化的不同之处和长处，朝廷开始模仿异文化服装、帽子；唐太宗时期，外国遣使朝贡，带来了西方的服装文化，在宫廷内引起宫女服装时尚潮流的出现，说明时尚的产生和传播受经济历史条件的限制，而在原始社会，则无所谓时尚。近代社会的时尚与古代不同，现代时尚又与近代不同。随着社会历史的发展，经济和科技水平逐渐提高，时尚的内容和形式也不断发生变化。

3．时尚是一种心理现象

从时尚的个人机能看，它是一种个性追求、自我实现，试图用标新立异来提高身价的心理现象。流行又是一种自我保护、自我防卫，试图用出众弥补自己的不足。时尚的这两种个人心理机制，好像是不相容的、对立的，但实际上却是统一的，是一种多重人格的表现：作为个性追求的流行，是表现在外的东西；作为自我防卫的流行，是藏于内部的东西，是由于自己的某种不足而产生的自卑感和防卫心理。因此，产生了顺从心理，也就是对标新立异现象的服从。可见，对流行的追求，也是对自卑的克服。

在人们的社会生活中，时尚现象在消费行为中反映比较突出，消费者通过对所崇尚的事物的追求，获得心理上的满足。随着时代的变化、经济的发展、消费者的观念更新、生活水平的提高，由经济能力来“显示消费”和“显示闲暇”，这两个概念是美国社会学家韦伯伦在说明时尚现象的形成时提出的。他认为，时尚最初起源于社会上层阶级的富有和对富有的炫耀，“显示消费”和“显示闲暇”是在消费行为中最早出现的时尚现象。

生产力发展水平和物质生活水平的提高，给时尚现象的产生提供了最基本的条件。如果人们生活贫困和无衣无食，那么讲时尚、追时髦是不可能的。交通和大众媒介的发展，为时尚现象的大量出现提供了可能。交通发达了，人们可以自由地由农村到城市，由城市到大城市，由一个大城市到另一个大城市，广开眼界；原来见不到甚至想不到的服装、装饰、生活方式、行为方式，都能见到、学到。大众传播，尤其是电影、广播、电视的发展和普及，对时尚的传播作用比交通要大得多，消费者可以不到外地，甚至不出家门，只要看电影、听广播、看电视，就能知道社会上的流行服装和商品。于是，人们沿着大众传播提供的线索，很快就追上了某种时髦。

7.4.2 时尚的规律和设计

时尚现象如同其他事物一样，有自身的规律和特点。在设计过程中，参考这些规律和特点，对开发流行产品和为流行商品设计有重要的启示意义。这些时尚的规律主要遵循以下几个原则。

1. “反传统性”原则

时尚或流行，尤其现代社会的流行是反传统、逆传统而行的。首先，传统具有守旧性，时尚或流行以“标新”为主要特征，追求“新”和“奇”，与以往不同才算新，并且越新越奇，就越好，越符合时尚，越流行。其次，传统是长时间不变的，时尚或流行则重在“入时”，过了时就不再时兴。传统的中山装几十年不变，而时装则是年年花样翻新。最后，传统注重节约，流行注重高消费。流行既然和讲究新奇分不开，为了追求某种新奇，便不惜“成本”，不计“代价”。并且，流行达到热点时，会出现奢侈现象。总之，时尚、流行、时髦，是任何一个社会都不能避免的社会现象。有传统的、陈旧的生活方式，就有对传统的某种反抗和改造。但是，时尚、流行在历史上都是“昙花一现”，因为是“昙花一现”，更促使一些人产生一种不失时机的追赶心理。

2. “循环”原则

时尚的发展与社会物质生产和文明程度的发展相一致。社会物质越丰富、文化水平越高，时尚的变化就越快，其类型和表现手法也日益复杂化、多样化。时尚以最快的速度反映社会的现实状况，其风气是始终存在的，但时尚的发展有一定的循环性。某种时尚在消失几年、十几年甚至几十年之后，又会出现，形成循环。一位英国学者经过多年对服装行为的研究发现，时装的样式兴衰有一定的循环规律。如果一个人穿上离流行还有5年的时装，就会被认为是怪物；提前3年穿，会被认为是招摇过市；提前1年穿，会被认为是大胆的行为；正在流行的当年穿，就会被认为非常得体；1年后再穿，就显得过时；5年后再穿，就成了“老古董”；10年后再穿，只能招来异样眼光；可是过了几十年再穿，人们又会认为很新奇，具有独创精神。中国女性穿的旗袍，新中国成立后就不流行了，而现在又被当作时髦服装穿起来；新中国成立初期，崇尚双排扣的列宁装，后来不流行了，几十年后的今天，双排扣的西装被看作新奇的时装。

3. “新奇”原则

每一种时尚都以与众不同的形式出现。几十年过后，原来流行的已被大多数人遗忘，因此它又成为新奇的东西。“新奇”原则是通过人的心理活动起作用的。每个人在社会中都以不同的方法来显示其个性特征，其目的是在他人心目中形成“自我形象”。时尚既要求模仿，又要求具有个性，由此形成了时尚形态的日益纷繁多样化，而“新奇”原则的利用，就能使他人更快、更早地注意行为主体。因为新奇的东西对他人的刺激更大，更容易引起他人的注意。许多人喜欢别出心裁的打扮，实际上就是自觉不自觉地利用这一原则，达到自我显示、引起他人注意、满足心理需要的目的。

4．“从众”原则

从众原则决定了时尚的流行趋势。一般来说，社会中对时尚非常注重和非常不注重的人都属少数，绝大多数人会随着时尚的发展而转移。因此，在社会中，人们都有一种心理倾向，即被大多数人接受的，个人也乐意接受。这种顺从大多数人的心理和个体自愿接受社会行为规范的倾向，是时尚得以流行的重要条件。

5．“价值”原则

贵的就是好的，高档的就是时髦的。流行商品在款式、造型、色彩及其他方面是比较讲究的，这种产品在流行期间很受消费者的欢迎，市场上往往出现供不应求的现象，消费者对流行产品的追求往往胜过对价格的追求。因此，流行商品的价格往往定得偏高。如果价格定得偏低，消费者又会产生“新不如旧”的怀疑心理，消费者总是根据经验把价格同商品的质量挂钩，“一分钱一分货”“便宜没好货”，往往将价格作为衡量商品价值和品质的标准。因此，时尚遵守的“价值”原则，也称为“奢侈”原则。

6．“年龄与性别差异”原则

一般来说，时尚对儿童和老年人影响较小，而对年轻人影响较大；对男性影响较小，而对女性影响较大。

7.4.3 流行方式与设计心理

时尚在消费行为中的典型表现，就是消费者的服装。个人服装无非是衣着穿戴，它表现在社会上，就是人们普遍对时兴服饰的某种穿戴，亦称时装。时尚的流行方式大致有以下 3 种。

1．自上而下的流行

由社会上层人士首先使用，如政治、经济界领袖人物带头使用，然后向下传播，形成风气。

《韩非子》有以下一段记载。齐桓公喜欢穿紫色的衣服，故而全国的老百姓也仿效穿紫色衣服。齐桓公对此十分担心，对管仲讲：“我们喜欢穿紫色衣服，紫色衣服很贵，老百姓都这样做，怎么办？”管仲向齐桓公献策道：“你若要阻止这种风气，首先是自己不穿，还要告诉大臣说，自己不喜欢紫色衣服。你以后凡是看到穿紫色衣服的，必须讲嫌紫色臭。”齐桓公愿意试试看。于是，一天之内，大臣都不再穿紫色衣服；一月之内，齐国的老百姓也都不再穿紫色衣服；一年之内，他所统治的地区也无人再穿紫色衣服了。我国现代服装的中山装、列宁装等样式，都是通过由上到下的方式传播的。

世界流行的时装，有的也是上层人士首先穿起。在美国举行的最佳时装投票选举中，已故的英国王妃黛安娜当选为“世界上对女性时装最有影响力的妇女”。黛安娜怀孕时身着孕妇服在电视上露面后，许多并未怀孕的妇女也穿上了孕妇服。美国前总统里根入主白宫后，里根夫人南希连续被评为全美十大时髦女性之一，时装展览的一位负责人说：“里根夫人为时装的款式定了格调。有的妇女只问‘这是南希买的样式吗？’”

2．横向传播的流行

由社会某一阶层内互相影响，或不同社会阶层之间蔓延、普及，最终成为风气。比如幸子衫、大岛服、高跟男鞋以及“西装热”等。我国服装市场的“西服热”，堪称一场服装革命。无独有偶，翻开日本服装史，也曾有过一场主张穿西服的服装革命，称为“洋装风”。日本的民族服装是和服，但自明治维新后，日本放弃了锁国政策，敞开了原来故步自封的大门，欧美文化渐渐渗入，一些接受西洋文化的人，在服装上逐渐倾向于洋服。欧美文化熏染日久，身穿洋服的人也越来越多。

3．自下而上的流行

由社会低阶层消费者首先使用，然后向上传播，形成风气，如美国的牛仔裤。众所周知，牛仔裤是美国开发西部时，淘金工人的蓝领服装。它之所以广为流行，是由于其规格齐全，质地厚实，随意舒适，特别是 20 世纪 50 年代，美国著名影星詹姆斯·迪恩和马龙·白兰度分别主演了《伊甸园之东》和《欲望号街车》两部电影。影片一经公映，两人就成了美国青年崇拜的偶像，而他们在影片中上身穿 T 恤衫和黑皮夹克，下身穿一条牛仔裤的打扮，顿时成了一代青年竞相追逐的时尚。到了 20 世纪 70 年代，那些保守刻板的会计师、教授、经理也穿起了牛仔裤。后来，美国前总统里根、克林顿在休闲时，也穿牛仔裤。

7.4.4 时尚与产品设计

1．时尚化设计

在产品的造型设计中，产品的流行性是一个突出的问题。在日本，若跟上流行色彩和款式的成衣，每件可售 10 万日元；而过了流行期的衣服，即使是 500 日元，也卖不掉一件。可见，流行性对产品的造型设计之重要。

流行性是大众消费心理的重要表现。在产品设计中，产品的流行样式称为时尚现象，时尚现象是一种社会消费现象，这种现象表现为在一定时期内，常常会出现一种为一个集团、阶层的多数人所接受和使用的产品样式，这种产品的样式叫作“时式”。比如，衣服中的新“时装”，女性的新发型，日用品中的新款式，一旦为多数人所接受和采用，就成为时式产品。时式一般出现在人们最易看见，又最易变化的地方，特别表现在头发和面部的化妆、首饰及服饰等方面，也容易出现在家庭陈设布置上。另外，时式中最明显的表现是流行色，即时髦、时兴的色彩，也就是新鲜、新颖的生活用色。所以，产品流行色就是时式问题。

2．时尚产品的特征

时尚产品具有以下几个特征。

(1) 具有一定的生命周期。时尚产品和其他事物一样，有自身的运动周期，一般要经历“提倡→传播→形成风气→下降→消失”这样几个阶段。

(2) 具有循环性。日本提出流行色循环的规律是：明色调→暗色调→明色调或是暖色调→冷色调→暖色调。服装款式的演变也有类似现象，如瘦腿裤→喇叭裤→瘦腿裤；长裙→超短裙

→长裙。有些流行色能延续三四年，有的流行色只流行一两年就销声匿迹，而有的流行色在衰退之后，经过二三十年，又可能重新成为流行色。

(3) 具有从众性。流行的款式或色彩大都是通过模仿和从众来实现的。人们往往认为，合乎时尚的就是好的和美的；反之，就是落伍的和不合时宜的。这种从众心理是人们寻求社会认同感和安全感的表现，因此，人们往往自觉或不自觉地接受大多数人的样式，这种心理倾向是时尚得以流行的重要条件。时尚现象是相互影响、相互促进而形成的社会大众的群体现象，少数人使用的产品，不能称为流行产品，流行产品要有规模效益，要有相当数量的人使用。

(4) 具有新奇性。新颖的造型、奇特的功能和迷人的色彩会引起人们的关注，进而大众纷纷效仿则引起流行；反之，陈旧的造型、落后的功能以及毫无活力的色彩，不会引起消费者的追随，因而也不可能是时尚产品。目前，工业产品是以“薄、轻、细、小”为时尚，而“厚、重、粗、大”则使人们讨厌。所以，创制新奇的产品，是创造流行的重要策略。当然，模仿可以创造流行，但这种流行产品只能红极一时，产品生命周期很短，只有精心设计极富创造价值的产品，其生命力才是旺盛的。

(5) 具有高价性。时式产品定价较高，因为它们用料精良，设计别致，处处显示出不同凡响。另外，少数追求时髦的消费者更看重时尚产品的心理价值，所以时尚产品虽贵，但还是有购买者的。

(6) 具有时代性。时尚产品是社会进步、科技发展的结果，代表时代的特征，对陈旧的传统的造型加以反对和否定。其作为某种时代或某个发展阶段的典型产品，一般应具备两个条件：第一，这种产品代表了该时代先进科技的最新水平。第二，这种产品的使用要足以深刻影响人们的物质和文化生活。现代汽车造型设计，就是当代时尚产品的典型，它的卓越性能、优美造型以及多种用途，深深地渗透到各个领域，加快了人们的生活节奏，它是 20 世纪具有时代特征的典型产品。它的线条轻快柔和、有速度感、色彩明快、表面光洁、组合紧凑、舒适豪华等造型特点，成为其他机械产品仿效的样板，是工业产品流行性设计的样本。

3．时尚产品的扩散

时尚产品的扩散是遵循时尚现象的扩散规律的。比如，化妆是一种生活方式，是人们在满足了温饱、安全需求之后的爱美需求。生活方式有其顺应的流行路线，自然是由发达地区向不发达地区传播或推行。所以，时尚的化妆品只能先为开放发达的都市消费者设计，然后再传播到其他地区。

当然，时尚现象也很复杂，除了自上而下的扩散之外，流行产品在消费者群体中相互模仿使其横向传播也是很普遍的。产品设计师注重时尚的先进性，瞄准国际时尚产品的动向，迅速做出反应，利用国际与国内的市场时间差，在国内市场也能成为领导产品新潮流的主角。比如，国际上流行省时的方便食品，像速溶咖啡、快餐面等，国内就有速溶茶、方便面、速溶中成药剂等；美国流行轻食品即高营养、低脂肪的食品和天然食品，国内市场也出现许多低糖、低钠、低热量的营养食品，还出现由五谷杂粮精制的黑五类天然食品。

4．时尚信息与产品设计

产品设计要富有时代感，要符合国际、国内的流行样式，在市场上要有较好的销路。因此，研究和把握消费者的时尚现象规律和时尚信息，就显得十分重要。

流行产品的生命周期和整个商品生命周期一样，越来越短。日本20世纪80年代的日用陶瓷设计，要求每3年更新一次造型，每一年半更新300个花面，每半年淘汰100～160个花面，每个花面有7种色调，符合时代审美品位的新产品不断问世。由此可见，时尚产品设计，一定要掌握市场信息，掌握消费心理趋势，分析和预测流行产品的流行色、流行款式、流行装饰等，为设计时尚产品准备大量的资料。所以，开展时尚产品的调研是必不可少的。调研就是采集信息，信息就是财富。如果能在设计中善于利用时尚信息，就可以提高产品附加值。

(1) 消费者信息。由消费者组成的市场是时尚设计的源泉。正确地把握市场的实际供需情况，了解市场发展趋势，科学地分析不同层次消费者的心理需求和经济现状，开发适合不同消费者的产品，就能设计适销对路的产品，获得较高的经济效益。

例如，在1990年北京举办亚运会时，有人预测到实用性望远镜肯定短缺，就及时推出一种用料省、结构简单的袖珍望远镜。其主要是采用价格低廉的纸板制造，能折叠，使用、携带十分方便，为体育爱好者雪中送炭。这种产品的附加值较高，经济效益十分好，这就是信息价值的作用。

(2) 科技成果信息。应用科技可以提高产品技术含量。为此，设计人员应该信息灵通，掌握一些正在转让的科技成果信息，从中找到合适的科技成果，为自己所用。

例如，有的设计人员经常参观发明展览、科技成果展览，去技术市场，目的就是寻找适合本单位的科技成果。有一家手表厂通过科技信息了解到，真空镀金可以使表壳像黄金一样高贵、华丽，还能增强表面强度。设计人员很快就采用这项镀金技术，设计出一系列华丽的镀金表，提高了企业的经济效益。

(3) 把信息纳入产品，构思成多信息产品。产品本身也可以带来信息。以手表为例，设计师便是在这小小的手表上装了电子计算器，既能看时间，又能做数学计算。还有的设计师在手表上装上体温计和脉搏仪，既能计时，又能测体温，还能测心率，从而提高了手表的附加值。同时，市场上最流行的智能手表不光具备上述功能，还能与我们的智能手机交互使用，除了可以通过蓝牙功能听歌、打电话，甚至还能收发邮件，回复微信。现在，有人在普通的奶瓶上装了温度计，以便大人能从温度计上看到奶的温度，使婴儿喝到相当于母乳温度的奶粉。

知识信息就是力量，可以给企业创造效益。日本一位富商在介绍他发财致富的经验时说，他之所以成功，是因为他专门订阅了俄罗斯的报纸和杂志，从中搜寻科技信息和经济信息，他认为，这个国家商品化能力很低，但发明创造能力很强，信息丰富。所以，他就专门从事卖信息给日本企业开发新商品的生意。这说明，当有了商品化机制时，信息就是财富；当商品化机制不畅时，信息就显现不出转化财富的效果来。有些设计师很有信息价值观，十分重视科技信息和经济信息。利用一条信息救活一个企业，在信息化社会的今日，已不是稀奇之事。

5．时尚产品的调研与设计

如何进行时尚产品的调研？调研工作首先是调查，其次是分析研究，最后是提出对时尚的预测。调查是要得到大量情报和市场信息。首先，要收集各国、各地区的流行样式和流行色专业研究机构提供的资料，如时装杂志、造型杂志、装饰装潢杂志、流行色卡、流行花色、预测资料等，从而了解各国、各地区人民的生活现状和时代动向。其次，了解专业性市场，包括业务洽谈反应、市场销售状况、消费者爱好的民意测验。日本有一种做法，是将消费者分成几个类型来调查其爱好，然后汇总，得出比例，最后用 CSI 显示。

调查之后，便要分析。比如，调查材料显示，目前世界各国经济不景气、政治不稳定出现一种逃避主义，反映在国际时尚上，出现了复古的倾向，如国际市场流行古典色、早期美洲拓荒色。我国出口的红木家具、仿古的雕刻柜子、彩缎的沙发套、古典式台灯等近来又变得时尚起来，甚至古色古香的包装款式也大加流行。比如，雷允上药店的六神丸，用古代线装书的造型包装；上海中医学院制药厂的“杏林”牌辛芩冲剂的包装装潢，外观以蓝色为基调，配以月白色的古朴花纹，使人联想起中国古代青瓷花纹，突出了中药的悠久历史。这些都与国际时尚有直接的关系。

通过对国际时尚的调查、分析，可以预测国内市场时尚趋势。比如，调查分析国际时尚的复古倾向，就可以预测以中国古典艺术为主的产品造型设计必然有好的市场效应。因此，我们现在就应调查世界人民是如何看待中国和中国文化遗产这方面的资料的，研究 17 世纪中国通向波斯、西欧的丝绸之路的文化，以及敦煌壁画、青铜器、马王堆文物、唐三彩、宋瓷、明饰等历代造型、款式和色彩方面的精华，以此为创作的源泉，向世界人民展示我国悠久的文明和高超的审美表现手法。

另外，根据时尚现象的周期性、循环性规律，可以预测产品的时尚。比如，流行的“洛可可”式民族服装，历史上曾周期性地流行过两次，色彩也同样如此。我们可以根据循环性预测时尚现象，不过这种循环不是原样的重复再现，而是赋予新的现代的特点来丰富历史上流行过的色彩和款式，以求产生新的时尚。

产品的时尚设计，也受到科学技术进步的影响。比如，包装材料和印刷技术的更新和进步，使过去暗淡无光的黑色变得清晰、光亮起来，使黑色系列的产品设计风靡世界。从食品包装到化妆品造型色彩都采用黑色；汽车、家具、家用电器也采用黑色装饰，“黑色热”在各国兴起。

产品的时尚设计除了各国消费者都能接受的超时性、新颖性以外，还应注重反映本国消费者的个性。比如，正当东南亚流行黑色时，日本却流行白色。日本人民对富士山顶的皑皑白雪有深厚的感情，喜欢用洁白的色彩来装饰商品。所以，流行色不仅反映消费者对颜色的态度取向，也反映消费者的情感诉求和个性。因此，时尚设计要富有情感色彩，这样才能符合消费者心理，使时尚产品迅速蔓延、扩散，形成潮流，市场效果也才会更好。

本章小结

通过本章的学习，我们了解了设计心理的宏观分析所包含的内容，其中包括社会文化的影响、社会群体的影响、社会阶层以及社会心理现象的影响。与社会设计心理的微观分析不同，宏观分析主要关注设计心理相关的外部因素。请大家在学习的过程中注意辨认和理解。

1. 社会群体的类型都有哪些？
2. 划分社会阶层的指数是什么？
3. 分析中国文化背景下的消费心理特点。
4. 分析社会阶层对消费心理的影响。
5. 如何根据流行规律，设计流行产品？

第 8 章

产品设计与消费者心理

本章导读

消费者心理对产品设计的影响是企业生产经营者需要考虑的重要问题，也是产品设计者需要认真研究的课题。产品设计既要体现消费者的兴趣、爱好，又要引导消费者提高审美意识，具有实用性和艺术性双重特性。成功的产品设计不仅是产品的视觉传达形式，受到消费者心理的影响，而且会反作用于消费者，对消费者的消费心理产生影响。只有这样，才能准确地摸索到产品设计与消费者心理活动的规律，从而提高产品设计的效果，促使消费者产生购买产品的行动。产品设计又是怎么来迎合消费者消费心理的呢？本章我们进行具体介绍。

8.1 产品生命周期与消费者心理

产品生命周期与消费者心理，就是研究各个阶段的产品的不同特点，以及这些特点对消费者心理产生影响的规律，同时，研究新产品在消费者中扩散的规律等。学习产品生命周期与消费者心理的关系，对做好产品设计有重要的指导意义。

8.1.1 产品生命周期概述

所谓产品生命周期，是指产品从投放市场开始，到它失去竞争能力、在市场上被淘汰为止的整个运行过程。产品生命周期一般分为四个阶段，即导入期、成长期、成熟期(亦称饱和期)和衰退期。

目前，世界先进国家的产品生命周期越来越短，日本已缩短到三个月，甚至不到三个月。日本夏普公司认为以个人电脑为例，若在三个月内不出新产品，则本企业的产品就会被淘汰。在日本市场产品质量已无什么区别，同质化十分明显，企业间竞争不是比质量，而是比有特色、比设计。夏普公司第三代社长提出“与其做第一，不如做唯一”。这种形势迫使我国的产品设计师不断推出新产品。了解产品生命周期特点，有利于产品设计师适应动态形势下的市场变化、消费心理变化，掌握预测的应变能力。所以，市场调研 CSI 采集工作十分重要。目前，欧洲和日本等发达国家均以纵贯式的 CSI 为导向设计。当产品大量热销时，意味着该产品将进入衰退期，企业必须早做准备，拿出更好、更新的产品来重新占领市场。有些产品设计师，认为设计就是模仿，所谓新产品开发，都是从海外买来市场的样品后，单纯地加以模仿，而唯一有所不同的，就是将海外产品的商标换上自己的商标。有的还自鸣得意标榜的“国内首创”，其实充其量不过是“国内首抄”，利用国内外产品生命周期的时间差，赚取国内市场的钱。模仿的产品是市场上已有的产品，也许是处于导入期的产品，其产品通过模仿、研制、投放市场，这时该产品已到成熟期或衰退期了，如果当时模仿的是成熟期的产品，那么其市场生命周期就更短了。所以，模仿的产品设计绝非长久之计，尤其是要求产品打入国际市场，“借船出海”式的模仿设计就更无立足之地了。因为国际市场竞争激烈，并且对仿造有严厉的制裁。创造性的产品设计，附加值高，出口创汇率也高。所以，产品设计一定要在创新上狠下功夫，如此才能牢牢掌握产品生命周期的主导权，处于产品生命周期运转的制高点，而不会被产品生命周期淘汰。

8.1.2 产品生命周期与产品特点

1．导入期产品的特点

导入期是产品刚投入市场的试销阶段。在这一时期，产品刚刚由设计到制成销售，因此，它在各方面可能还存在一定的缺陷，但是它有自己的特点。

(1) 产品的新颖性。这种产品的款式新颖、造型别致，功能比原有产品先进。作为新产品，它的首要特点就表现在“新”字上。它是在原有基础上开发出来的，因此，它在产品设计上，必然较之原有产品有更多的功用、更新的款式和更利于购买者操作使用的方便之处。这一特点，正是新产品未来生命力的源泉所在。

(2) 产品的独创性。这种产品在设计、生产上还处于初创阶段，一般表现为独家产品，具有一定的垄断性，又因它具有独创性，能理解和采用的人较少，开始的市场占有率也较低，只被少数有超前消费意识的人接受。但它有强大的生命力，必然占领未来的市场。

(3) 产品的不稳定性。这类产品的设计与生产处于初始阶段，产品的功能和造型还不稳定，没有达到尽善尽美的标准。生产厂家为了提高产品的声誉，扩大市场占有率，往往会听取消费者的意见，较快地改进产品。因此，产品的设计和生产工艺均不完全定型，这一时期所生产和投放市场的产品，在颜色、外形和功能上会有较大变化。

(4) 产品的扩散性。产品刚刚投放市场，处于试销阶段，知名度也较小，它的用途和优点还未能为消费者所尽知，因此，销路还没有完全打开，对生产厂家来说，订货一般不多，生产批量也较少，加上产品生产的经验不足，质量会出现不稳定。

2．成长期产品的特点

新产品被开发后投放市场，经过导入期的各种营销努力，这种产品终于在市场上站稳了脚跟，并以迅速发展、迅速扩大市场占有率的态势进入产品生命周期的第二阶段——成长期。成长期是产品生命周期的重要阶段。产品在导入期，由于存在各种不足，加之大多数消费者不了解，甚至不相信，新产品在这一时期销售比较困难，销售量和销售利润都较低。但是，经过导入期各种宣传手段、促销手段的运用，加上最先试用者的“现身说法”，终于形成了一种对新产品的消费需求趋势。人们相互传递新产品的使用信息，相互模仿、相互感染，使最先试用者已不再“时髦”。进入成长期之后，购买新产品的消费者，渐渐由少到多，新产品的扩散渐成气候。

成长期产品的特点，主要表现在以下 3 个方面。

(1) 产品的销量增加。进入成长期的产品销售量和销售利润较前一阶段迅速增加。新产品在导入期，对消费者来说是陌生的，经产品广告等宣传手段的刺激，消费者或是主动或是被动地接受了新产品的有关信息，开始对新产品有所了解。如果他们在使用新产品之后抱肯定态度，对新产品就产生了消费欲望，加上消费者之间的信息交流，使新产品的购买者迅速增加，从而使新产品的销量迅速增加，销售利润也随之增加。

(2) 产品质量稳定，投入批量生产。新产品在导入期，产品的设计和性能均未定型、生产不稳定。经过导入期的努力，不断听取消费者的意见，使产品的设计和生产工艺逐渐完善，使新产品基本定型。由于生产工艺基本固定、生产工人也积累了一定的生产操作经验，便保障了产品的质量，生产厂家在这一基础上，为了适应市场消费需求迅速增长，在原有基础上大批量生产。

(3) 市场竞争日趋激烈。新产品经过了一定的销售时期，它的设计、性能及其他特点已不是“独家占有”，另外，销量的迅速增加，使产品的生产成本不断降低，这时，竞争者也看到了新产品发展的优势，他们也开始利用自己的生产条件，纷纷组织生产，甚至对已有产品进行某种改进，使新产品日臻完善。因此，市场竞争日趋激烈。

3．成熟期产品的特点

成熟期是产品生命周期的鼎盛时期，犹如人的生命，在经历了幼年、少年时期后进入青年时期。成熟期指产品的销售达到了顶峰，然后进入销量的增加缓慢甚至停滞的时期。在成熟期，产品各方面基本完善，消费者对产品的肯定评价，使消费者对新产品的需求猛增。这表现在消费行为上，就是对新产品的争相购买上。

成熟期的产品特点，主要表现在以下几个方面。

(1) 产品定型，工艺成熟，渐趋老化。新产品之所以会在导入期引起最先试用者追求时髦的购买动机，之所以会在成长期形成大众消费趋势，一个最根本的原因就在于它的“新”。它具有以前同类产品不具备的功能和用途，可以更好地满足消费者的需求。它还具有比以前同类产品更美、更符合消费习惯的造型，从而使消费者通过使用它改变某些消费习惯。但产品进入成熟期以后，经过导入期、成长期的不断修正改进，产品定型，工艺成熟，质量稳定。因此，在这一时期，随着产品的成熟，产品的性能和质量再上一层楼已经非常困难，产品便渐渐趋向老化。

(2) 产品销量增长缓慢甚至停滞。新产品进入成长期后，其销量日趋看好，竞争者看到这种产品的发展势头，都想方设法生产这种产品。这种势头，到了成熟期仍然有增无减。因此，这一时期，相似的产品在市场上大量涌现。从数量上讲，它们已完全满足消费者的需求。另外，基本消费者中已有相当部分人购买了这种商品，故而“改进型”购买者相对减少，尤其是到了成熟期的后期，这种现象更加明显。这时，产品的销量增长缓慢，甚至出现停滞。

(3) 产品价格趋向一致，市场竞争更加激烈。产品在导入期，掌握生产工艺和技术的厂家是一花独放，到了成长期，生产厂家也不多，市场上虽有不同厂家生产同种产品，但先期生产者的生产工艺先进，产品质量较好，市场销售出现明显的优势，即使存在市场竞争，也并不激烈。但是，产品进入成熟期后，情况便发生变化。这种产品的工艺技术成熟，许多厂家都能掌握它的生产技术。因此，竞争者之间的差距缩小，这就使得同种产品在市场上不断涌现的同时，产品的价格也趋于一致，各生产者的生产成本也相差无几，市场竞争更加激烈。而且，这时仿制品和替代品也不断出现在市场上，对产品的寿命形成威胁。

(4) 企业利润开始下降。日趋激烈的市场竞争，使企业的产品销售变得困难。企业为了销售产品，不得不采取多种营销手段，这就必然使他们所付出的宣传推销费用(广告费)增加。即使如此，企业产品的销售可能仍然比较困难，企业的利润开始下降。

4．衰退期产品的特点

产品的衰退期，是指产品在市场上失去竞争能力、陈旧老化、市场销售量下降，并出现被淘汰趋势的时期。产品在经历了导入期的艰难试销、成长期的迅速增长和成熟期的大规模销售之后，无论是社会需求量，还是商业库存量都趋于饱和。这时，产品虽已完善，但它的销量只减少。虽经努力，却仍然无法增加销量。这时，产品进入产品生命周期的最后阶段，即衰退期。

衰退期产品的特点，主要表现在以下几个方面。

(1) 产品由新变旧。产品之所以在导入期、成长期、成熟期各阶段成为畅销品，原因在于产品突破了旧产品的弱点，各方面体现出优越、崭新的特点而成为新产品。这种新产品在各个阶段都满足了各种不同消费者的消费心理。但是，进入衰退期后，市场上又出现了比它更先进、更新、更好的产品，它便相形见绌，显得陈旧老化，一部分消费者对这种过时的产品不再感兴趣。

(2) 产品的销量迅速下降。这种产品除了一部分消费者由于一些特定心理因素仍会购买外，随着消费者兴趣的转移，大部分消费者不再愿意购买它，从而使它的销量迅速下降。

(3) 利润下降，甚至亏损。企业这时要付出巨大的营销努力，并要继续不断地设法改进产品的功能，提高产品的质量，加上消费者需求的减少，企业生产开工的不足，必然使企业的生产成本继续上升，利润被压缩到最少，甚至出现亏损。

(4) 一亏再亏，“回天乏术”。产品即便亏本拍卖，也已“回天乏术”，产品的“丧钟”敲响了。

8.1.3　产品生命周期心理与设计

产品生命周期心理，是研究消费者对产品在导入期、成长期、成熟期和衰退期的态度和行为规律，这种研究主要有两个方面：其一，把消费者作为消费个体，研究消费者对新产品的接受和拒绝的规律；其二，把消费者作为消费群体，研究新产品的扩散过程，实际上就是消费者群体接受新产品的过程。

消费者对待新产品的态度存在个体差异，一些人在新产品投入市场的导入期就很快接受；另一些人则需要很长时间，经过导入期、成长期，直至成熟期之后，才决定是否接受；还有一些人接受新事物更慢，到了成熟期以后，甚至衰退期才购进产品。这些人的情况比较复杂，有的人是传统派，不易接受新产品；有的人因为信息不畅通，知觉新产品较迟；还有的人因为没有购买新产品的需要或经济条件不允许；等等。所以，这些人不一定都是守旧者。美国研究消费行为的专家，根据消费者在产品生命周期各阶段的消费行为，将所有消费者分为“革新者”“早期接受者”“普及初期接受者”“普及后期接受者”“守旧者”。每组消费者的个性特征相似，但各组消费者之间的个性特征存在差异，这一研究情况，如表 8-1 所示。

表 8-1　产品生命周期中消费者各组别的人数比例及个性特征

产品生命周期	消费者组别	人数比例/%	消费者个性特征
导入期	革新者	2.5	冒险性、独立性强
成长期	早期接受者	13.5	受其他人尊敬，经常是公众意见的领导人
成长、成熟期	普及初期接受者	34.0	服从性强、愿意照别人的路子走
成熟期	普及后期接受者	34.0	怀疑论者
衰退期	守旧者	16.0	遵从传统观念，只有新事物失去新异性时才肯接受

分析产品生命周期中消费者的行为规律，对新产品设计、广告设计、营销设计，具有重要的现实意义。

1．导入期的消费行为与产品设计

新产品一旦投放市场，便是产品生命周期的导入期。导入期产品的一大特点就是“新”。无论是新产品开发，还是在原有产品基础之上的革新、改进，都会使产品在造型、结构、功能等方面较之以前优越。正由于新产品的“新”，满足了早期消费者的求新、求异、求美的特殊心理需要。最早接受新事物的消费者被称为“革新者”，他们一般对变异持肯定态度，冒险性和独立性强，个人成就动机较高，对事物的期望值也较高。从年龄上看，革新者以年轻消费者居多，他们注意仪表修饰，男青年愿意使自己更英俊、潇洒，女青年愿意将自己打扮得更漂亮、俊俏。因此，他们对新产品的追求欲望更加强烈。通过使用新产品，尤其是别致、时尚的产品来赢得异性的青睐。

从情绪上看，革新者都是冲动型的购买者和激情反应型的消费者。他们对新产品的接受能力很强，购买动机往往是求新、求美、求奇、求胜，以自己消费新产品来表示自己与一般人的差别，而且他们也很容易受广告宣传和实物引导的影响。所以，新产品刚进入导入期，这类消费者就率先使用，成为勇敢的最先试用者。

从人数上看，革新者仅占消费者的 2.5%。虽然人数不多，尤其是导入期的前期，它还不能代表一种消费潮流，但它却成为某种产品消费的引潮人，成为某类新产品消费大趋势形成的推动者。20 世纪 80 年代初，牛仔裤刚刚出现在我国市场时，购买者并不多。天津市自由市场个体商户的调查显示，20 世纪 80 年代初，牛仔裤平均每天只能售出 2～3 条。20 世纪 90 年代，牛仔裤越过了成长期，进入鼎盛的成熟期，该市场日销售量达几千条。

从消费阶层上看，革新者一般受教育水平较高，经济收入可以满足他们支付新产品。导入期的产品具有新颖和品质优良的特点，消费者宁愿它们的价格高一点，这不仅符合按质论价的原则，也可以更好地满足革新者的求新、求胜的消费心理。

从性别上看，革新者中男性消费者多于女性。因为女性消费者独立性、冒险性不如男性，对新产品接受的信心不高，购买时比较善于精打细算，对新产品要求高。导入期产品质量还不稳定，各方面设计还不完善，价格一般也比较高，因此，不符合大多数女性的消费习惯。

综上所述，导入期的消费行为特点是购买人数极少，购买动机是求新、求美、求异、求胜，购买个性是独立型，购买年龄以青年人居多，购买性别以男性居多，购买方式具有冲动性，等等。基于导入期消费行为规律，产品的设计应把握一个“新”字。新产品不仅仅是创造性的全新产品，还包括对现有产品的革新与改进。因此，导入期产品的设计就有全新型产品、革新型产品、改进型产品和部分改进型产品等几种类型。即便是名牌优质的成熟产品也存在老化问题，它必然会进入衰退期而被市场淘汰。所以，产品设计人员应该不断运用创造性想象和再造性想象，或设计出前所未有的全新产品，或在原有产品的基础上，对原有的设计、结构和造型加以改进，在性能上加以发展，以满足消费者求新、求美的消费动机，尤其对名牌产品加以革新更能满足导入期消费者的求名、求胜的购买心理。

另外，导入期产品的广告宣传重点是介绍新产品的新意所在，以及使用要点等，不要过分虚张声势。因为导入期的所谓革新者，大多是独立型个性的男性消费者，他们文化水平较高，不易从众。当然，产品的造型美观、装潢优雅、包装考究也会使他们冲动购买。

2．成长期的消费行为与产品设计

成长期是产品能否生存、发展，以形成销售气候的关键期。否则，新产品开发出来，只能停留在导入期，停滞不前乃至最终被淘汰。所以，把握成长期消费行为规律，可以指导产品设计师把成长期产品及时修正，扩大影响，占领市场。成长期产品的消费者，已不像导入期那样稀有，而形成早期使用大众的局面。他们与革新者的消费行为不同，最典型的消费心理就是趋优性。产品进入成长期，经多方努力改进，新产品设计定型，质量稳定，优越性逐步显著，消费者的购买兴趣和动机有所增强，消费需求从最先试用者扩展到早期使用大众。他们认为新产品质量过关，而且批量生产的质量优于试产、试销的产品质量，因此，销售量出现上升，这是早期使用大众的趋优消费行为的结果。另外，早期使用大众还存有疑虑心理，对不断改进的新产品还不放心。比如，家用电器的耗能与安全问题，食品新产品的营养问题、保健问题、保质问题，等等。虽然他们已经接受并肯定了成长期产品，然而一旦购买，就有一定的风险，这就使早期使用大众抱着疑虑的消费心理去购买新产品。购买决策上表现出明显的比较性和选择性，一直到他们终于认可这种新产品的优越性，才发生购买行为。早期使用大众的价格心理不同于革新者，革新者以高价购得新产品为荣，而大众消费者则不仅要求物美，还要求价廉，他们往往对价格敏感，从价格的比较中决定其购买。一般来讲，产品进入成长期，开始批量生产，产品的成本有所下降，价格应当有所下降，这样才能满足早期使用大众的求廉心理。

成长期是新产品的扩散期，对于消费者个体来讲，知觉到新产品的“新”字，会影响消费者对新产品的态度。所以，加强新产品的宣传攻势，包括广告宣传、包装装潢刺激、实物演示等方式，不但影响有购买需求的消费者，而且能触动广大的潜在购买者。宣传新产品的手段，一般有两种：一是大众传播媒介，比如报刊、网络、电视等；二是人际交往，比如同事、同学和亲朋好友等。大众传播媒介可以使新产品在广大消费者中迅速传播，但人们对新产品的态度却多半由人际交往来确定。所以，特别要注重口传信息的作用。

以上分析了成长期产品的接受者、早期使用大众的消费行为规律。作为产品设计人员应当清楚，首先，要巩固新产品的优越性，提高质量，保证声誉，以满足消费者的趋优心理；其次，改进工艺，减少成本，降低价格，以满足消费者的求廉心理；最后，还要加强新产品的宣传攻势，促使新产品的迅速扩散，销售量不断增加。

3．成熟期的消费行为与产品设计

(1)　选择心理与产品设计。产品进入成熟期之后，消费者心理发生了显著的变化。在成熟期之前，产品的购买者还不多，销售量比导入期要好。到成熟期时，消费者已从早期使用大众转向基本消费大众。他们视产品的购买行为为一般消费而不足为奇，产品的销售量达到峰值，并且维持高销量态势，在成熟期，购买心理最明显的特征就是严格地挑选商品。

由于产品成熟，市场上同类产品增多，这就为消费者选购心理创造了客观条件。另外，基本消费群体掌握较多的产品信息，他们接收了大众传播媒介和早期使用大众的信息，尤其是来自相关群体的信息，知道产品的优、缺点。因此，他们可以对市场上出现的同类产品进行严格的挑选。这种比较和选择，包括对产品的功能比较，对产品造型、装潢的选择和对产品价格的比较，以及对产品售后服务和零配件供应方便程度加以选择，等等。

(2) 求廉心理总是占有重要地位。产品在成熟期之前，购买者一般还是少数人，即使是早期使用大众，其消费阶层还是偏高的，他们较高的经济收入可以支付产品在导入期、成长期的偏高定价。产品进入成熟期，开始面向众多的经济收入不高的基本消费大众，再加上新产品已失去新的优势，成为大众的一般消费品，所以，求廉的消费心理在消费者行为中表现得尤为突出。

(3) 产品的销售量已趋近饱和。销售量在达到顶峰之后，开始停滞。厂商库存增多，这时新加入的购买者日趋减少，且潜在消费者减少。丰富的产品和充足的挑选余地，使他们对产品的质量和效能要求更高、更严。

基于成熟期消费者的行为规律，产品设计的工作重点是尽可能地开发产品的新功能，质量上精益求精，并力争改进产品的特色和款式，为消费者提供新的产品。在成熟期，尽管产品的功能改进是比较困难的，但可以通过增加产品的服务项目，以良好的售后服务来树立产品的形象。

另外，在产品广告设计中要改变形式。成熟期之前，革新者和早期接受者对一般的产品广告的刺激，如普通的声像和文字广告，都会产生良好的反应，但到了成熟期，消费者对产品有严格的选择心理，因此，他们更乐意接受对比性广告，如更多地向基本消费大众介绍本产品的独创性、优越性的实物演示广告和模具广告，加强对比。这样的广告形式，将满足他们的选购心理需要。

4．衰退期的消费行为与产品设计

产品进入衰退期后，会陈旧、过时，在消费者心理上产生了特定的影响，这个影响最典型的反映就是期待心理。消费者的期待心理主要表现在以下两个方面。

(1) 期待变化的心理。消费者对产品陈旧产生不满，消费兴趣开始转移，期待着更新、更好的同类产品出现，也就是期待质量更高、造型更美、功能更全的新产品问世，来满足他们期待变化的心理。

(2) 期待降价处理。衰退期出现的消费者大多是守旧者，他们消费阶层较低，求廉、求变是他们的主要购买动机，即使消费阶层较高的人，保守意识也很强。厂家为了减少损失，加快资金周转，减少库存积压而大甩卖，大幅度降低产品价格，正迎合他们期待产品降价处理的心理。一般来说，衰退期产品的销售呈下降趋势，但不同种类的产品下降速度不相同，有的下降快，有的可以延续多年。所以，产品设计人员要有两手准备，针对期待变化心理，积极开发新产品，满足革新者求新、求胜的心理需求，缩短产品生命周期。此外，也要进一步降低成本和加强市场促销，以降低产品价格，满足消费者的求廉心理，尽快走出衰退期的低谷，迎接产品生命周期的新循环。

8.1.4　新产品扩散与设计

新产品一旦研制成功，投放市场，产品的生命周期便开始，但各种新产品的命运不尽相同：有的新产品打不开销路，没过导入期就到衰退期，过早“夭折”；有的新产品初上市，销路尚好，度过导入期，随着时间推移，销量逐渐走下坡路，没有形成成长的势头而被市场淘汰；有的新产品初上市时，也许并不为很多消费者所接受，但随着时间推移，其销路逐步打开，最后深入每个消费者家庭，完成产品的正常市场周期运行。由此可见，在产品生命周期的四个阶段，唯独成长期最为重要，倘若新产品顺利度过成长期，那么，这个新产品就是成功的；反之，就是失败的。研究产品成长的规律，实际上就是分析新产品的扩散过程，这对企业开发新产品和设计人员的决策是至关重要的。

1．新产品的扩散过程

新产品的扩散过程，是指消费者接受新产品，并且不断在消费者群体中展开的过程。接受和拒绝新产品，是消费者的个体现象，而扩散则是一种群体现象。把消费者作为一个整体来研究消费问题时，新产品的扩散过程实际上就是消费者群体接受新产品的过程，其不仅影响该产品的产品生命周期运行情况，也影响该产品销售量增长的过程，只有消费者接受率不断增长，这种产品的销售量才会呈上升的势头。所以，国外市场研究专家十分重视对新产品扩散过程的研究。他们认为，新产品的扩散过程是一种动态的运动过程。

2．影响新产品扩散的因素分析

影响新产品扩散的因素很多，若以消费者为研究主体，则来自消费者外部的因素，诸如社会经济因素、新产品本身的特征、新产品的传播渠道，以及从众现象等，称为影响新产品扩散的客观因素。而来自消费者内部的因素，诸如消费者的知觉、动机、态度、价值观、尝试、评价等，称为影响新产品扩散的主观因素。下面就这两方面的因素加以分析。

1)　影响新产品扩散的客观因素

(1)　社会经济因素。消费者的经济收入对新产品的接受和扩散有重要的影响。国内外的研究表明，若经济发展繁荣，消费者收入水平高，新产品扩散速度就会快；反之，则慢，甚至停滞不前。我国在改革开放之前，经济发展速度慢，人们收入普遍不高，电视机、电冰箱等耐用消费品社会拥有率极低，产品扩散很困难。改革开放后，国家经济迅速发展，人们的收入水平提高了，电视机的扩散速度就非常惊人。

(2)　新产品本身的特征。新产品本身的特征是影响其扩散的重要因素。如果新产品的优越性能非常明显，容易被消费者接受，它的扩散速度就比较快。比如，药物牙膏之所以能够以较快的速度在市场上扩散，就是因为它有消炎镇痛、止血除臭等优点，对预防和辅助治疗一些牙科疾病，如牙本质过敏、牙周炎、牙龈出血、牙痛及口臭等疗效显著。这些可感性很强的优点，是普通牙膏无法比拟的。因而，药物牙膏迅速替代了普通牙膏。

产品使用方法，是影响新产品扩散的又一因素。使用新产品越需要复杂的知识和技能，产品就越不易被消费者接受。比如，传统照相机的使用需要相当复杂的知识，很多人苦于难以掌握使用方法而不敢购买。因此，这种照相机的扩散过程缓慢。现代的工业产品，往往结构复杂，而新产品往往又是非专家购买和使用，这就要求产品设计者从使用者角度出发，尽量简化操作难度和复杂性，在做产品广告宣传时，侧重使用方便的宣传，这样，新产品的扩散速度就会加快。

另外，新产品是否可试用，也是影响新产品扩散的重要因素。一般的消费者都是在试用新产品满意之后，才会变成新产品的经常使用者。比如，食品类的新产品初上市时，应提供样品供消费者品尝；大件的耐用消费品，若允许消费者试用，一般可以提高新产品的扩散速度。国外有些厂商实行产品试用可退货购物零风险的销售方式，增强了消费者对产品的信任度，也促使消费者了解新产品的优良性能，结果证实，消费者退货率很低，且销售量大大增加。这是提高新产品扩散速度的重要途径。

(3) 新产品的传播渠道。新产品扩散过程中，应充分运用传播手段，这是促成扩散的重要方法。传播新产品的渠道主要有两种：一种是大众传播媒介，如报刊、广播、电视和网络等。这主要靠产品的广告设计者充分运用广告宣传的侧重点和表现方式来达到目的。另一种是人际传播渠道，如同学同事、亲朋好友之间口传信息，而这种口传信息将导致产品形象的优劣。这种人际交往形式的传播是影响新产品扩散的重要原因。比如，高压锅扩散的速度远不及电视机，其原因就是其易引起安全事故，虽然极其少见，但消息往往不胫而走，给人造成使用不安全的不良印象，这就使高压锅在蒸煮食品方面具有的许多优良性能相对减弱，导致其市场发展缓慢。

(4) 从众现象。当一个人的活动趋向于其他人的活动时，这种行为便是从众现象。从众是一种社会心理现象，对消费者群体接受新产品的过程影响较大。因此，从众是影响新产品扩散的因素之一。我们常看到这种情景：当消费者想要购买一种既缺乏相关知识又无使用经验的商品时，自然希望跟随别人去购买，或在有经验的人指导下去购买商品。无锡小天鹅集团的推销员在推销“小天鹅”全自动洗衣机时，就利用了消费者的从众心理，取得了很好的市场效益，使新产品加速扩散。他们注意到消费者对电脑控制的全自动洗衣机缺乏认知，疑虑较多，如果推销员给予满意的回答，消费者会产生顺从消费指导的结果。于是，他们重视推销员的素质，组成以大学生为主的推销队伍，在全国洗衣机滞销的不利背景下，迅速占领市场，荣登当年全国洗衣机行列的榜首，在消费者中产生从众购买的效应，产品供不应求。中国消费者群体往往在购买时缺乏自信，容易受外界条件左右而产生跟从购买行为，因此，加速新产品扩散，充分发挥广告和推销设计显得十分重要。

在现实生活中，消费者所选购的产品，在质量、式样和色彩上没有一定客观标准的情况下，消费者是否接受新产品，会受集体一致性程度的影响，表现出从众的倾向。比如，在百货商店里，经常会出现这样的情况：某柜台前面，围着几个人，他们在购买新产品，这时，会有其他人前来探望，有时顾客会越围越多，争相抢购，他们甚至能为抢购到新产品而感到幸运。因此，我们某些个体摊位，为了推销某种商品，甚至雇人充当顾客，有意造成一种抢购的情况，以诱发消费者的从众行为。

2)　影响新产品扩散的主观因素

新产品的扩散，除了外部条件影响之外，消费者的主观内部因素也十分重要，一个产品在客观上是否全新往往并不十分重要，关键是消费者是否知觉它是新的，对产品的知觉决定了消费者对新产品的反应，也决定了新产品的扩散过程。任何一种新产品，仅在一段有限的时间内，即导入期是新的，而在相当长的成长期内，对消费者来说则是潜在的新产品。如电视机，在我国 20 世纪 60 年代中期就导入市场了，过了十多年后才作为新产品被广大消费者接受。所以，研究新产品扩散的主观因素和消费者的潜在行为规律，分析他们接受新产品的过程，这里包括消费者的知觉、动机、态度、价值观、尝试和评价过程，是新产品扩散的主观因素的重要环节，针对这些环节可以制定出一个消费者接受新产品过程的模型。该模型的方框中标明接受新产品过程的步骤，方框上面标示的是阻力来源，下面标示的是生产者、设计者对于降低阻力的相应策略，如图 8-1 所示。

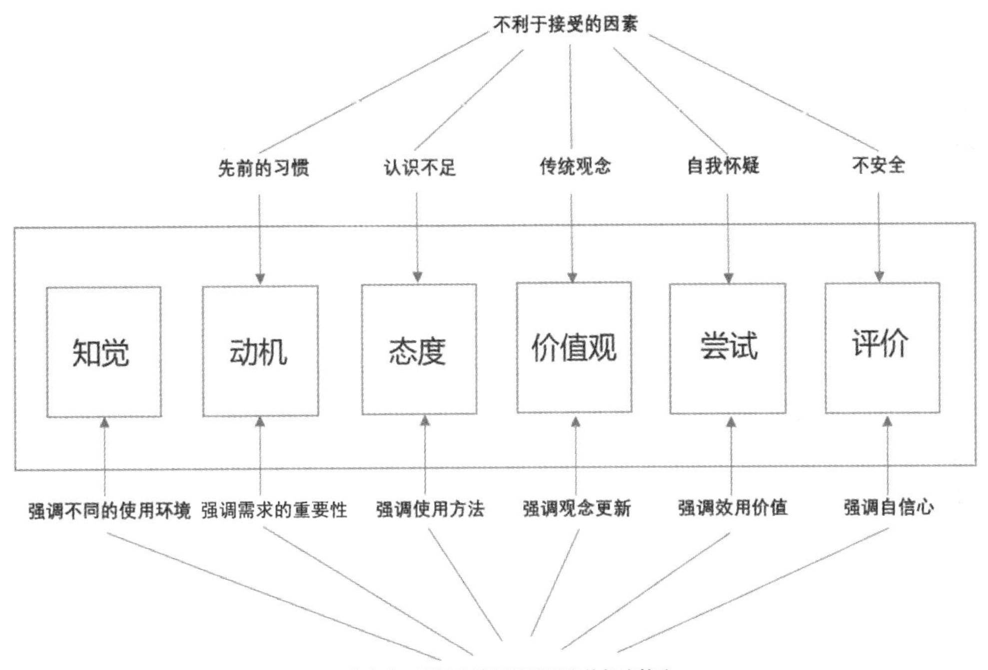

图 8-1　消费者接受新产品过程的模型

现将接受新产品过程的各环节说明如下。

(1)　知觉。知觉是接受过程的开始，必须有关于新产品的刺激源，能引起消费者知觉和需要知觉，才可以实行接受过程。在知觉阶段中，新产品的广告设计可以集中于宣传新产品的用途。当潜在的消费者注意到这些用途时，他可能会觉得这种产品会满足自己的某种需求。这样，就会使他进入接受过程的下一个环节。

(2)　动机。消费者旧有的购买习惯是新产品接受的阻力。要诱发消费者产生购买新产品的动机，必须针对阻力宣传新产品的重要性和优越性，使消费者对新产品有一种良好的印象。同时，利用人际交往的压力，使人感到某种消费需求的迫切性。例如，当前彩电的拥有率较高，如果一个家庭至今还没有彩电，那么，他与人交往时，就会感到压力，促成他消费彩电的同调性。因此，强调需求的重要性是提高购买动机的有效策略。

(3) 态度。肯定态度的建立是新产品扩散的重要步骤。产品导入期，只有极少数的革新者持肯定态度，广大的潜在消费者态度不明显。如果在成长期，潜在消费者仍认为自己对产品的认知不足，缺乏信任，他们则可能对新产品持否定态度，从而影响新产品的扩散。所以，产品的生产者、设计者应充分宣传新产品的使用方便、操作简单等特点，使消费者转变自己的态度，愿意接受新产品。

(4) 价值观。消费者的价值观是影响消费行为的重要因素。如果新产品与消费者的价值观念、消费态度相一致，新产品就比较容易迅速扩散；相反，若新产品与消费者原有观念和习惯相冲突，则扩散过程就会因受阻而减慢。比如，消费者对于粗粮一般缺乏认知，因此，要宣传吃粗、细粮搭配的混合主食比吃纯细粮的营养更大，力图改变消费者对粗粮的认识，进而达到改变消费者原来对粗粮的消极态度。又如，对时髦服装的接受，凡时装与传统观念冲突不大者，接受程度高，新时装的扩散快，像牛仔裤；若时装与传统观念冲突大，接受程度就低，新时装的扩散就慢，像迷你裙。

(5) 尝试。消费者探究心理是很普遍的，在接受新产品之前，总希望先亲自试用一下这种产品。在购买一个全新的产品时，消费者往往买得少一些，有了使用经验后再决定是否大量购买或长期使用。因此，产品的设计者，应当提供少量购买的条件，供消费者尝试使用，如食品新产品的小包装、化妆品的小包装等，对新产品打开销路十分有利。

(6) 评价。评价一般是接着尝试而发生的。尝试之后，消费者总要归纳他们的体验，对新产品作出总体评价。如果消费者不相信自己对新产品所作出的评价，也就是说，消费者对新产品存有疑虑心理，担心它的质量是否可靠、性能是否稳定等。这种不放心导致的不安全感，将成为阻碍新产品接受的根源。所以，产品设计人员和广告制作者，应把重点放在设法帮助消费者解释使用的方法上，大力宣传成功的使用经验，增强消费者的自信心和信任感，加快新产品的扩散。

8.2 产品造型设计与消费者心理

随着科技的进步、时代的发展，人们对“幸福”的定义也早就不再局限于吃饱穿暖。因此，好的产品设计也不仅是单一的“好看”就能获得消费者认可的。人们对外观造型的要求也越发具有了特殊性，如不同的色温会让人在相同温度环境下有冷或暖的感觉，不同的样子会带给人不同的联想。这都是一个合格的产品设计师应该充分考虑到的。本节，我们就对产品造型设计与消费者心理的关系进行解释。

8.2.1 产品造型设计心理概述

当代优秀的造型设计，无不利用心理策略，也就是从消费者市场变化趋势、消费者心理活动规律去策划产品设计。即使以重视产品的技术和功能设计而著称于世的德国设计大师，也拿起了心理策略的设计武器。比如，在国际设计界知名度极高的“青蛙设计公司”(Frog Design——由联邦德国英文名称的首字母组成)创办人艾斯林格认为，他的设计策略是强调人的尺度、触觉价值及拟人学说。另一个著名的德国莫尔设计公司(Moll Design)的兰纳先生也认为，要详细研究消费者的人口特征及消费行为，制定面向更多消费者的心理设计策略，即强调市场的多样性，需要既为消费者的理性需求设计，也为消费者的非理性需求设计，他称之为“用有毅力的感情来设计”。

当代美国产品的造型设计，更以实用、合理、为人服务为宗旨。他们认为，一项优秀的设计，首先取悦于消费者的视觉，其次它的操作与使用方面无疑也是可靠、简便和经济的。日本的设计师对消费心理的关注就更突出了，他们要把一个产品打入某国市场，在设计产品之前，会派人到那个国家了解消费者的消费需求和购买动机。然后，根据市场反馈的信息，结合设计师的鉴赏力和专长来策划产品。他们常常会生产出好几种款式和样式，以满足不同层次消费者的需求。为了决定哪几种更受消费者的欢迎，他们不仅用问卷法，还用观察法去调查。他们会把这些各式各样的产品放到电子监控的商店里，在那里，机器可随时观察消费情况。根据观察消费者的购买行为，再决定各品种的生产数量和如何改进销售策略。日本设计师在调查消费者心理方面花费的财力和劳力是不予计算的。他们认为，没有消费心理的研究，也就没有高质量的产品设计。

产品造型设计是产品生产的起点。一个产品应该具有什么功能、怎样的外形结构、什么样的目标市场，在产品造型设计的总体计划中就已经决定了。若待产品生产出来进入市场，进入流通之后，再来考虑是否满足消费者的需求，则为时太晚了。过去，我国产品之所以积压严重，其中一个重要原因就是不重视消费者心理的研究。

以前，我国一些工业产品竞争性差，在国内外市场屡遭冷遇，其原因固然复杂，但其中重要的一个原因就是产品的造型不符合消费者心理。消费者普遍称：“看上眼的买不起，买得起的又看不上眼。”所谓“看上眼”，就是指产品造型设计美观、结构功能合理、使用方便、包装装潢精美、富有时代气息。随着人们生活水平的提高，人们对产品造型的重视胜于价格。两只质量相近的手表，造型设计差的那只即使价格便宜，消费者也不愿意购买。

产品的造型设计，是一种高附加值的设计，它可以提高产品的技术和艺术的含量，成为消费者满意的紧俏产品。产品的价值除了材料成本、人工费用、设备折旧和运输费用等有形的“硬”价值以外，还应包括技术的新颖性、实用性，以及产品整体的优良设计和售后服务等无形的“软”价值。这种“软”价值又称为“附加价值”。如果这种附加价值所占的比重很高，就可认定该产品是高附加值产品。市场的发展趋势是，这种附加值在产品价值中所占的比重越来越大，以致同样的产品、同样的功能、同样的制造成本，却因造型设计的差异而导致售价相差几十倍，乃至上百倍，可见产品的造型设计在产品的整体设计中的作用是何等重要！因此，根据消费者心理的研究，产品的造型设计应当采取一些心理策略，这对提高设计人员的设计水平是十分有益的。

8.2.2 产品造型设计的心理策略

随着我国社会主义市场经济的发展，消费市场的需求也发生了显著的变化。人们渐渐认识到，需求不只有物质的一面，还有心理的一面。过去人们只看重物质的一面，忽视心理的一面。事实上，消费者不仅需要产品的使用功能，也需要心理的、艺术的、思想的、社会的追求。富裕起来的中国消费者，对产品的要求不仅要具备使用价值，而且要求产品的造型设计有艺术价值、观赏价值。消费者正逐步改变着购物观念：由过去把实用、廉价作为天经地义的准则变为把产品设计是否新颖、漂亮，看得与前者同等重要。更多的消费者，特别注重优良的产品造型设计所表现出的心理价值，这种产品是反映消费者的社会地位、文化水准、个人情趣的象征。比如，日本电冰箱同欧美电冰箱相比，在功能上没有什么差别，但日本电冰箱的造型设计的心理含量、艺术含量很高，使日本电冰箱在中国市场上大受欢迎，因为它造型设计轻巧、实用、美观，使住房面积尚不宽裕的中国消费者满意。

消费者购买商品，除了取得实用价值以外，还要求在使用中获得心理上的满足。比如，消费者对手表的需要，除了保证计时准确、无误的使用价值外，还希望手表能显示自己的身份，甚至有的消费者购买手表是作为礼品馈赠亲友，以满足社交需要。所以，设计师对手表的设计，不仅是计时功能的设计，还要反映消费者的自尊和社交等多方面的心理需求。一些用金饰品装饰的手表、设计精美的盒包装手表是满足消费者社交需求的佳品。

消费者的审美需求是满足其心理需要的重要方面。消费者要求产品不但要实用，而且要美观，特别是日用消费品，除了是生活用品外，还希望它同时是一件工艺品，具有欣赏价值。所以，消费者在选购商品时讲究款式、造型、色彩，就是为了在使用这些产品时，能获得美感，从而达到心理上的满足。许多发达国家的工业造型设计是以美学为设计原则的，出现了专门的研究领域。比如，国外美学界把研究工业产品美的技艺称为“工业艺术”；把研究制造具有审美价值的日用消费品工业称为“消费美学”；把研究产品美的科学称为“技术美学”；等等。为了满足消费者的心理需求，产品造型设计的心理策略，可以从以下几个方面去思考。

1. 单纯化的设计

现代设计的美感，体现在外形、分量、节奏、韵律上，大多倾向于单纯、简朴、大方、安定、稳重、气势的美。这些造型的特点，一反过去的烦琐、堆砌、柔弱、零碎的手工艺狭隘手法。现代工业的机械化，以及机械运动的秩序，反复、节奏、曲直、平整、量块等越单纯，越简练，也就越有利于大规模的生产，所以，产品的造型设计，既要研究传统的造型美的规律，又要灵活地运用和突破传统，创造出现代美的新产品。现代人生活在复杂纷繁的社会中，他们工作紧张、竞争激烈，回到家中希望拥有宁静，反映在选择日用消费品的造型上，则是“单纯”和“静穆”的审美观，这种审美观是古希腊传统造型美的体现。德国的温克尔曼认为，希腊造型艺术所表现的最高的美的理想，是“高贵的单纯，静穆的伟大”，单纯到像“没有味道的清水”，静穆到“似乎没有表情”。这种单纯化的审美观对现代工业设计来说十分有用。因为“单纯”和“静穆”对人的心灵净化和心理平衡是十分重要的。所以，“单纯化”成了现代造型设计的一大特征。

2．人情味的设计

人的情感活动是人的精神生活的主要方面。产品的人情味设计，就是遵循人的情感活动规律，把握消费者的情感内容和表现方式，用符合“人情味”的产品造型，去求取消费者心理上的共鸣，产生喜欢和愉悦的态度，唤起人们对新的生活方式的追求。人的情感内容是复杂的，对产品造型设计的态度也表现出极大的差异。所以，人情味的造型设计首先是多元化的，增加设计的品种是人情味设计的首要工作，以便满足不同年龄、不同性别、不同文化滋养、不同职业消费者的选择心理。

人情味设计要精心地选择恰当的表现手法，细腻地反映消费者丰富复杂的情感内容，在色彩、款式、装饰等方面收集大量的表现语言，这些语言都是内涵丰富的情感内容，经过设计师的创造性的组合，设计出令人满意的具有人情味的造型设计。其评价标准是，消费者能否从您的产品设计中找到了他所能理解的情感语言，是否达到了情感诉求的目的。倘若产品一放到货架上，消费者就认为是专为他设计的，那么，这一产品的人情味设计就是成功的。如在产品造型的人情味设计方面，出口到日本的日用陶瓷设计，针对妇女的情感活动规律，设计时色彩要淡雅，形象要柔和，选用富有湿润感的植物装饰；材质上可选用骨灰质瓷，给人以柔和、亲切、温暖的人情味体验。这样，就在日本市场上获得了良好的印象。

当今世界崇尚的人情味就是追求人人平等，人人期盼得到他人的尊重。而现代设计界的热门话题“通用设计”，就是一种有极高人情味的设计。通用设计是面向所有的人，不论其身体有无残疾，老人或者儿童，以及存在障碍的程度如何，都有表示关爱的产品设计内容。在《科技新时代》的《通用设计产品包你满意》一文中提出通用设计有以下六个主要特征。

(1)　包容性。尽可能考虑到各种不同人的特征，为所有的人提供方便，送去关爱，不论其有无障碍。尤其是环境和环境设施，应该既适合健全的人活动，又适合存在不同障碍的残疾人、老年人，以及儿童等弱者活动。

(2)　便利性。充分考虑人的行为能力，最简便、最省力、最安全、最准确地达到使用的目的，最大限度地满足人们的愿望，如物体的可操作性、防疲劳、易识别、触感舒服、空间宽敞、获取信息方便、不同障碍的人之间容易交流等的人性化设计。

(3)　自立性。承认人的差异，尊重所有的不同。通过为有障碍的人提供必需的辅助用具及便于活动的空间，尽量使他们能独立行动。帮助有障碍的人提高自身的机能去适应环境，为他们提供必要的求助装置，尽量使他们感受到生活在富有人情味的世界。

(4)　选择性。通用性设计并不追求统一的标准。对某一产品、某一空间来说，应增加其适应性。就整体而言，应提供满足不同需求的商品和活动空间，以供给不同的人选择，使有障碍的人排除障碍。要寻求包容性和选择性的平衡。

(5)　经济性。通用设计的服务对象包括相当一部分弱势人群，因此，要保持低成本、低价格，要有良好的性价比。经济性的设计，缩小了弱势阶层与强势阶层的差距，送去了设计师的人情味。

(6)　舒适性。生理障碍往往伴有心理障碍。要通过对形态、色彩等的设计处理，达到美的视觉效果和良好的触觉效果，让有视觉障碍的人也能感到愉悦。空间环境更要追求舒适性，特别要便于使用轮椅者、盲人等的活动。用舒适性设计将设计师的爱洒满人间。

3．审美情趣的设计

美感是人类的高级情感，审美情趣是人们追求精神需求的体现。产品的美感设计是造型设计重要的心理策略之一。人们的审美能力和审美情趣是与社会历史发展同步的，反映了相应时代的特征，各个时代都有不同的审美意识，这种意识导致各个时代产品的造型不同。古代彩陶的圆润、青铜器的凝重，是当时奴隶主贵族权势的象征；封建时代明朝家具简练大方，太师椅端庄稳定，是当时封建社会正襟危坐的礼教规范的反映；而当代工业社会带来的生态不平衡和环境污染问题已深深地影响人们的审美意识，并反映到产品造型的时代特征上，在嘈杂的车间长期工作的人，偏爱安定、有序的形态，偏爱大自然单纯清新的色彩。所以，人们的审美情趣具有时代性，产品的美感设计也应当具有这种时代性。

另外，人们的审美情趣还具有民族性。西方人的情感表露比较外向，审美过程的思维成分高于情感成分，而中国人的情感表达比较含蓄，审美过程以感性经验把握为主，在情感的表达方式上，比拟的方式设计造型比较容易接受。中国人喜欢含蓄美、中和美。含蓄、优雅的造型设计符合国内消费者的审美情趣。比如，对色彩的设计期望，已从追求高贵、华丽的色彩转向节制的高光、适量的亚光和大量的无光，进入了所谓银色、黄色、银灰色世界，变华贵的色彩为含蓄的色彩。

中国消费者还崇尚祥和，追求中和美。产品设计造型时就要考虑消费者追求和谐、平衡、圆满的情感需求；产品的外观上要对称、均衡，这种造型通常是通过调节配置的零件、元件的形状、分量等在大小、远近、轻重、高低等方面的变化，以保持重心稳定来表现的，使人产生稳重、严肃、庄重、沉静等感觉。圆满的情感设计，在产品造型上的反映是配套设计，比如日用瓷器的配套设计、服装的配套设计、日用品的配套设计等。

4．地位功能的设计

产品的设计心理策略，除了单纯化的设计、美感设计和富有人情味以外，还不能忽视产品的优越感和炫耀欲的心理功能，这种心理功能，又称地位功能。比如，一双进口的耐克运动鞋，售价高达 4 000 元，照样有消费者光顾。是什么原因促使消费者愿意花这样高的价格购买呢？这种鞋的质量很好，穿着舒适，样式美观，除此之外，还有一个重要原因，那就是穿着它能显示出一种与众不同和富裕的优越感。这一心态就是追求产品的地位功能，以满足自己的炫耀欲。人都有自我表现的欲望，他们期望产品的造型可以显示自己的鉴赏力和审美力，显示自己的富裕和社会地位，等等。

产品的地位功能设计，一般有以下几种情况。

(1) 用稀有贵重材料制作的产品，如金银珠宝制品、裘皮制品等。这类产品本身具有一定的美观功能，同时由于物以稀为贵，穿戴或拥有它们便可以显示出富有。

(2) 豪华型产品，如新型汽车、高级家用电器等。这类产品的功能往往很多，且工艺精致、外观华丽，但售价很高。购买这类产品，从使用功能上讲并不合算，但满足了心理功能，即地位功能，因为不是一般人都能用得起的。比如，意大利进口的真皮沙发，一套售价万元及以上，从使用价值和审美价值上看，没有人会问津，原因是不经济，但考虑到它的地位功能，依然有人去购买。

(3) 名牌产品。其具有极高的地位价值。比如进口的名牌运动鞋、时装、化妆品、名烟名酒等。

(4) 流行的时髦产品。这类产品除了具有使用性和审美性以外，时髦本身也是一种地位价值。

8.2.3 产品造型个性化设计

一个成功的造型设计，除了注重功能、结构和外形等共性外，还应该有其独特的个性，才能使它从众多同类产品中脱颖而出，引起消费者的注意和喜爱。西方学者把产品个性归为 6 类，这 6 类产品的个性设计有很大的区别，值得造型设计师借鉴。

1. 功能类产品设计

功能类产品主要是指满足消费者的生理需求，给人以具体使用价值的产品，如日常生活用品。这类产品设计，力求朴实、有效、经济、耐用，在科学性和实用性上下功夫。

2. 成人类产品设计

成人类产品专供成人使用，因此产品个性应该具有成熟、智慧、大方、不失风度等特点。设计这类产品，一般以结构严谨、质量上乘、色调淡雅、大方实用为原则，不宜过分标新立异。

3. 渴望类产品设计

渴望类产品满足消费者的安全、防护等保护自我的需要，如美容化妆用品、个人卫生用品、体育用品等。设计这类产品，应视具体的消费对象，以使用方便、感觉舒适为原则。

4. 威望类产品设计

威望类产品是一种能够提高消费者的社会威望，表现其事业成功、个人成就的产品。设计这类产品，必须选用高贵的材料，设计豪华的款式，体现出超群的产品个性，其产量是严格控制的，价格是昂贵的，功能是超群的，制作是精美的。

5. 地位类产品设计

地位类产品是专供社会某一特定阶层使用的，使用者可以借此显示自己所处的地位和身份，成为某一阶层成员的共同标志，从而获得一种群体的归属感。设计这类产品，应考虑消费者的不同生活环境、经济地位和消费习惯，使产品具有不同的特点。比如，知识阶层和劳动阶层，城市与农村，其使用的产品个性应有明显的区别。

6. 娱乐类产品设计

娱乐类产品是为消费者提供某种快感，以引起他们的某些冲动而购买的产品，如成年人的零食、小孩的玩具、游戏娱乐用品等。这类产品的设计往往以新奇、有趣取胜。

产品造型的个性设计，是建立在对消费者个性心理研究基础之上的。消费者的个性，又称人格，是指一个人的心理面貌。它是外在自我和内在自我的总和。过去研究人的个性特征，更多地注重外显行为，这是由行为主义的指导思想和研究手段决定的。如今人们对人格的深层内容也进行剖析，认为人格是外显行为和内隐行为合一的综合反映。综合的个性观对产品造型的个性设计要求也是综合的，也就是产品的造型设计代表产品个性的显在因素，而产品的内在结构、功能方面的设计，则是内隐因素。优秀的产品造型个性设计是显在因素和内隐因素兼顾，设计出新颖、美丽的外观和科学、合理、方便的产品内质。

闻名于世的优秀建筑设计——法国巴黎"蓬皮杜国家艺术文化中心"——以暴露结构和设备为美，大胆采用了与古建筑截然不同的个性设计，成为世界建筑的一大创举。这座极富个性的建筑造型设计，不仅注重造型设计的新颖、独特，而且注重外观造型和内在结构现代化的统一。整个建筑像一本图解词典，人们非常容易看懂它的功能设计。它的"内脏"外露，看得一清二楚，人们进进出出十分方便。内部装饰先进，应有尽有。

消费者的个性差异，是受内外因素的影响而形成的。影响消费者个性的内部因素是遗传和先天素质，外部因素则是社会环境和宣传教育。产品的个性设计也是如此，既受到形成产品内在因素的技术、材质和工艺的影响，也受到社会的发展、社会文化的差异和社会心理等外在条件的影响。研究产品的个性设计，不仅需要拥有技术、材料、工艺等方面的科学技术知识，也需要拥有社会科学和心理方面的人文知识。过去的产品个性设计，往往只注重某一方面，而导致产品设计的个性化是"重内轻外"，即所谓纯功能主义，或者导致产品设计的个性化是追求表面的花哨，这两个方面都是片面的。

目前，我国产品造型的个性化设计还存在一些问题。有些产品内在技术质量很高，甚至达到了国际先进水平，但造型设计却做得随随便便、粗糙陈旧、缺乏创意，不仅不能吸引消费者的注意力，而且使用和操作也存在许多不便。

有的产品的造型设计只注重外观的、整体形象的个性化设计，忽略产品的细节、小配件处理，这种只抓"西瓜"不问"芝麻"的设计思想，也影响个性化设计的效果。日本、德国设计的工业产品在细节上一丝不苟。他们对小零部件的独特设计使整个产品显示其差异性，这种产品的个性化设计方法值得借鉴。近年来，伴随着汽车市场消费主力年轻化的趋势，对汽车的需求也变得千人千面，汽车个性化定制悄然兴起。2016 年 4 月 6 日，长安集团自建的电商平台"长安商城"已经正式上线运营了，主要经营整车销售、个性化定制车、汽车精品、汽车保险(重庆地区)服务等四大业务板块，共有 27 款车型在线销售，涉及 964 家认证经销商。4 月 10 日长安集团推出了新车型 CS15，正式在长安商城上推出汽车个性化定制。此外，通过手机移动端 App，长安集团可以得到大量的数据，对这些数据进行分析，就能发现客户对这些配置选项的偏好，如对颜色、大灯、天窗或者内饰的喜好，就可以据此来优化配置包，为其他车型的研发提供参考。产品的个性化设计为消费者提供了更为广泛的选择空间，也更能贴近消费者的真实需求。

产品的个性化造型设计，就是根据消费者个性的差异，设计出代表这种差异的新颖产品。

比如，美国设计师哈里森专门为老年人设计的厨房器具，故意使用粗大的调节器和超大的手柄，就极富个性。

产品的造型设计是产品的造型设计与内在功能质量设计的统一，是在符合功能要求的前提下，将设计对象按消费者的审美要求进行必要的美化。这种美化包括多样性和独创性，绝非要求凡是功能相同的物品，造型也完全一样。在反对过分强调“功能决定形式”的同时，也要注意功能是决定形式特征的关键。也就是说，造型可以多种多样，但都是从功能要求出发的。因此，造型设计是一种整体设计思想，是建立在消费者的整体需求和心理需求基础上的，不仅要满足消费者的物质需求，而且要满足他们的精神需求，这样的造型设计既有经济性、技术性和使用合理性，又有审美品位。如同服装的整体设计一样，这样的造型设计是物质设计和精神设计的有机整体。

8.3　产品功能设计与消费者心理

功能设计是功能创新和产品设计的早期工作，是设计调查、策划、概念产生、概念定义的方法，也是产品开发定位及其实施环节，体现了设计中市场导向作用。如今，产品设计也越来越以客户为导向，越发向着“人性化”方向发展。所谓人性化，体现在美观的同时能根据消费者的生活习惯、操作习惯，方便消费者，既能满足消费者的功能诉求，又能满足消费者的心理需求。

8.3.1　生理需求与产品功能的设计

消费者购买产品，首先是为了满足生理的某种需求，也就是首先考虑使用价值，尤其是经济发展水平较低、消费层次低的消费者群体。一件家具，如果不能使用，再美也是无用。因此，设计家具时应考虑它的使用价值，即是否舒适、是否符合人们的行为习惯、是否满足人们安全感等生理方面的需求。即使在消费层次比较高的发达国家，产品的造型设计也要考虑到它的实用性。当今，美国设计的明显倾向是功能显示简洁、易懂。产品应该易于使用、安全和舒适，其目的是让消费者在看见和触摸产品的那一瞬间就明白了一切。

最高效率地掌握和操作产品，是当今设计的关键。现代生活中人们工作节奏加快，心理上的紧迫感增强了，大家面临的是竞争激烈的世界，人们都希望高效、快速地掌握和操作产品。这种现代人对产品功能设计的要求，促使一代新的功能设计的产品诞生。产品的功能设计要根据消费者对产品的生理需要，力求达到产品的方便性、使用的科学性和相应的价值。当使用者购买一件产品后，在使用产品前，如果先要花数十分钟在说明书上，那就说明该产品的功能设计未能对该产品的使用性进行深入研究，而是把担子撂给看说明书的读者。国内许多产品设计都有这个毛病。一件好的产品设计，应能让消费者容易了解其操作过程及其功能。特别是现在的多功能产品设计，几乎达到了饱和状态，消费者往往不会用到所有的功能。这些产品设计一味追求发挥科技的成果，而忽视了消费者的实际需要。

比如，一份有关微波烤箱的消费者调查显示，消费者认为微波烤箱的功能多种多样，使用者可设定开关时间，也可输入食物的原料，如种类、重量，以计算所需的微波量。但有的消费者反映，在使用的 4 年里，只用过其最基本的功能：将食物放入，设定烤食所需时间，然后开机。至于其他复杂的附加功能，从未用过，即使想用，也得先翻出几年前买烤箱时附送的说明书，否则根本无法知晓它的操作程序。这里不是说多功能的产品设计不好，而是要求把这些功能设计得简洁，操作起来方便，就会更受欢迎了。基于目前中国的工业化程度不高、人们的消费心理还是以讲究实惠为主的状况，强调产品的功能设计还是符合民情的。但是，我们要提高功能设计的水平，借鉴发达国家先进的设计思想和合理的设计方法，以满足现代社会中国人民日益增长的消费需求。根据中国消费心理的动态变化，产品的功能设计有以下几个趋势，值得设计人员注意。

(1) 许多产品逐步向“一物多用”的多功能发展。在设计多功能的产品时，要注重产品造型的简洁形态、操作的方便性和使用的舒适性。

(2) 不少产品向自动化方向发展。自动化的控制程序设计应当符合人体工程原理，符合消费者的使用习惯。否则，一旦操作出现误差，就会影响自动化产品的功能发挥。另外，要注重产品的安全措施的设计，以免出现故障，损伤机器或使用者。

(3) 产品向“轻、薄、细、小”发展。自从日本产品以“超薄型”设计领导世界产品新潮流之后，各国的产品都纷纷仿效，尤其是东南亚和韩国，更是亦步亦趋。由于开放的经济政策，大量的“洋货”纷纷涌入国内市场，加上中外合资产品也具有先进的产品设计，中国消费者一下子大开眼界。严峻的事实，使中国的设计必须向先进国家学习，向“轻、薄、细、小”的设计风格学习，改变我国一些产品的弊端。

(4) 产品设计应注意人与环境的关系，逐步向整体设计效应发展。设计产品不仅要满足使用者的生理功能，还要满足全体人民和整个生态环境的安全需求。我国目前的产品功能设计已经汲取了国外设计的教训，注重把产品设计向整体设计效应推进。整体设计效应是指设计既不是产品的外形设计，也不是产品的功能设计，更不是装饰与美化，而是旨在提高人们的生活质量，使人和物及其构成的环境取得高度的和谐。尤其在产品的功能设计时要注意防止环境污染，这已成为多数设计师所注意的问题。

现代人的生活节奏快，要求产品使用方便，结构科学合理，显示产品的先进性。为此，就要研究工程心理和工效学方面的知识，也就是对人体性能的新把握，使人更舒适、更方便、更满意。在产品设计中，要考虑消费者的行为规律，力求达到人—机—环境的匹配，从人体工程学方面去开发新产品。比如，各种舒适的桌椅设计、外科手术器材的造型设计，都是以人体为模型的雕塑性样式。仪表的设计就更离不开工程心理的参数，如汽车驾驶室里的速度计、里程表、油量表等，飞机驾驶舱内的仪表就更复杂了。仪表设计怎样才能更鲜明？怎样才能迅速引起操作者的注意？怎样才能不易造成误读？这些都是仪表设计中必须考虑的问题。因此，产品功能设计应当了解人的心理活动规律。

8.3.2 产品功能设计与工程心理

产品设计是以人为使用对象，满足人的要求的，因此把人的因素放在首位是毋庸置疑的，但这种正确的认识却来之不易。早在第二次世界大战中，美国的空军飞行事故屡屡发生，大批飞行员不战而亡，这使空军大伤脑筋。于是，美国组织了一大批科学家从实验心理学的角度去分析人的知觉、判断与行为操作之间的关系，结果发现飞机设计中，存在许多忽略人的生理、心理因素的问题。比如，高度计采用三针式仪表设计，使飞行员由于误读数字而机毁人亡。后改为单针式高度计，事故发生率骤然下降。因此，人们吸取了这一惨痛的教训，认为从前设计产品时，总是把机械和使用者截然分开，这是不符合操作规律的，产品设计必须考虑人机匹配问题，否则这一系统的效能就不能得到发挥。从此，一门新的学科——工程心理学诞生了。

工程心理学是为解决现代技术装备的复杂性与人的有限操作能力之间的矛盾而发展起来的，它主要应用实验心理学的原理和方法，研究产品的功能设计与人的生理、心理和行为特点的匹配关系。工程心理学偏重于基础研究，提供技术设计中人的因素参数。比如，在工作场所的尺寸方面，针对诸如人的体高和坐高、臂长、腿长、目视距离，工作台上各个单元(如终端设备的显示屏幕、键盘、文件等)的分布位置等内容；在感官方面，针对诸如开关、键钮的驱动力，揿钮(指感)和光、声指示的设计，以及台面、键盘表面的光反射，字符是否清晰等内容。工程心理学与人类工程学、人的因素或工效学、人体工程学等相近，其研究内容和方法基本相同，只是工程心理学更注重科学实验，而工效学、人体工程学则着力于实际应用。它们的目的都是优化工业设计或工程设计，提高人们的工作和生活质量。

随着科学技术的发展，大量的智能型产品的设计必然摆在工业设计师面前。我们应当了解人机信息交换界面的传递规律，把握人接收信息、加工信息的能力、机制和习性。人机匹配在现代工业中主要表现为：人机双方通过显示器和控制器进行信息交换。因此，机器对人的适应，主要考虑产品设计要满足各类显示器的信息显示特点与人的各种相应感官活动的特点相匹配，控制器的造型、阻尼、力矩等与人的效应器官的活动特点相匹配。如果产品设计没有充分考虑两者之间的匹配，就会超过使用者(操作者)的能力限度，或者加重使用者的工作负荷。这样，就会降低系统的效率和可靠性，许多事故就会发生。

1．产品功能设计与人体工程学

人体工程学告诉我们，大到工作环境，小到一件产品、一种工具，必须与人的生理构造相适应才能给人以方便、舒适的感觉。影响人与物关系的主要因素，一是空间，二是光线，三是色彩，四是声音，五是人和物的秩序。例如，工作环境宽敞，能使人心胸开阔，神清气爽，从而提高工作效率；空间狭小，则使人觉得沉闷、压抑，影响工作情绪。光线明亮柔和、适中，可以保持人的视力；而过强、过弱的光线，都易使人眼睛疲劳，影响工作。又如，机械产品的设计必须考虑到人和物的秩序，包括人体的力度、速度、准确度、控制范围、人体动作的次序等。做到“布局合理、容易操作”，使用者不必大幅度移动身体就可以操作控制。具体到一件产品的设计，也必须根据产品的性质和人体的构造，运用人体工程学的原理科学地处置，力求设计合理、使用方便。

比如，手表的外壳、表带、表盘，是根据人的手腕结构、左右手的活动差异以及眼睛视角的状况，设计成左手佩戴、字码向内、抬手即可看到时间的造型；椅子的设计，应该是根据人腿的长短和屈曲程度来决定高度，根据臀部的大小决定宽度，根据腰部姿势决定靠背的倾斜度，根据手臂的长短和关节的部位设置扶手。这样设计出来的椅子，舒适安稳，姿态自然，可使人的血液循环顺畅，肌肉放松，减少精神紧张和疲劳，符合人体要求。

再如，眼镜的形式变化，从手持式、夹鼻式、挂耳式到隐形眼镜，都是人体工程学的具体运用。前些年，日本的汽车工业能够占据美国市场，原因之一就是他们研究了西方人身材高大的特点，设计特别宽敞、舒适而且座位可以自动调节的汽车，以满足美国人的人体结构需要。日本生产的电冰箱受到家庭主妇的喜爱，就是因为设计者研究了人们从箱内取物的姿势，把电冰箱设计成多层次、多门形式，减少了消费者许多弯腰曲背之劳。美国的牛仔裤能够风靡世界，则是因为设计者研究了各色人体的不同体型，制定了 40 多种不同的尺码型号，使不同胖瘦、高矮和身段的人，都能选购到合适的尺寸。

过去我国的产品设计考虑人体工程学方面的因素很少，现在已有很大的改观，即使像日用陶瓷这类产品，其设计成功也取决于所设计的产品与人之间关系规律的准确性。因此，在设计时就充分考虑人的因素，合理地将人体工程学应用于产品设计，使产品的功能设计与造型设计趋向合理。在我国工业设计的各个领域已开始注重人体工程学的研究，尤其是造型设计和室内设计方面，比如室内墙壁的颜色、灯光的亮度及角度是否适合人的生理、心理特点；门把手的位置、造型，电灯开关的形状、开向是否考虑到人的习惯；厨房的调理台、盥洗台、配料台及煤气灶、自来水龙头、冰箱、碗柜的排列，尺寸的高低是否考虑了使用便利，顾及了整体的效果；等等。总之，设计的着眼点是消费者。

在家具设计中，人体工程学的应用更为突出。在人体工程学知识尚未应用到家具设计之前，人们认为桌子比椅子重要，顺序是桌子、椅子、人。现在我们以人体工程学为设计指南，从人体生理解剖角度分析站立和坐着时人的脊椎形状的变化，提出了人、桌子、椅子的新顺序。这不仅是排列顺序的形式变化，也是强调人的因素第一的新的设计价值观的确立。更重要的是，桌椅尺寸的基准点也由地面移到臀部的坐骨结节点上，所有尺寸都由它来决定，而不是由地面决定。因此，就功能来看，桌子的高度应是从坐骨结节点到桌面的距离，也称差尺。它是桌子的实际高度，余下的尺寸属于附加尺寸。它的确对家具设计具有相当重要的意义。以它为基点设计制作的桌椅适合人体需要，避免过高或过低的桌子使人疲劳。

床的设计，更要重视人体工程学的意义。人生有 1/3 的时间要在床上度过，提高睡眠质量不是从延长睡眠时间着手，而是改进床的设计以提高睡眠的质量。多数人以为床越软越好，其实不然，过软的床，使卧者体压分布形成一种恶性平均的状态。因为人体有的部位重量高，有的部位重量低，躺在过软的床上，脑部、臀部等较重部位便深陷下去，较轻的腰部便上浮出来，人体成为“W”形，显然维持这种姿势，人是难以保持良好睡眠的。根据人体工程学，床的弹性应具有软-硬-软的三层结构，如此才能弥补过软的床给人带来的不适和疲劳等不良感觉。总之，人体工程学在产品设计中有着广泛的应用。

2．产品设计与现代工程心理学

现代科学技术发展很快，产品都在不断地更新换代，但人体机能的发展却是有限的，人机出现了很大差距。一旦机器的性能(如速度)超过了人的感官(如视觉)和大脑机能的反应限度，人机没有适合人的“转换”连接体的话，人就不能操纵机器，也不能适应机器，就容易发生危险，人机的转换连接体就是显示器和控制器，许多人机事故是由显示器和控制器这两组人机接口匹配不良引起的。为使人机匹配得好，在确定人机系统总体要求后，就要对显示器和控制器进行设计，进行人机匹配的实验和测试，这就是现代工程心理学的工作。

现代工程心理学不但研究人的生理特征，更侧重于人的心理特征，重点研究人的信息加工能力，以及在人机信息交换界面传递的规律。在人-机-环境系统中，人是主体，是主动者，人始终有意识、有目的地使用和支配着机器；机器是被动者，是人的工具，始终是受人支配、服从于人、满足人的使用要求；而环境则是一个制约条件和影响因素，人是可以改造环境和制造环境的，因此，在产品的系统设计中，人的因素是第一位的。现代工程心理学研究人的因素是很广泛的，包括不可见的心理因素，即人对产品的心理感受的信息接收(见图 8-2)，以及可见部分的行为活动要求，如视觉、听觉、触觉、人体尺度、人体活动区间等。产品设计是否充分考虑了人的能力，将从人的产品知觉(人对产品的直接感官经验)、产品认知(人对产品的信息加工处理)、产品态度(人对产品的好恶表示)上表现出来。评价一种产品优劣，主要看产品设计是否充分考虑人的物质功能和精神功能的要求，是否达到人-机-环境系统的最优组合。

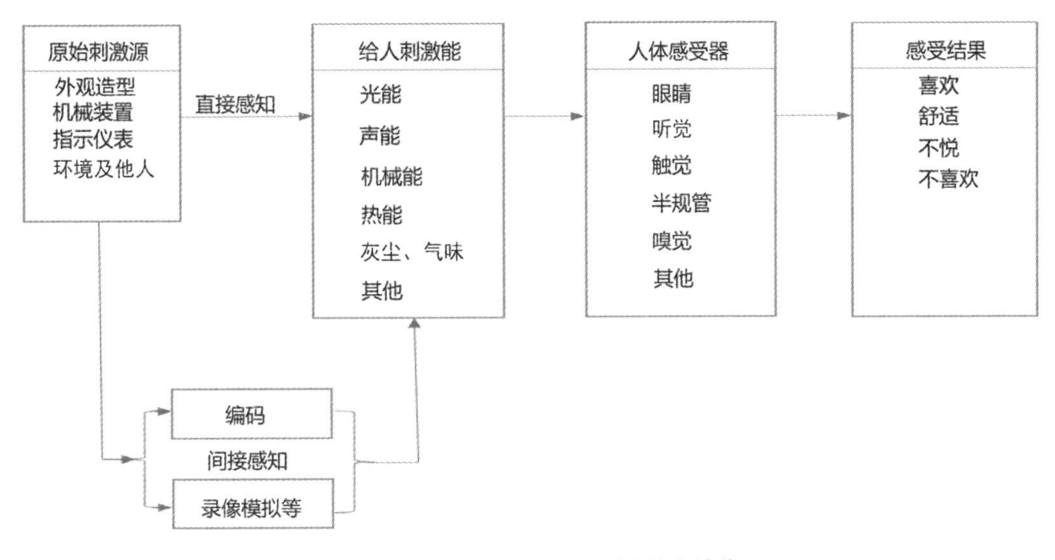

图 8-2　人对产品的心理感受的信息接收

许多现代产品的设计都配有电脑控制程序，比如全自动洗衣机、彩电的遥控装置以及全自动电风扇等。这些全自动装置设计，是通过显示器和控制器来实现的。显示器是用来显示某种信息功能的装置，表示信息从机器向人传送的系统设计；而控制器则表示信息从人到机器传递的系统设计。比如，全自动洗衣机的显示面板设计，首先考虑视觉显示器设计，仪表板必须放在最适当的视野范围内，以提高可视性；其次仪表板中的显示器和控制器要根据不同功能、不同使用频率进行不同水平的配置，以提高产品使用的方便性和有效性。

另外，大部分还由指示灯(绿色)显示其工作状态。绿灯是选择我国《安全色》(GB 2893)的规定，作为指示灯颜色较适宜；还起用了听觉蜂鸣器，由于听觉显示有一些优点，其反应比视觉反应快，而且不管来自哪一个方向，都能引起人的反应(视觉显示只能在身体前面)。因此，听觉刺激往往用作报警。蜂鸣器是常见的音响报警装置的一种，它是报警器中声压最低、频率也最低的装置，它柔和地吸引人们的注意，一般不会使人紧张和惊恐，适用于家庭环境中。洗衣机的蜂鸣器有许多作用：开始按键时有短促声响，以示机器进入工作状态；洗衣结束时自动鸣响；当机器出现进水时间过长、排水时间过长、门开关脱撞、脱水时洗衣机盖板未闭合等故障时，蜂鸣器会每隔 10 分钟响一次，超过 30 分钟未处理故障，机器便自动进入暂停状态。这对于操作到一定阶段必须让操作者返回(如洗涤完毕)或安全有可能出现问题的场合是十分适用和有效的。总之，在全自动洗衣机的人机系统中，显示器与控制器配置的基本原则，是适合人的操作要求和视觉认读要求的。因此，常把控制器与显示器组合在一起形成控制仪表板。这种有仪表板的设计为控制合台，洗衣机指示面板的设计就是一个小型控制台。

指示面板的设计，说到底就是仪表的设计，这里就有人机界面设计的问题，涉及现代工程心理学很多知识，比如，仪表怎样设计显示才能更鲜明？怎样才能引起使用者的注意？怎样才能不易造成误判？等等。工程心理学认为，仪表设计必须考虑人的能力、机制和习性，了解人的信息传递效率，以及接收信息的通道容量，如注意的广度、记忆的广度等。人对简单信号的反应速度很难短于 0.1 秒，对复杂信号的反应需要更长的时间；人对刺激的感受能力也是有限的。比如，人只能辨别相差 3%的重量差别和 1%的亮度差别。但是，人的某些感受能力却比机器高，如人对微光的灵敏度超过任何机器；对音色的分辨能力也高于机器；人还要有机器所不具备的知觉恒常性。因此，人识别图像的能力胜过机器。诸如此类的研究，充分了解了人机系统中人的各种特性，在人机设计上，就能得到很好的应用。

1) 设计显示器的心理学原则

要使显示器达到最佳的显示效果，在设计显示器时必须考虑人的因素。比如，显示用什么颜色、多大亮度；是用形象显示还是符号显示，如果用符号显示，符号的笔画与整个符号的比例应为多大，用什么字体；等等。这些都可以到工程心理学的有关字符设计、仪表色彩设计等测试数据中找到科学的依据，但从总体上讲，显示器设计应遵循以下原则。

(1) 明确显示器使用目的。显示方式、精确度、形式大小等都要根据目的来定。

(2) 明确使用条件。任何显示器都在一定环境条件下使用，环境对于显示效果有一定的影响，对使用显示器的人也会有影响，应考虑显示距离、照明、显示角度和干扰因素等。

(3) 一致性。显示器与产品的其他部分一起使用时，相互之间的关系必须保持一致、充分协调。

(4) 标准化。许多工业产品是国际通用的，可以互换，或共同组合使用。不同厂家生产同样类型的仪器，一定要一致，即标准化。产品除了在技术条件上考虑国际标准外，在造型设计上也应考虑国外类似产品的相互协调性。否则，联机使用时会显得格格不入。客户在订货时很重视这方面的情况。

(5) 习惯性。显示方式应和习惯相一致。例如，显示时间，由于人们习惯于看钟表，故仪表的设计以圆形较好。

2) 设计控制器的心理学原则

在人机系统中，人与机器相互作用的另一个界面是人操纵控制器。在控制器的设计中，同样也要考虑人的因素，即人的生理和心理特点。只有这样，才能做到操作者使用方便、舒适、安全，达到安全生产、提高效率的目的。从控制器要适应人的特点的角度看，设计控制器时应注意下列几个问题。

(1) 控制器与显示器应协调一致。这种一致性主要表现在通道一致、空间关系一致、运动关系一致等。如用声音显示信息，最好口头作出反应；如显示的是空间位置，则用手、足控制较好。不同的空间排列对操作者有不同的影响，控制器与显示器的空间关系一致，有利于正确操作，减少和防止错误。另外，操作的运动方向与信息的显示方向应一致。

(2) 如果几种控制器放在一起，必须使操作者易于辨认，即便离开视觉也能辨认。比如，许多不同用途的旋钮放在一起，最好采用不同的形状，或旋钮的表面采用不同的色彩，这样有利于辨认。

(3) 控制器所需的力量要适中，要使操作者感到舒适。用力过大易疲劳，用力过小则不易控制。人手的力量，不论是推力还是拉力，使用的角度不同，力量的大小也不同。如果用脚操作(如汽车刹车板)，所需力量可比手操纵大一些。一般而言，操作器既不能离人太远，也不能离人太近。太远了费力气，太近了不舒服。因此，要使控制器设计符合人体的特点，就必须对人体各部分的功能尺寸进行测定。

闻名设计界的夏普公司的设计师，追求“以人为本”的设计理念。他们提出了以下 5 点建议，体现其人情味设计，值得我们学习和借鉴。

(1) 明确性。设计概念和图形、形状和界面、操作等力求达到消费者明确、易懂。

(2) 信赖性。在保障产品达到坚固性、安全性的同时，力求使消费者感到这是名牌的风范。

(3) 诚实性。不断追求产品设计的完美性，不断收集消费者的意见，确保产品的承诺，使消费者满意。

(4) 简易性。在开发新产品时，注重对各类人口特征的关注，尤其是特殊人群产品的开发，比如老年人、残疾人等弱势群体都能简单、方便地使用，使他们感到满意。

(5) 享受性。让消费者体会到高科技成果的享受，使用的舒适性，且无环境污染。日本夏普公司的设计师认为，过去的设计是配合功能性生产来设计外形的，是设计部向技术部要技术参数，从而决定其设计方案包括造型设计(目前，中国绝大多数生产者和设计师是如此操作的)。如今的夏普设计是由设计部从市场采集 CSI，以消费者为中心，分析 CSI 参数，导向造型设计和功能设计，在企业中是设计指挥生产，而不是生产左右设计，真正体现了设计的龙头和核心作用。

本 章 小 结

通过本章的学习，我们了解了有关产品设计与消费者心理的关系，其中包括产品生命周期与消费者心理、产品造型设计与消费者心理以及产品功能设计与消费者心理三个部分，对其关系进行了详细的说明。要设计出真正能够符合消费者需求的产品，就要使产品适应消费者的生理和心理需要。

1. 分析导入期、成长期消费规律，谈谈应对的设计思路。
2. 分析产品造型设计的心理策略。
3. 从消费者心理分析的视角，谈谈如何提升产品功能设计的水平。
4. 人情味设计是什么？
5. 设计显示器的心理学原则有哪些？

第9章 商品设计与消费者心理

产品如何转变为商品，这是一个复杂的系统工程，受到很多因素制约。从以消费者为中心的市场营销学角度分析，它是一个“6P组合论”问题，6P组合，即产品(product)、价格(price)、渠道(place)、促销(promotion)、公关(public relation)、政治(political power)。有关产品设计的问题，已在第8章研讨过了，本章着重从产品促销设计来分析。促销设计包括广告设计、商标设计等方面的内容。本章重点讨论促销设计与消费者心理的关联问题，即广告设计与消费者心理、商标设计与消费者心理等。

9.1 广告设计与消费者心理

广告设计，如果遵循消费者的心理活动规律，就会使人乐于接受、易于接受，从而达到较好的广告效果；如果不注重这些规律，就很难说服消费者改变态度进而产生购买行为。在消费者的心理活动规律中，针对广告设计运用最多的内容，当数消费者的认识规律和消费者的情感规律。在消费者的认识规律中，以感知规律、注意规律和记忆规律尤为重要。心理学家曾做过以下调查和实验：在同一内容和图画的两种不同的广告设计中，一种注意按照消费者的认识规律安排文字和画面，另一种则是随意安排的。这两种不同的广告画面导致了不同的记忆效果。统计表明，这两种广告的记忆效果大致为 80∶43。也就是说，遵循消费者认识规律的广告，其效果比不遵循的效率高近 1 倍。

消费者的心理活动除了理性的、认知方面的内容外，情感活动也是重要的一方面。消费者购买商品，除了购买了产品的使用价值，同时也购买了产品的精神形象；在使用产品的使用价值时，也享受了其带来的情感满足。比如，购买化妆品时，消费者不仅对化妆品本身喜好，更多的是渴望以此给他美貌和信心。广告设计，要把握消费者的这种情感规律，考虑如何最大限度地唤起人们对这种美好的向往，变“硬推销”为“软推销”，或者说变“产品诉求”为“情感诉求”，以婉转的手法，先让人们为情景气氛所感染，然后产生情感上的共鸣，进而在认识上产生和广告宣传者一致的共识：“这一切都是该产品所带来的。”最后，诱导消费者产生购买产品的行为。因此，研究消费者的情感规律是现代广告设计的重要内容。

9.1.1 广告设计与消费者的感知

消费者的感知，是消费者认识产品的初级阶段，即感性认识阶段，包括感觉和知觉过程。消费者对商品的感觉，是商品直接作用于消费者相应的感受器而引起的反应。在购买活动中，人的五种感受器都参与接收商品信息，即视觉、听觉、嗅觉、味觉、触觉等。这些信息，通过神经系统由感受器传到神经中枢，由此产生对商品个别属性的反应，这是消费者接触商品最简单的心理过程。在感觉的基础上，消费者还会对产品的感觉材料进行综合整理，把商品包含的许多不同特征和组成部分加以解释，并在头脑中加以整合，这就是消费者对商品的知觉过程。比如，售点广告(POP)，采用实物商品展示广告，在食品展示中先尝后买；在服装展示中，采用橱窗模特儿展示，服装自选厅采用顾客先试后买，都是利用消费者的视觉、味觉、嗅觉、触觉等感知活动的参与，使消费者直接获取第一手的商品信息，尽快决定自己是否购买商品。这种广告设计就是充分利用消费者的感知效应，获得很好的促销效果。

通过消费者的看、听、闻、尝、摸等感觉过程，消费者形成了对商品的完整形象。与感觉相比，知觉对商品的反应更深入、更全面。在现实生活中，消费者对商品的感觉和知觉时间是极为短暂的，有时甚至同时发生。因此，人们往往统一称为感知，也就是讨论知觉规律。

在广告设计和宣传中，合理运用消费者的知觉规律是十分重要的。消费者的知觉规律是通过知觉的整体性、选择性、理解性、恒常性来体现的。

1．知觉的整体性与广告设计

知觉是对事物的各种属性和各个部分的整体反应。人们的认识过程，不可能永远停留在感觉阶段，不可能永远是片面的、局部的、个别的。知觉是一种整体性认识，是将外界客观信息进行高层次的加工。因此，现代心理学对知觉研究特别重视。影响知觉整体性的因素有接近原则、相似原则、闭锁原则、对象和背景原则等。格式塔心理学派对此进行了研究，提出许多组合的原则，这些原则在广告设计中有着广泛的应用。

1) 接近原则

凡是空间上接近、时间上连续的事物，都易于构成一个整体而被我们清晰地感知。在广告设计中运用接近原则收到良好的效果。比如，广播广告的语言要注意连续、完整、抑扬顿挫，主要宣传内容语速放慢，一般内容中速播音，这样广告受众可以利用接近原则区分广告的重点内容，从而达到宣传的目的。又如广告画，在设计中增加一些与产品有联系的积极信息，引导消费者在看广告的产品时产生一些美好的联想进而诱发其购买动机。

2) 相似原则

形状相似的事物会被视为整体，广告设计者运用相似原则，将广告放在内容有联系的文章附近，反应效果较好。例如，书籍广告自然是置于书评附近比较合适，至于广告是放在左页还是放在右页，实验证明其效果没有明显的差异，主要视阅读习惯而定。

3) 闭锁原则

人们会按照自己的经验将不闭合的图形自动组合为一个整体。国外的广告设计者根据闭锁原则设计出“不完全广告词语”，并证明消费者普遍具有不自觉地填补不完全广告词语的倾向，从而使不完全广告更具有吸引力，更有助于加深消费者对广告的印象。比如，有一幅节油的广告画，画上“油”字的“氵”少了两点，是个残缺不全的“油”字。但是，可以相信任何认识汉字的读者，都会自己加上两点，把它看成完整的“油”字，在心理上形成了一个完形。这一完形的过程对广告读者来说，产生了激励效应，使他觉得自己发现了什么，引起他的兴趣，令他感到节约能源的重要性，达到了广告宣传的目的。

4) 对象和背景原则

人们具有把知觉的刺激，组合为对象和背景关系的倾向，其中优先区分的刺激为图像，其余则为背景。在广告设计中，要注意把想宣传的产品凸显出来，让它成为整个广告的“图形”，而不是背景。如果宣传的产品不能成为广告的对象，这样的广告宣传就毫无意义。比如，一家生产多种钢材的钢铁公司，在推销制作床架的钢材广告中，做了一次失败的广告宣传：他们在广告中画了一个漂亮姑娘，在床上跳来跳去。这里姑娘成了宣传对象，而钢材成了背景，难怪许多市场研究者大声疾呼：“你忘了自己卖的是个什么产品!”

2．知觉的选择性与广告设计

在一定时间内，作用于感官的多种刺激，人们并非全部感受无遗。在视觉中，那些进入注意的中心且被清楚地感知到的部分，成为知觉的图形，其余就退到后面，成为知觉的背景。影响知觉选择性的因素主要有主观因素和客观因素。

1) 主观因素

主观因素主要指消费者的生活经验、价值观、态度、需要等个性差异，这些因素影响他们对广告的知觉选择。消费者一般对那些与自身有价值的刺激，表现出优先感知的倾向，而对那些引起不快或感到有威胁的刺激，却视而不见，表现出防御性倾向。比如，有人对广告词的识别阈限与人的情感的关系做了研究，发现人们对美好的词反应快，对晦涩的词则反应慢。消费者的期望也会影响他对商品广告的知觉。比如，一个听朋友说某种打火机特别好用的顾客，在挑选打火机时，会很快知觉到朋友介绍的那种打火机的优点；第一次当父母的年轻人，会对婴儿用品广告特别敏感，而没有孩子的年轻人，则往往忽略这类广告信息。

2) 客观因素

客观因素主要指刺激的性质，广告环境对消费者的刺激包括多种变量，如广告画面尺寸、色彩、活动性、特异性、插播的时间及次数等。广告心理研究表明，对比是一种最能引起消费者注意、最能激发消费者对广告产生兴趣的手段，而对比的方法多种多样。有人用 4 年时间调查了广告的大小对比问题，发现在同一广告中，尺寸为半页和全页的效果不同：广告为全页时，其知觉分数大约为半页的 1 倍；在广告的动静对比中，静态广告远不如动态广告引人注目。在色彩对比中，有人曾对杂志上的颜色广告做过比较分析，发现两色广告(黑和单色)比黑白广告读者多 13%，而四色广告比黑白广告读者多 54%。

3．知觉的理解性与广告设计

人在知觉时，总是用以前获得的有关知识和自己的实践经验来理解所知觉的对象，而且理解时常靠词语的帮助。广告设计应充分利用消费者知觉的理解性，尤其在广告标题和文字说明的设计上，以引起消费者的注意。大多数广告标题是为了使消费者产生即刻效应，并使消费者阅读广告正文。一个好的广告标题是为消费者提供效益的，只有消费者认为广告对自己有利时，才会去注意它。因此，广告标题设计，应以“效益”打动消费者，使消费者产生购买欲望。一般来说，广告文字要简明扼要，使消费者在很短的时间内就可以理解广告所要表述的内容，模棱两可的广告文字虽然有的可以取得暂时的效益，但从长远来看，对广告会产生副作用。

广告设计要易于理解，必须基于消费者已有的知识基础，这样在广告宣传内容里加入消费者熟悉的内容，消费者在接受广告时就有亲切感，容易理解也便于记忆。比如，有些广告词借用大众熟悉的成语和俗语，受到消费者的欢迎。日本丰田汽车的广告语“车到山前必有路，有路必有丰田车”，灵活地运用了我国的一句俗语，把路和车联系在一起，使消费者理解丰田汽车无路不在的销售理念，进而对丰田汽车产生信任感，使丰田汽车进入中国市场。中国台湾的一个矿泉水广告设计，也利用了大众熟知的成语——“口服，心服”，虽只有四个字，但消费者容易理解，妙趣横生，回味无穷。

另外，广告的标题和文字设计除了要有利于消费者的理解外，还必须和广告画面有机结合，产生共同效应。比如，前文讲的钢材广告的文字和标题与一个姑娘在床上跳来跳去的画面的组合，就降低了广告的效果。

4．知觉的恒常性与广告设计

一般情况下，人们的知觉是不随外界条件的变化而变化的。比如，一个人站在离我 1 米、5 米甚至更远的地方，他在我们的视网膜的成像光学原理是不同的，但我们认为这个人的大小是不变的，这就是知觉的恒常性。这一性质说明，当知觉的条件在一定范围内改变时，我们对知觉对象的大小、形状、亮度、颜色、方位等相对保持不变。在广告设计中，尤其是广告图形设计，知觉的恒常性规律被广泛地应用。日本的一幅饮料广告画，画面将一罐饮料横跨两山，给人以“天下小而饮料大”的感觉。虽然饮料罐这一对象的大小发生变化，但人们除了获得清晰的饮料商品形象外，不会产生“饮料罐真的大于两座山”的认知。

9.1.2　广告设计与消费者的注意

消费者对广告的认识，离不开注意。广告必须能吸引消费者的注意，然后才有可能发挥作用。广告若不能引起消费者注意，它的其他作用就无从发挥。因此，在设计广告时，必须考虑消费者的注意规律。

1．消费者的注意规律

1)　消费者的注意

注意是消费者对一定事物的集中和指向，它明显地表现了人的意识对客观事物的警觉性和选择性。比如，消费者在看或听广告时，专心听广告内容，仔细看广告图片，聚精会神地考虑广告提供的信息。这里讲的专心、仔细、聚精会神的现象，都反映了消费者在接受广告时的注意状态。

注意一般有有意注意和无意注意两种。有意注意是按照既定的目的，经过意志努力的注意；无意注意则指自然而然的注意，事先无目的，也不需要意志努力。人们对广告的注意，大部分是依赖无意注意实现的。比如，人们晚间在马路上被闪烁的霓虹灯广告吸引，这就是无意注意；如果人们对广告内容产生了兴趣，主动阅读、识记广告信息，这就是有意注意在发挥作用。因此，广告应该首先能够引起无意注意，研究无意注意规律对广告设计有重要意义。

2)　影响注意的因素

一般引起无意注意的因素分两大类，一是刺激物本身的特征。广告的强度、新异性、对比度以及活动性特征，都会影响消费者对广告的注意程度。二是消费者的主观状态，包括对商品的需要、兴趣、态度，以及当时的情绪状态等。分析这些因素，对提高消费者对广告的注意十分有利，应当引起广告设计人员的重视。

(1)　刺激物本身的特征。

一是刺激物的强度。刺激要引起反应，必须达到一定的强度，而且在一定范围内，刺激强度越大，人对这种刺激的注意就越强烈。在广告设计中，首先要注意刺激强度这一因素，比如广告宣传中利用巨大声响、奇异的音乐、浓烈的色彩、醒目的标题、耀眼的光亮等，使消费者受到强烈刺激，从而不由自主地产生注意。但除了刺激物的绝对强度外，刺激物的相对强度在引起无意注意时也很重要。所谓相对强度，是指刺激物与其背景刺激物强度的比较。如果背景刺激物强度弱，则刺激物易于引起人们注意。比如，一些钟表店的店堂布置往往灯光一般，而在陈设钟表的柜台里则装置较强的灯光，常使消费者一进来就被吸引到柜台。

二是刺激物的新异性。新异的刺激容易引起人们注意，千篇一律、刻板重复的刺激很难引起关注。广告的新异性通常表现为形式和内容上的更新，逆向思维创意是不可缺少的。

三是刺激物的对比度。刺激物在形状、大小、颜色等方面与其他刺激物存在的显著区别，容易引起人们注意。增大对比的手法在广告设计中经常采用。大版面广告设计并不是将小广告放大，而是利用扩大版面留出大块空白，突出广告主题。同样在彩印广告中，彩色的作用有时并不是为了反映主体的色泽，而是利用它来吸引注意。假如在广告中毫无对比，就无法吸引人们的注意，如印刷广告，若仅将字体放大挤在一起既无对比又无空白，只会让人有沉重之感，从而对广告厌烦。

四是刺激物的活动性。运动的物体、变化中的物体较之静态的物体更能引起人们的注意。广告设计利用这一因素，设计动态的变化广告，收到良好的效果。日本松下电器公司在北京街头设计的路牌广告，采用特殊手法，静中求动，广告的背景用许多彩色小铝箔片连缀而成，即使在微风中也可以摆动，产生闪烁效果，从而在北京街头广告中鹤立鸡群，十分显眼，引人注意。

(2) 消费者的主观状态。

广告能否引起人们的注意，最终要看外部刺激是否符合消费者的主观状态。同样一个广告，消费者的主观状态不同，引起的效果也不一样。消费者的主观状态包括对事物的需要、兴趣、态度、情绪、经验等。凡是能满足一个人的需要和兴趣的事物就容易成为无意注意的对象，因为这些事物对他具有重要意义。比如，从事文教工作的人多注意书刊广告，女性多注意服装广告，父母多注意儿童用品广告，而老年消费者则关心保健用品广告。

一是人的情绪状态。人们接受广告宣传时，情绪状态在很大程度上影响无意注意。人在心情愉快、精神饱满时，平时不太容易注意的事物，这时也很容易引起他的注意，尤其是对新鲜事物，更易引起注意。因此，在喜庆节日，人们情绪高涨，最容易被新产品广告和展销会吸引，厂商纷纷利用这一时机推销商品。

二是人的知识经验。个人已有的知识经验对无意注意有重要意义。不同专业的知识分子进入一家新华书店，因其经验不同，对书店的注意也各异，如学文科的总注意社科类书籍，学理工类的则关心自然科学的新书。

2．消费者的注意特征与广告设计

消费者的注意规律还反映在注意的特征上。注意的特征包括注意的稳定性、注意的广度、注意的分配和注意的转移。

1) 注意的稳定性与广告设计

注意的稳定性，又称注意的持久性，是指在一定事物上注意所能持续的时间。注意长时间的稳定而不分散，这是注意有良好品质的表现。注意稳定性的影响因素是多方面的。来自外部环境的对象特点与稳定性有关，内容丰富的对象比内容枯燥的对象更容易稳定，活动对象比静止对象更容易保持较长时间的注意；注意的稳定性与主观状态也有关，人对所从事的活动意义理解深刻、态度积极或对活动有兴趣，则注意稳定。因此，我们在广告设计中，应把握广告主题，迎合消费者的兴趣，广告文字要易于理解，广告标题要能激发人们的积极情绪，使消费者对广告的注意有良好的稳定性。另外，人的注意会发生周期性的感觉变化。比如，一只手表，与我们保持一定距离，我们会一会儿听到表的声音，一会儿又听不到；或者感到表的声音时强时弱，注意的这种周期性变化，被称为注意的起伏，这与人的感觉器官、神经节律性机能有关。因此，在广播广告的设计中，播音速度不能太快，超出注意的节律就会影响广告效果。

2)　注意的广度与广告设计

注意的广度也称注意的范围，指在规定时间内能够清楚地把握对象的数量。心理学家米勒的实验表明，在短暂时间内，成年人平均能注意到 7 个左右的黑色圆点，或 4～8 个没有联系的外文字母。不过在实际的电视广告节目里，30 秒有效内的传递字数大约为 55 个，这就告诉我们，人接收信息的能力是有限的。这对广告设计尤其是路牌广告与电视广告、电台广播广告等都有实际意义。广告的标题字数不宜太多，以 6～7 个字为宜。当前，国内有些广告内容繁杂，好像付了广告费不多说、多写几句就亏本似的，其结果恰恰相反。超过一定限度，说得越多越不管用。因此，最好是变力求宣传数量为力求宣传效果。

提高广告宣传效果，就要解决广告信息量大与人接收信息有限的矛盾，一般可以采用信息编组、压缩信息、选择适当信息形式和增加刺激维度等方法。

(1)　信息编组。为了使广告更多、更有效地传递信息，将超出人们接收信息容量的材料加以编组，形成“组块”，便于人们注意。如图 9-1 所示，甲组散乱地分布着 9 个圆圈，一眼看去不易正确估计，可乙组同样是 9 个圆圈，结果一目了然。因此，信息编组可以扩大注意广度。

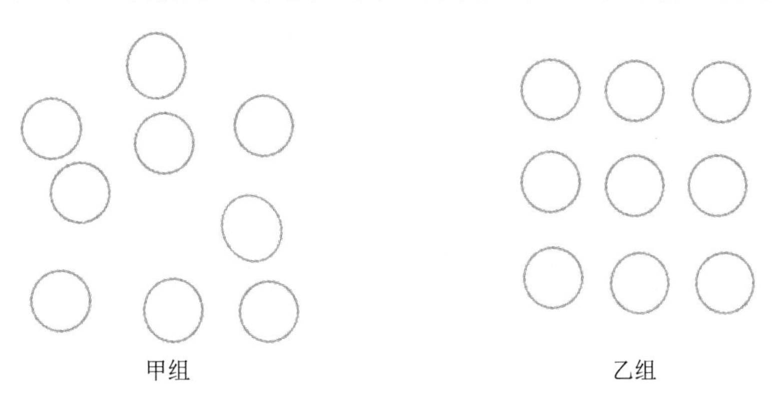

图 9-1　信息编组

(2)　压缩信息。尽可能将大量的广告信息压缩在人们的注意广度之内。这一点对动体广告(车身广告)设计尤为重要。研究表明，一般动体广告在行人面前的停留时间为 2 秒左右，这就决定动体广告的信息必须高度压缩。比如，一则广告要做车身广告，厂方提供的文字是“海电牌调频调幅自动倒带汽车用收音机”，经广告设计者仔细推敲，将广告标题压缩为 6 个字“海电车用音响”，着重突出了牌号和商品名称。

(3) 选择适当信息形式。研究表明，图形所携带的信息量远大于文字携带的信息量，广告中最常用的图形就是商标、商品形象、包装形象等。我国名酒贵州茅台的包装形象，古朴典雅，白瓷酒瓶带有红绸带，消费者接受这个包装形象比“贵州茅台酒”几个字要快得多。所以，熟悉的包装形式，可以在更短的时间里把信息传递给消费者，无须文字介绍，仅凭包装消费者就可以了解是什么商品。

(4) 增加刺激维度。要增加正确辨认刺激的数目，可以设法增加刺激的维度。广告设计中广泛采用增加刺激维度的规律，如形意结合、形字结合、图形与色彩结合等。广告心理研究表明，在不同媒介物上重复做同一广告的效果比同一媒介物上重复做广告的效果好，即在电视上做 50 次广告，不如用同样的费用在电视、广播、报刊和车身上各做几次同样的广告效果好，这里综合了视刺激、听刺激以及视听刺激的多种维度，效果比单一刺激维度好。

3) 注意的分配与广告设计

注意的分配是指一个人把自己的注意同时指向不同的对象或活动，例如，人们在接受路牌广告宣传时，可以一边走，一边看，一边记，分配自己的注意力。注意力的分配是有条件的，同时进行的几种活动，至少有一种是熟悉的。这样可以把大部分注意力分配到比较生疏的活动上，如果两种活动都不熟悉，都需要集中注意力，那么注意力的分配就比较困难。因此，广告视听直传时，最好不把令人生疏的音乐或画面与人们不熟悉的汉语拼音等放在一起，那样不会达到预期的效果。户外广告的设计更要考虑人们的注意分配规律。路牌广告、车身广告的受众都是行进中的人们，有的步行，有的驾车，有的骑自行车，他们注视路边广告不可能分配很多的注意力。因此，广告的标题必须醒目、简洁，大众易于理解、保留印象，用人们熟悉的成语常识和双关语等口号、警句式语言，便于广告受众的注意力分配。比如，牙刷广告的标题是“一毛不拔”，打字机的广告是“不打不相识”，等等。

4) 注意的转移与广告设计

注意的转移是指一个人根据新的任务，主动地把注意力从一个对象转到另一对象上。例如，看电视广告，或听广播广告，通常是结束了一个，又接上一个。注意力从一个广告转移到另一个广告，这就是注意力的转移。一般而言，注意力的转移快慢和难易程度取决于原来注意力的紧张度以及引起注意力转移的新事物的性质。原来注意力的紧张程度越高，新的事物越不符合引起注意力的条件，注意力转移就越困难、越缓慢。如果个人因某种原因正全神贯注地看一个电视广告，当新广告出现时，他往往心思还在刚才那个广告上，如新广告符合人们的需要和兴趣，那么注意力的转移相对就快些。所以，掌握注意转移的心理学规律，对于搞好广告宣传和设计十分重要。比如，安排电视广告节目或广播广告节目，如果前面一个节目令人感兴趣，或令人回味无穷，往往接着做广告，人们的心思很难一下子收回来。如果广告安排得更有吸引力，或安排些其他措施，就可以避免广告失败，提高效率。

9.1.3 广告设计与消费者的记忆

1．消费者的记忆规律

1) 记忆的内涵

记忆是一个人的过去经验在头脑中的反映。人们在生活中，感知过的事物、思考过的问题、体验过的情绪、练习过的动作，总会或多或少地、不同程度地保留在头脑中，即使这些事物不在眼前，人脑也会把它重新显现出来，这个过程就是记忆。比如，昨天看的电视广告，今天仍然能记住它的内容；或前几天在杂志上看过的广告，今天翻阅杂志时知道这是看过的。凡此种种，都是记忆的表现。

记忆是一个复杂的心理过程，它包括三个环节：识记、保持和回忆。其中回忆过程包括两种形式，一种是再现，另一种是再认。就广告记忆而言，识记是把不同的广告区别开来，记在大脑中，这是一个积累过程。保持，是巩固已得到的广告宣传内容。再现，就是识记过的事物不在面前时能将其回想出来。比如，在回答"昨晚在电视中看到哪些广告"的问卷时，所进行的回忆就是再现。再认，就是当曾经看过的广告再次出现时，可以辨认出来。记忆过程的三环节是一个相互联系、相互制约的统一整体。记忆始于识记，识记是保持的前提，没有识记就谈不上对广告宣传内容的保持；没有识记和保持，消费者是不可能对广告宣传进行回忆的。消费者是通过对广告宣传内容的识记、保持和回忆来实现其消费行为和购买决策的。

记忆的一个重要元素是记忆表象，它是指记忆过的事物不在眼前时大脑中再现的形象，亦称表象。表象是感知留下的形象，因此，它是直观的，可以反映出事物的大体轮廓和一些主要特征，是实现记忆的重要线索。研究人类记忆的生理、心理学家认为，在人的记忆中，语言符号的信息量与形象直观的信息量之比是 1∶1 000。这个比例告诉广告设计者，广告宣传应以形象刺激为主，利用表象优势达到良好的记忆效果。因此，形象广告比文字广告效果好。

2) 人类记忆的内容

人类记忆主要包括形象记忆、逻辑记忆、情绪记忆和运动记忆。

(1) 形象记忆，即以感知过的事物形象为内容的记忆。比如，在电视广告上看到一种商品的形状、大小、颜色比自己现有的好，或正符合自己的要求，就会在脑海中留下这个商品的形象，这种记忆即形象记忆。

(2) 逻辑记忆，即以概念、判断、推理为内容的记忆。比如，消费者通过广告说明知道新型洗衣机具有不缠绕衣物的特点，是因为它采用了新的波轮设计，从而改进了水流形式，这就是一种逻辑记忆。当然，过分宣传工作原理和工艺原理，对大众产品的广告接收者似乎效果不佳。比如，一种新型洗衣粉的广告宣传，大谈改进洗衣粉高分子结构的原理，占据了宝贵的几十秒，使消费者对关心的产品优、缺点，价格及购买途径没有较深的印象，最后新产品广告宣传是失败的。相反，在宣传大、中型电子计算机的广告中，却要说明工作原理，因为这些产品的广告接收者一般是专业技术人员。因此，广告宣传要慎重运用逻辑记忆方式。

(3) 情绪记忆，即以体验过的某种情绪和情感为内容的记忆。情绪记忆在广告宣传中经常使用，也很重要。这种记忆的印象比其他记忆印象更为持久，甚至令人终身难忘。但是，如果运用不当，也会产生不良后果，如设计的一些强刺激情景，会引起诸如习惯性恐惧等异常病状。因此，广告宣传在使用情绪记忆时，要注意把握分寸。

(4) 运动记忆，指以做过的运动和动作为内容的记忆。比如，电视广告以手表落地来表示其防震性能；给某个摔伤的人带来微笑，说明这种伤痛药的疗效；在介绍新型购物方式的自选商场时，由进场挑选到结算成交的动作过程的记忆，这些都是运动记忆。

3) 记忆与遗忘

记忆在持续的时间上区别很大。一个人可能记得小时候发生过的事，但他在广告上看到某产品厂家的电话号码却不易记住。前面的一种记忆称为长时记忆，后面的一种记忆则称为短时记忆。

短时记忆在头脑中保持的时间一般不超过 1 分钟。心理学家 L. 彼得逊曾对短时记忆的保持时间做过研究，他要求被试在 3 秒、6 秒、9 秒、12 秒、15 秒和 18 秒的时间点回忆刚才见过的东西。研究发现，在没有复述和重复出现材料的情况下，18 秒后回忆的正确率很低，只有 10%左右，如果不被复述，在 30 秒以内就会消失和遗忘。因此，在连续播出的电视节目或广播节目中，即使是记住一个商标名称也是不容易的。L. 彼得逊还提出了一种短时记忆的保持曲线，如图 9-2 所示。

广告心理学家对短时记忆的规律十分重视，因为广告不能拍成电影或电视剧，不能写成小说，短短几十秒，它运用的就是人们的短时记忆。短时记忆的容量不大，实验统计，短时记忆容量为 7±2。这说明人类在一瞬间只能接受刺激 7 个左右，一般也就是 5～9 个。如果出现一系列数字如 2864318454，给一个人看，让他读一遍或听一遍，立即回忆，他只能回想起 5～9 个单位。如果对材料进行重新组合，则情况就大不相同了。比如，把广告单位的电话号码 2864318454 分成三段，28 局 6431 转分机 8454，这样就容易记忆了。因此，在广告宣传中，数字太长时要分成段，文字叙述也要利用常用的语词单位，像成语、押韵句、对仗句等，把文字分成几段，以便于记忆和回忆。

长时记忆是指 1 分钟以上，直至数日、数周、数年，甚至保持终身的记忆。人类具有惊人的记忆力，人脑可以储存 10^{15} 比特的信息，这是个天文数字。也就是说，地球上现有的图书信息，所有的文字知识信息全能接收下来、记忆下来。因此，长时记忆的容量是很大的，保持的时间也很长，广告要想进入人的长时记忆，若不经常重复或再现，是不可能的。研究人类遗忘规律的德国心理学家艾宾浩斯提出了著名的遗忘曲线，如图 9-3 所示。

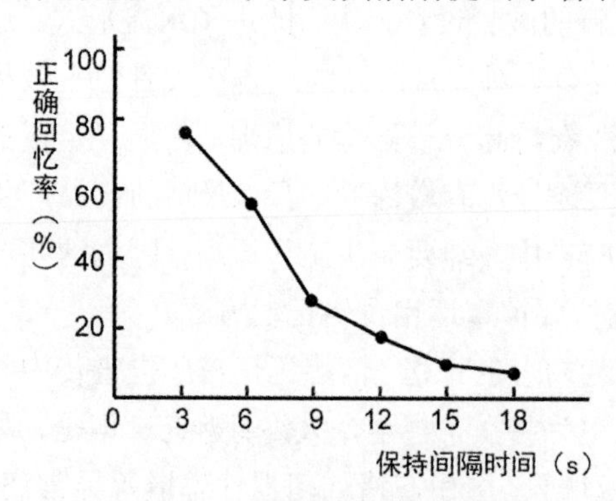

图 9-2 短时记忆的保持曲线

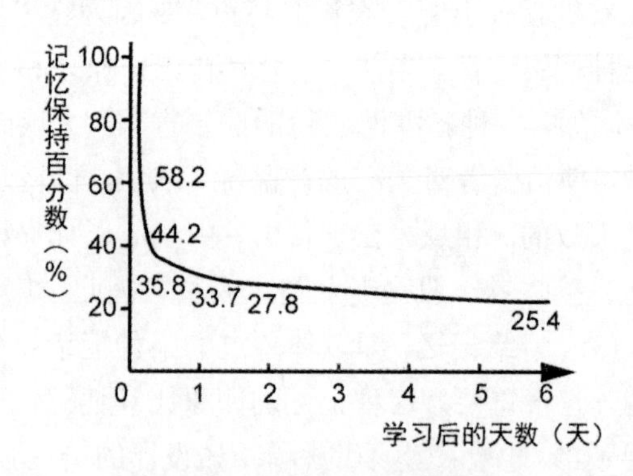

图 9-3 艾宾浩斯遗忘曲线

从艾宾浩斯遗忘曲线中可以看出，遗忘的进程是先快后慢，识记后材料的保持是随时间递减的，这种递减在最初的短时间内特别迅速，遗忘很快，以后遗忘发展缓慢。遗忘的进程受许多因素的制约。如识记材料的意义和作用、识记材料的性质、识记材料的数量、学习程度、识记材料的系列位置、识记方法等。在分析这些因素的基础上，形成增强记忆的心理学方法和策略，在广告宣传和设计中有着重要的参考价值。

2．增强消费者的广告记忆策略

对广告的宣传来说，一定程度的遗忘是不可避免的。但是，人们可以根据消费者的记忆规律，在广告设计和广告宣传上采取一定的策略，将遗忘限制到最低限度，增强消费者的广告记忆。一般的心理策略有以下几个方面。

1)　适当减少广告识记材料的数量

识记材料的数量是影响遗忘进程的因素之一，材料越多，遗忘越多，尤其是短时记忆，其记忆的容量只能限制在 5～9 个单位。要提高消费者对广告的记忆率，广告的文稿应简明扼要，广告标题更要短小精悍。国外广告心理学家通过实验得出结论：少于 6 个字的广告标题，读者的记忆率为 34%，而多于 6 个字的记忆率只有 13%，电台广告转瞬即逝，其文字说明要简明扼要。但是，目前有些广播电视广告文字冗长，读的速度又快，试图在几十秒的时间内把一切告诉消费者，结果是大多数人什么也记不住。适当减少广告识记材料的数量，有两种策略：一是减少广告识记材料的绝对量，能用 5 个字的广告绝不用 7 个字；二是减少广告识记材料的相对量，也就是说，识记材料绝对量压缩不下来时，应根据记忆心理学原理对识记材料进行重新组合。如果记忆材料能分成段，就等于相对量的减少。

2)　突出识记材料的意义和作用

识记材料的意义和作用，可以影响遗忘的进程，有兴趣、意义大的识记材料，遗忘就缓慢。如果消费者对广告材料感兴趣，符合他的需求，对他意义重大，就会集中注意力，加强记忆。因此，广告必须瞄准消费者的注意力，使其倍感兴趣，如此才能提高记忆效果。广告标题应能表现出商品的用途和优点，力求简洁生动，注意文字的独特性和趣味性。一般应把握以下几条原则。

(1)　新颖突出。利用消费者的好奇心理，以新异、刺激的广告标题吸引消费者。

(2)　开门见山。要让消费者一目了然。

(3)　切忌夸张。广告应有真实感，广告标题应有可信度，以加深消费者的广告印象。

(4)　富有趣味。有趣的标题文字易于吸引消费者，也便于记忆。

(5)　富有新意。广告标题必须富有创新性，避免模仿、雷同。突出广告识记材料的意义，应在广告标题上下功夫。

3)　充分利用形象记忆的优势

识记材料的性质对遗忘进程也有影响，一般图形携带的信息量远远超过文字。前文已经讲过，在人的记忆中，语言信息量与图形信息量之比为 1∶1 000，因此图形识记效率优于文字。在广告设计中，应充分利用形象记忆的优势，尽可能利用图形和画面效果来传递更多的信息。

在广告宣传中，有意识地采用实物直观和模拟直观，以及语言直观进行信息的直观表达，不仅可以强烈地吸引消费者的注意，而且使人一目了然，提高知觉度，增强记忆效果。利用形象记忆优势，不仅可以引起消费者注意，而且有助于人们的理解。理解的东西才便于记忆。容易理解的材料即使数量多些，也比那些数量虽少但不易理解的材料易于记忆。广告要形象化、具体化，切忌空洞抽象，以求给消费者留下深刻的印象。

4) 设置鲜明特征，便于识记和回忆

心理学的研究表明，整个记忆过程(识记、保持和回忆)只有有线索，才能顺利完成。所谓线索，就是特征、标记，它对于人们自始至终的记忆过程都有重要的作用。人们的识记过程都有一个“识”的环节，即认识事物特征的环节。对人的识记，要抓住他的外貌特征来记忆；对事件的识记，要抓住它的时间、场所、当事人等特征来识记；对商品，要抓住它的使用价值特征，或区别于同类商品的特征来识记。识记过后，当过去接触过的广告重新出现时，要能够识别出来，即再认。对不在眼前的广告进行议论，就是回忆，再认和回忆都需要依靠各种线索，这些线索就是广告的某些特征。广告提供的突出特征包括形象特征和语词文字的特征。

心理学家认为，无论什么媒体的广告，都要用文字词语，这是诸广告宣传形式中最大的共同点。户外广告可以不用音乐、不用动作，广播广告可以不用颜色，但广告都有文字语词，因此要强调广告文字方面的特征。所谓鲜明的文字语词方面的特征，就是要用简短易懂的语词高度概括广告内容，提高信息的接收和储存的效率。在广告宣传中，应尽量采用简洁有力、易写易懂、富于形象概括的词句。设计有节奏的、韵律化的语言，使用易于领悟的惯用语或成语，鲜明、突出地把广告的有关信息，包括商品形象、商品品质、经营特色和服务特点等概括地呈现给消费者，唤起他记忆中有关事物的表象，促进他的消费行为。

5) 合理地重复广告

重复和复习的目的是巩固和保持识记的材料。合理地组织复习，是阻止遗忘发展的有效方法。复习不是单纯的重复，不是时间、次数越多，复习效果就越好，而要根据遗忘的规律，组织有效的复习。广告宣传和设计，应当掌握有效复习的方法。

首先，复习要及时。根据艾宾浩斯遗忘曲线的趋势先快后慢的特点，应当在遗忘没有大规模发展时就开始复习，这样效果最好。消费者对广告的初次接受，印象和痕迹不会很深，遗忘也快。广告宣传中，有意识地采取重复的方法，反复刺激消费者的视觉、听觉，加深有关信息印象，延长信息存储时间，等等，是常用的心理策略。因此，广告在开始集中播出之后，仍应保持一定的重复频率。广告重复的另一效果是吸引新的消费者。

其次，重复必须适度、有变化。同一广告重复过多，可能会在消费者中引起厌烦情绪。因此，重复应当是有变化的，采取多种媒体或表现方式，增添新的信息，从新的角度使旧的内容重现，如此消费者才乐意接受，并加深理解和记忆。一般来说，在各种媒体上做同一广告会收到更好的效果。另外，重复的变化性表现在重复的多样化上，动员消费者的多种感官参与，会激发消费者的购买兴趣和动机，形成产品良好的印象，最终实现购买行为。

最后，合理地分配重复时间，也是比较重要的问题。一般来讲，集中复习与分散复习相结合最有效。集中复习易疲劳，易降低人们的记忆兴趣，抑制作用也大。分散复习因中间有间隔时间，可以防止抑制的积累，有利于识记材料的巩固。因此，集中复习虽好，但不能过分集中，而过于分散又容易遗忘。在广告宣传中，要把握好集中和分散的关系，掌握好广告内容与广告媒体的匹配。

6)　注意广告重点识记材料的系列位置

识记材料的系列位置是影响遗忘和记忆的因素之一。心理学的研究表明，识记材料的两端易记，中间易忘。这是因为前端材料无前摄抑制，也就是没有先学习的材料对识记和回忆后学习材料的干扰作用；而后端材料没有倒摄抑制，也就是没有后学习材料对保持和回忆先学习材料的干扰作用。在广告宣传中，发生前摄抑制和倒摄抑制的情况都不少。广告的结尾往往是生产单位的地址、电话、邮政编码，一般人都注意这些，尤其是关心讲述购买的途径，更会引人注意而发生倒摄抑制。因此，广告宣传的设计应注意以下两点。

(1)　由于两端易记，广告中的关键信息应放在广告的开头和结尾。

(2)　利用先入为主的手法。广告开始就抓住人们的兴趣，防止前摄抑制，这是一个很有成效的方法，但对广告标题、文稿的设计要求很高。

7)　让消费者主动参与

识记者如果主动参与某一活动，则会大大提高对材料的识记效果。这种策略，在广告设计中经常采用。如广告只提供判断和推理的理由和依据，将结论留给消费者自行作出，使消费者直接参与产品的介绍。心理学家查包洛塞兹等曾做过实验，将学生分为两组，一组使用装好的圆规，另一组则要求把拆散的圆规装配好再用。然后，要求两组学生尽量准确地画出他们刚才使用过的圆规。结果，第一组所画的圆规不正确，许多重要的零件均未画出，而第二组却把圆规画得很正确。这一实验说明识记材料成为智力活动的对象之后，主动参与成分多了，识记效果就好。

8)　提高人们对广告内容的理解

要使广告给人留下深刻的印象，并且记忆下来，重要的条件之一就是消费者理解广告，并在理解中记忆广告。因此，对识记材料进行整理，是提高记忆效率的有效方法。

9.2　商标设计与消费者心理

商品的商标设计是商品设计系统工程的一个重要环节。商品能否打开销路、占领市场，商品的内在质量、功能设计和外观形象设计固然重要，但商标在市场上的声誉和直接给消费者的识别和印记作用，也是不可低估的，有些商品畅销不衰，原因之一就是有个著名商标，因此商标的设计是商品设计的一个重要组成部分，对生产者和设计师来说是一项重要的工作内容。

商品的商标设计绝非一种单纯的实用美术，在商标设计过程中，必须了解《商标法》和有关法律，调查消费市场和市场上的商标情况，熟悉有关国家的社会文化和消费习惯，研究消费者心理。如果对上述方面缺乏了解且又不花工夫去调查或研究，设计出来的商标常常会有这样那样的问题，甚至产生原本可以避免的争议，有时还造成经济上的严重损失。这里，我们不讨论商标设计与法律的关系问题，我们仅从消费者心理的研究角度，谈谈商标对消费行为的影响和消费者心理规律对商标设计的制约，即所谓商标心理研究，包括商标图形设计心理和商品命名心理。

9.2.1 商标的心理功能

商标是将产品的牌子与生产企业等内容图案化为某一产品的标志。它不仅代表产品的效用本身，也代表产品的生产经营。因此，商标是商品的外在标志，也是生产经营企业形象的象征。现代的商标设计，并不局限于为产品本身的标志而设计，它是一个总体策划，是通过企业形象的视觉识别系统，由企业标志、标准字体、标准色彩等基本要素组成，给消费者以统一性、组织性、系统性的深刻印象，使消费者在接受企业形象的巨大视觉冲击中，牢牢地记住产品商标。世界最驰名的商标“可口可乐”，就是成功地运用这种CI策略的典型。

现代商标设计非常重视消费者心理研究，重视商标的心理功能。商标的心理功能一般有以下几个方面。

1．识别和标记功能

作为特定商品的标志，商标表示商品的独特性质，并将它区别于其他同类商品。商标的识别和标记功能使一定商标、一定规格的商品代表一定的质和量。消费者在购买过程中，可以借助商标的识别和标记功能来确认生产企业和产品特征，以便在同类产品中加以选择。在现实购买活动中，很多消费者就是认定商标购买的。

2．促销功能

商标的促销功能是由商标本身所产生的。一个设计出色的商标，可以通过巧妙的图文、配置鲜明的色彩，吸引广大消费者，使产品在消费者的脑海中留下印象，从而对消费者产生刺激，激起消费者对商标所代表的产品的购买欲望，起到促进消费的作用。因此，生产经营企业可以通过宣传商标、突出商标来利用商标的促销功能扩大产品的知名度，尤其是名牌商标的促销功能更为显著。我国采用以名牌商标产品为龙头产品，带动联营产品的生产和销售，也是利用商标的促销功能。

3．广告功能

一个设计出色的商标，通过商标本身的图形、文字、色彩等，可以起到“微型广告”的作用，并产生传播产品和宣传产品的心理功能。商标作为生产经营企业的形象，可以帮助消费者在购买和使用产品的过程中，比较迅速地找到生产者和销售者，获得咨询、维修、更换零配件等服务。因此，商标可以把它所代表的产品和售后服务更大范围地传播给消费者，使其形象深入消费者脑海，并不断向社会各消费者群体渗透，起到大众传播的作用。

4．保护功能

商标的保护功能体现在买卖双方利益的保护方面。商标在国家的商标管理机构注册后，就获得专用权，受到法律保护，禁止他人假冒和仿造使用。商标的这种排他性和使用特权，使得企业及其产品与商标的固定联系保持一致。一定的企业产品有一定的商标，不同企业的同类产品，也有不同的商标，这就是商标对生产者的保护，有利于维护生产者经营者的信誉和经济利益。另外，商标也可以维护消费者的利益。消费者所购买的具有一定商标的商品应是具有一定质量的商品，而不是冒牌商品，这是消费者的重要权利之一。任何企业若以商标为手段蒙骗消费者，损害消费者的利益，消费者就有权要求有关部门对其进行制裁。

5. 稳定功能

商标不是企业及其产品的简单表现，而是一定企业形象、一定产品质量的象征。同一商标、同一规格的产品，可以代表一定的质量标准和技术要求，商标的确定，有利于实行产品标准化和保障产品质量应达到的标准，从而保障质量的稳定。因此，消费者买了有商标的商品，其质量可靠，也有出处，消费者会感到安全。另外，商标作为产品的一种标记，消费者和市场管理部门便于对商品的价格进行管理和监督，这就有利于产品价格的稳定，减少波动。实际上，商标对企业起着一种无形的限制作用，以稳定产品质量和消费者心中的企业形象。

9.2.2 商标的设计心理

商标的设计，具有较大的灵活性。它既可以由词、字母、数字、图形等材料单独构成，也可以由这些材料的任何两项或几项混合而构成，甚至由商品的包装和容器的特殊式样等构成。商标的设计题材也是极为广泛的：自然界中的山岳江河、虫鱼花鸟、龟鳖龙蛇，以及山水风景、名胜古迹、神话传说等；文化活动中某些简练的、有一定意义的词语，简单的数字、线条、几何图形等，都可制成商标，真可谓百花齐放、千姿百态。有人或许会认为，商标设计大概无须费神，什么山名、花名、鸟名、鱼名等信手拈来，其实不然。在现代市场销售中，要发挥商标的心理功能，商标设计不管在品牌的选择上，还是在企业形象的设计中，都不是随意的，而是颇有讲究的。这里有法律的问题、心理的问题，也有社会的问题、经济的问题。总之，商标设计是个复杂的、值得研究的问题。

首先，商标设计要遵守《商标法》的有关条例，市场上已注册的商标或与此相同、相似的商标如果用在相同或类似商品上，不仅不能注册，而且不能在商业上使用，否则，就是侵犯别人的权利。我国的不少商标常常在文字和图形设计上相互雷同，缺乏新意，因而容易混淆，引起冲突。在申请商标注册时，即使商标审查员那里已通过，也可能在商标异议期内引起异议，即使异议消除，商标在本国得到注册，也不能保证在国外不引起争议。

其次，避免使用难以注册为商标的东西。比如，国徽、国旗、军旗等标志，产品的通用名称和图形，直接表示产品的主要原料、质量、用途等方面的标志，违反公共秩序和道德风纪的标志，含有诽谤性的标志，等等。但是，在我国，上述提到的应当避免的商标设计还是很多的，诸如“健民”牌药品，“芬芳”化妆品，“天鹅”羽绒制品，“金锦”服装，“上海”手表，“荔枝”药酒，“远航”皮箱，等等，都是具有叙述性的商标。所谓“叙述性”，就是指商标的文字或图形对商品的性质、特点、质量、成分、原料、产地、用途等有直接说明的作用。

最后，商标必须符合产品本身的属性。比如，自行车以“凤凰”或“飞鸽”作为商标，而不能用“蜗牛”作商标，这与形容自行车能够快速行驶这一属性有关；以“永久”为商标而不以“浮云”“朝露”为商标，则与自行车经久耐用有关。更为重要的是，商标设计必须符合消费者心理，特别注意组成商标的图案对消费对象心理的各种刺激，不能造成消费者在购买商品时难以识别，不能用主销对象忌讳的词语和形象，或令人反感的标志。实践证明，适合消费者心理的商标设计，对商标的心理功能的显现是至关重要的。那么，商标设计应注意哪些心理学原则呢？根据国内外的经验，一般有如下几点。

1．商标的形象化

商标只有形象化，才容易为消费者所感知，引起人们的注意。心理学告诉我们，人们感知客观事物主要靠五种感觉器官，这五种感官感知事物所占的比例依次为视觉 60%，听觉 20%，触觉 15%，嗅觉 3%，味觉 2%。由此可知，视觉是人们感知事物最重要的器官，而“形象化”则是刺激视觉最有效的办法。日本的三菱汽车公司的商标是由三个菱形组成的图案(见图 9-4)。简洁鲜明，即使是不懂日文的人，也能对三菱图案留下深刻的印象。又如，中国大酒店的标志，把中国的“中”字和我国节日悬挂的灯笼，形象地结合起来，使人步入酒店就感受到中国传统喜庆的氛围。世界十大驰名商标的“百事可乐”的设计，图形简洁、醒目(见图 9-4)。更值得一提的是，商标设计者还利用了“百事可乐”读音的形象化，来加深消费者的商标印象。这种产品的名称“pepsi”，其中“pep”像“泡泡”的读音，“si”是开瓶口的声音，形象地勾画出一幅痛饮百事可乐的热闹场面。

图 9-4　商标形象化

2．商标的意义化

商标只有有一定意义，才容易为消费者所记忆和理解，进而引起消费者的联想，激发其购买欲望。心理学家认为，理解的事物便于记忆，意义记忆优于机械记忆。实验表明，人们要记住没有意义的字是十分困难的。因此，许多外国商标的名称翻译成中文时，都赋予其新的意义。比如，“MAXAM”牌牙膏不译成“马克辛”而译成“美加净”，就是为了使商标具有新的意义，使之容易记忆，产生联想。我国许多好的商标也是注重了“意义化”这一心理学原则的。比如，“双喜”牌香烟寓意喜事重重；“阔步”牌皮鞋寓意耐穿轻盈、阔步前进；等等。这些商标好读易记，使人印象深刻。

商标是产品的微型广告，是一宗商品闯牌子的第一关，也是商标设计师才智匠心的标志。因此，商标的含义欲使消费者理解知晓，必须将含义赋予心理内容，打动消费者的关注点，使消费者看了商标后，立即对该商标的产品产生好感，以推动其购买产品的行为。

商标设计除了商品命名和品牌要注意“意义化”之外，商标设计的图形也要注意“意义化”，便于消费者理解和记忆。图 9-5 所示为新加坡航空公司的标志，它将鸟变形，使鸟与飞机不仅在内容上有相似的意义，而且在形式上也有相似的意义。

图 9-5　商标的意义化

3．商标的审美化

审美动机是消费者对商标的重要心理倾向。消费者不仅对商品有求美动机，而且对商品的商标也有审美要求。消费者的审美动机是指对商标所具有的求美欲望，它要求商标设计具有艺术性和新颖性，具有审美价值。

所谓艺术性，就是商标图案设计要生动、形象，具有艺术魅力，能给消费者以艺术享受。因此，商标设计就要从美学的角度分析图案设计和图文组合。比如，在商标设计过程中，设计者可以参照人物、动物、植物、风景以及天文现象等自然景观，创造自然美，以满足消费者的求美心理。

所谓新颖性，就是商标图案的构思要新颖巧妙，与消费者的求新心理产生共鸣。因此，商标设计应重视、研究、分析物象的选择。许多商标并没有对应的自然景象，但有的设计者选用别致的人为物象，包括几何图像、器物形象以及视幻艺术，设计的商标图案别具一格，给人以清新和美的印象。比如，我国的“永久”牌自行车商标，就是用“永久”两字人为地形成自行车物象而设计的；德国“奔驰”牌汽车的商标是一个汽车方向盘的几何图形；波兰某化妆品制造厂的商标，象征着花朵的美丽可爱；美国某海产品公司的标志，以活蹦乱跳的海鱼的图像为商标，使消费者不看文字也能联想到它所代表的公司经营的商品；还有些商标设计广泛应用视幻艺术，即根据人眼的视觉规律，利用几何图形的渐变、交替、重叠等处理方法，直观地描述光的运动规律。比如，德国 Megelmm 平面玻璃厂的商标，画面效果恰似用四块晶莹剔透的平面玻璃组成的字母，使消费者在视觉上产生幻觉或运动感从而加深印象，加深美的感受。

4．商标的吉祥化

商标设计的吉祥，给消费者以安全感和稳定感，是消费者对商标设计的安全心理的反映。安全是人类的基本需求，是人类其他需求得以存在的基础，对消费者而言，安全是其对周围的事物，包括其所购消费品的一个基本心理要求。消费者都有自己心中的吉祥物。因此，吉祥物出现就使消费者心情舒畅；相反，不祥之兆的出现，对消费者具有威胁，从而使其心理失衡，失去安全感。因此，商标设计必须适应消费者心理上吉祥与不吉祥的划分，满足其心理安全需要。

各国、各地区的风俗习惯不同，宗教信仰不同，消费者心目中的吉祥物和不祥之物也就不同。比如，欧洲有的地区以黑猫、红马、白象、菊花为不吉祥之物；法国人以孔雀为祸鸟；澳大利亚人讨厌兔子；印度人不喜欢新月；信仰伊斯兰教的国家忌讳猪的图案；非洲不少国家不欢迎狗和猫头鹰的形象；等等。假如我们外销到当地的商品的商标含有当地人忌讳的形象或文字，那么，即使产品质量很好，当地的消费者也敬而远之，他们会从心理上产生排斥，不言而喻，产品的销路肯定会大受影响。同样，各个国家也有自己独特的吉祥标志。如果我们把“白象”牌产品运到印度，把“新月”牌产品运到欧洲，情况就大不相同了。白象在印度人看来是美好的象征，而新月在欧洲人看来也是美好的象征，日本人偏爱樱花，他们喜欢带有樱花的商标图案。因此，商标设计的吉祥化，必须加强对各国、各地区的消费者的消费心理研究。

5．商标的简洁化

商标设计的最终目的，是让消费者识别和记住产品。为此，商标设计就要简洁化、明确化。简洁化是指商标不必包含众多意义去求全增繁。比如，设计一个“西湖”商标，把西湖十景画全，什么都要，其结果必然是什么都记不住。应该抓住典型现象，在有限的空间中突出重点呈现，可以达到以少胜多的效果。明确化是指商标必须一目了然，有鲜明性。现代商标设计用抽象的文字和图案，既可摆脱具象的局限，又可在浩瀚的商标海洋中独树一帜。但有的商标设计虽有这个美好的愿望，可表现手法太幼稚，似乎商标设计简单化就等于明确化，没有深入研究消费者知觉的理解规律，认为设计者和生产厂家理解的东西，消费者就一定理解，事实上大相径庭。有些生产企业的名称用译成的外文或汉语拼音的第一个字母去组成它们的标志如 CSN 或 CSM(甚至更长的一连串)。其结果：一是使消费者不理解，不知其含义；二是易于混同，缺少辨识的鲜明度。

欲使消费者理解，必须了解消费者的知识基础，使自己设计的商标含蓄的程度与表现的手法与消费者的知识基础匹配，这样就能收到一目了然的效果。商标设计的简洁化，就是将被描绘的对象置于异乎寻常且又易于被消费者接受的状态。比如，国外设计的一些商标和社团标志，他们的成功在于构思上的含蓄巧妙、造型上的简练独特。

6．商标的整合化

心理学研究表明，人们对客观事物的感知，不是个别的局部的认知，而是一个整合过程。消费者对商标的感知，是对商标形象、字体及色彩的固定组合的知觉。图形、字体、色彩这三者组合在一起就构成一种固定的商品标志。可口可乐罐装饮料的色彩是固定的红、白两色，健牌(KENT)香烟的色彩组合是白底、蓝字、金边。商标的固定色彩组合构成重要的视知觉，有时甚至成为商品的直接标志。例如，可口可乐广告有时仅用红、白两色加一波纹，不必附加任何文字说明，人们就知道是可口可乐的广告；又如，健牌香烟的广告就经常采用海滨拍摄的风景照片，基调是两个穿白衣的情侣、蓝色的大海、金色的沙滩，同样的白、蓝、金色的组合，使广告色彩与商标色彩具有内在的联系。消费者的知觉是有恒常性的，知觉对象的某些线索发生一些变化，如固定色彩的排列组合上有差别，背景条件上有差别，文字字体上有差别等等，都不会改变消费者对产品的总体印象和对产品商标的识别，这就是知觉恒常性的作用。

现代商标设计的 CI 战略的心理学原理之一也在于此。比如，运用固定的标志、固定的色彩、固定的字形等基本表达要素，虽然有时在标志图形的大小上、色彩亮度上有所变化，但没有影响消费者对企业形象和所代表的产品的识别效果。因此，一个成功的商标设计，应当强化产品的视觉特征，将富有特征值的元素创造性整合成固定的标志、固定的色彩、固定的字体等，形成 CI 策略的基本元素，然后推出产品商标设计的总体策划，在宣传 CI 的过程中确定产品的商标形象。

本 章 小 结

通过本章的学习，我们了解了商品设计与消费者心理的关系，其中包括广告设计方面与商标设计方面。通过学习，我们知道广告和商标的设计只有符合消费者的认识、记忆规律才能有良好的宣传效果，进而达到促进销售的目的。我们也只有掌握这些有关消费者心理的知识，才能做出真正符合市场需求的设计。

1. 广告设计如何利用消费者的注意和记忆规律，提高广告的知名度？
2. 根据消费者的情感规律，如何进行广告设计，提高广告的亲和度？
3. 现代国际广告设计理论是什么？
4. “知觉”是什么？
5. “注意”是什么？

参 考 文 献

[1] 李彬彬. 设计心理学[M]. 北京：中国轻工业出版社，2007.

[2] 诺曼. 设计心理学[M]. 小柯，译. 北京：中信出版社，2015.

[3] 孟庆涛. 设计心理学 [M]. 青岛：中国海洋大学出版社，2016.

[4] 柳沙. 设计心理学(升级版) [M]. 上海：上海人民美术出版社，2016.

[5] 李敏，刘群，李普红. 设计心理学[M]. 北京：中国轻工业出版社，2018.

[6] 田蕴，毛斌，王馥琴. 设计心理学[M]. 北京：电子工业出版社，2013.

[7] 余强，杨万豪. 艺术设计心理学[M]. 重庆：西南师范大学出版社，2017.